电梯工程技术系列

DIANTI SHEJI YU YANJIU

# 电梯设计与研究

陈炳炎 马幸福 贺意 周献 著

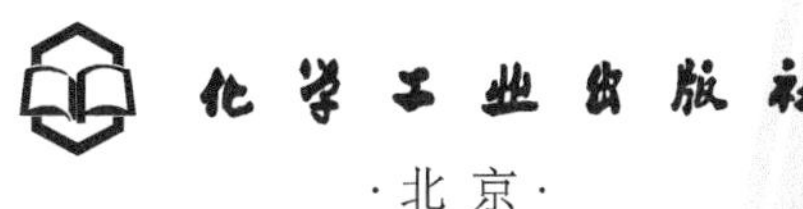

化学工业出版社

·北京·

《电梯设计与研究》从产品设计的角度，根据电梯产品的特性，结合作者多年的电梯设计和研究经验，从参数化定型，到部件选型、结构设计、电气设计，再到整机动态性能分析，相关技术要点都配有实例计算过程，结构体系遵行电梯产品开发流程，体现产品核心技术的开发思路。

《电梯设计与研究》适合从事电梯设计、制造、安装、维修改造、检验等的工程技术人员学习与参考。

**图书在版编目（CIP）数据**

电梯设计与研究/陈炳炎等著．—北京：化学工业出版社，2015.11（2024.7重印）
（电梯工程技术系列）
ISBN 978-7-122-25185-5

Ⅰ.①电… Ⅱ.①陈… Ⅲ.①电梯-设计-研究 Ⅳ.①TU857

中国版本图书馆CIP数据核字（2015）第221425号

责任编辑：刘 哲 朱 理　　装帧设计：张 辉
责任校对：吴 静

出版发行：化学工业出版社（北京市东城区青年湖南街13号 邮政编码100011）
印　　装：北京虎彩文化传播有限公司
787mm×1092mm 1/16 印张14 字数322千字 2024年7月北京第1版第3次印刷

购书咨询：010-64518888　　售后服务：010-64518899
网　　址：http://www.cip.com.cn
凡购买本书，如有缺损质量问题，本社销售中心负责调换。

**定　价：138.00元**

# 前言

随着经济的迅猛发展以及人们工作条件和生活水平的提高，建筑业日益发展壮大，作为建筑内提供垂直交通运输的电梯，也得到迅速的发展。中国电梯行业发展30多年，已经成为世界最大的电梯生产国和使用国。

目前，国外知名品牌主要有美国奥的斯、瑞士迅达、德国蒂森克虏伯、芬兰通力、日本三菱和日本日立六大品牌，这些企业在国际上占有的份额最大，特别是高端市场，并且一直独占高速电梯市场。目前世界上速度最高的电梯为20.0米/秒，国产电梯目前成熟技术的最高速度为7.0m/s。

国外一线品牌电梯企业都具有自己独立的科研机构，产品不断更新，实行生产一代、储存一代、研制一代、淘汰一代；产品的研制经过系统设计（整机设计研究）—图纸设计—样机制造—试验塔试验—参数调整—再试验，直至作为定型产品推出市场，从而保证了整机性能的稳定性与可靠性。

中国电梯行业的发展经历了起步、仿制、跟随和自主创造多个阶段。目前大多数中小企业仍处于仿制、跟随阶段，既未进行整机技术系统产品设计研究，又未进行动态分析，没有自己产品的核心技术。

2015年，中国电梯行业将发生巨大变化，行业管理进一步加强，行业秩序更加严谨和规范；大型企业市场份额继续扩大。高速电梯技术快速发展，8～10m/s速度的电梯将不断地通过检测，中国的高速电梯将进入实质性应用阶段，4～6m/s速度的国产电梯也将开始更多地安装使用。

如何形成自己产品的核心技术、保证产品的稳定与可靠、优化企业管理水平和提高工程管理能力，是我国电梯行业发展面临的最大难点。有效地解决上述问题，我国电梯行业才能赶超国际行业水平。

要解决上述问题、赶超国际行业水平，关键是人。随着社会对电梯技术人才不断的迫切需求，许多大专院校陆续开设了电梯有关课程，甚至专门设置了电梯专业，但是都没有涉及到电梯设计的核心技术。究其原因，一方面是由于缺乏专业的教师进行系统教学；另一方面是由于电梯教材存在严重的滞后性，没有配套的成熟的电梯教材，正式出版的电梯设计方面的书籍也很少。

本书立足于电梯设计型技术人才的培养目标，主动适应社会发展的需要，突出应用性、针对性和实用性，从产品设计的角度，根据电梯产品的特性，结合作者多年的电梯设计和研究经验，首先从参数系列化、产品定型设计入手，对产品整机运行机理、部件选型、结构设计、电气原理及设计，最后对整机的动态性能，进行全面的分析，全面准确地介绍电梯产品的核心技术，创新电梯设计理念。

本书由陈炳炎教授策划与组织，共分六章，其中机械部分四章，电气部分两章。第一章、第二章、第三章和第六章的机械部分由陈炳炎撰写，第三章第四节和第六章第四节由马幸福撰写，例题由马幸福计算，并由马幸福全面校核。第四章和第五章由贺意和周献撰写并相互校核。

本书在编写过程中，得到湖南电气职业技术学院各部门和电梯行业人士的支持和帮助，在此表示诚挚的谢意！本书积累了作者多年的设计和研究工作经验，理论上、学术上可能有偏颇的地方，欢迎专家和行业同仁共同探讨与指正。

**著者**

**2015 年 6 月**

# 目 录

# 第一章　电梯整机技术分析与产品定型设计

## 第一节　设计原则与设计过程

### 一、电梯产品设计三化原则

**1. 标准化**

要设计技术性能先进、可靠性高及性价比合理的产品，必须首先制定先进的产品标准。该标准的设计指标可等同或高于国家标准，但不能低于国家标准。产品标准是产品设计、试生产、试运行、检测、修改、可靠性考核和产品定型的准则。标准化的内容涉及到产品规格参数、质量性能指标、制造工艺安全要求等方面内容。只有在制定了先进的、合理的标准前提下，才能设计出技术先进、性能稳定和性价比高的产品。目前我国电梯方面的设计制造标准主要有 GB 7588—2003《电梯制造与安装安全规范》、GB/T 10058—2009《电梯技术条件》、GB 16899—2011《自动扶梯和自动人行道的制造与安装安全规范》等。

**2. 系列化**

电梯的种类和规格很多，在技术性能指标和原材料成本双优设计目标的原则下，对电梯种类、规格和参数进行精确的分析，确定同种类电梯以一定的参数区段作为一种规格的定型产品，形成系列化产品，这样既能减少多规格产品的设计量，又能更加方便、高效率地进行生产组织和管理。

电梯种类有垂直升降类电梯、自动扶梯和自动人行道、液压电梯和无障碍电梯等。垂直升降类电梯又细分有乘客电梯、载货电梯、医用电梯、观光电梯。每一类电梯都可以衍生出几百种规格的产品，加上不同梯种的组合，可能多达上千种规格。一套品种齐全规格完整的电梯产品图纸，如果每一规格都按常规设计程序设计，工作量巨大，几乎不可能完成。通过分析，同梯种的电梯结构相同，主参数相邻规格的产品部件规格或者说零件尺寸都相同或相似。采用集合原理，找出其内在关联，结合低成本设计原则，将几百种规格归纳为几个集合，这样只需要设计几个种类的电梯，就完成了众多规格产品的设计，形成了产品的系列化。下面就不同梯种系列化进行分析。

(1) 乘客电梯

乘客电梯的 3 个主参数分别为额定载重量 $Q$、额定速度 $V$ 和提升 $H$，对 3 个主参数进行分析。例如额定载重量 320～450kg，多用作别墅电梯或家用电梯，提升高度不会太高，自然速度也不会太高，且标准规定别墅电梯或家用电梯的额定速度不得超过 0.4m/s。630～1150kg 的电梯为常用电梯，通常又分为中低速电梯、高速电梯、超高速电梯。大吨位乘客电梯多用于大型高档宾馆，层站数较高，提升高度较大。这样就可以把几百种组合归纳为 4～5 个规格。

a. 小型家用电梯

额定载重量：320kg，400kg，450kg

额定速度：0.4/1.0m/s

提升高度：20m (7 层)

b. 常用客乘电梯

规格参数 1：$Q$=630～1250kg

$V$=1.0～1.75m/s

$H$=3～80m (27 层以下)

规格参数 2：$Q$=630～1250kg

$V$=1.75～2.5m/s

$H$=80～115m (40 层以下)

c. 中高速电梯

规格参数：$Q$=800～1350kg

$V$=2.0～3.0m/s

$H$=100～150m (33～50 层)

d. 大吨位高速电梯

规格参数：$Q$=1000～2000kg

$V$=3.0～4.0m/s

$H$=150m (50 层以上)

e. 超高速电梯

规格参数：$Q$=1000～2000kg

$V$=6.0m/s

$H$=150m 及以上

上述 5 种规格中，b、c 两种规格的电梯为常用，市场额度最大；a 类家用电梯随着社会的发展呈现出市场扩大的趋势；d、e 类规格产品代表一个企业的技术水平，市场需求量近年也有所增加，因而各厂家都在积极开发。

(2) 载货电梯

载货电梯主要用于载货，大多提升高度不高，常规速度以 0.5m/s、0.63m/s 为主，近年来随着物流业的发展，也有高提升高度、速度 1.0～2.0m/s 中速载货电梯的市场需求，大多数厂家采用非标设计或新产品开发的方式设计。因此，载货电梯多以主参数载重量作为设计主参数和产品规格。

载货电梯的载重量 $Q$＝500、1000、2000、3000、5000、8000（kg）等，500kg 及以下为杂物电梯，最大吨位的载货电梯可做到 12000kg。常用载货电梯规格以主参数额定载重量为设计依据，即 5 种规格 1000～5000kg 的载货电梯。

（3）自动扶梯与自动人行道

自动扶梯主要有 3 个主参数：

提升高度　$H$＝3～20m；

梯级宽度　$B$＝600mm，800mm，1000mm；

倾斜角度　$\alpha$＝35°，30°，12°，0°。

自动扶梯主要用于大型商场、车站、机场、体育馆和展览馆等场所，主参数中倾斜角度 $\alpha$＝30°、35°为自动扶梯；$\alpha$＝0°、12°为自动人行道，梯级宽度常用为 1000mm，600mm、800mm 大多在安装位置不够的情况下才采用。对自动扶梯结构及设计影响最大的参数是提升高度 $H$，市场常用扶梯以 $H$＝4.5m 为标准计价规格，随着大型高铁车站和先进机场增多，高提升高度的扶梯用量增多，因此自动扶梯系列产品设计采用主参数提升高度为设计依据。

标准和产品认证将自动扶梯生产厂家资质按如下三挡进行划分：$H$＝6.0m；$H$＝6.0～12m；$H$＝12m 以上。

以主参数 $H$ 的分级系列化是合理的，现大多数生产 $H$＝6.0m 及以下的扶梯桁架为整装配出厂，$H\geqslant$8.0m 以上就分级制造并在桁架中间增加中间支撑，运输上也方便。

**3. 通用化**

产品系列化以后，同规格中不同参数的产品运行机理和结构是相同的，甚至不同规格相邻系列之间的产品运行机理和结构也相同，某些零部件不但结构相同，尺寸也很接近。综合分析低成本和高效生产组织之间的关联，对该零部件进行通用化设计，使之满足同规格不同参数或相邻系列不同规格的产品要求，对批量生产中高效生产组织意义重大。

▲ 以电梯轿厢设计为例：图 1-1 及表 1-1 为某厂轿厢围板系列化通用化设计和生产使用

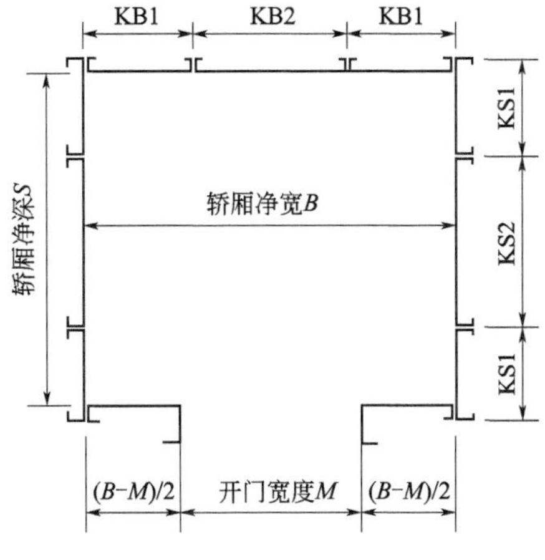


图 1-1　电梯轿厢围板布置图

的图纸。

上述设计可满足额定载重量320～1600kg的乘客电梯、轿厢宽度1000～2000mm、深度1000～1800mm之间的任何轿厢内空尺寸组合。对常用乘客电梯和中高速电梯的系列规格，采用下列围壁组合：

**表 1-1　围板系列化图表**

mm

| 轿厢内宽 B | KB1 | KB2 | 轿厢内深 *S* | S1 | KS1 | KS2 | (*B*−*M*)/2 |
|---|---|---|---|---|---|---|---|
| 1000 | 300 | 400 | 1000 | 1110 | 300 | 460 | 450 |
| 1050 | 300 | 450 | 1050 | 1160 | 300 | 510 | 425 |
| 1100 | 300 | 500 | 1080 | 1190 | 300 | 540 | 400 |
| 1150 | 300 | 550 | 1100 | 1210 | 300 | 560 | 375 |
| 1200 | 300 | 600 | 1150 | 1260 | 300 | 610 | 350 |
| 1250 | 300 | 650 | 1200 | 1310 | 300 | 660 | 325 |
| 1300 | 300 | 700 | 1250 | 1360 | 300 | 710 | 300 |
| 1350 | 300 | 750 | 1300 | 1410 | 300 | 760 | 275 |
| 1400 | 400 | 600 | 1350 | 1460 | 400 | 610 | 250 |
| 1450 | 400 | 650 | 1400 | 1510 | 400 | 660 | 225 |
| 1500 | 400 | 700 | 1450 | 1560 | 400 | 710 | 200 |
| 1550 | 400 | 750 | 1480 | 1590 | 400 | 740 | |
| 1600 | 400 | 800 | 1500 | 1610 | 400 | 760 | |
| 1650 | 400 | 850 | 1550 | 1660 | 400 | 810 | |
| 1700 | 400 | 900 | 1580 | 1690 | 400 | 840 | |
| 1750 | 400 | 950 | 1600 | 1710 | 400 | 860 | |
| 1800 | 400 | 1000 | 1650 | 1760 | 400 | 910 | |
| 1850 | 450 | 950 | 1680 | 1790 | 400 | 940 | |
| 1900 | 450 | 1000 | 1700 | 1810 | 400 | 960 | |
| 1950 | 500 | 950 | 1750 | 1860 | 450 | 910 | |
| 2000 | 500 | 1000 | 1800 | 1910 | 450 | 960 | |

630kg　　　轿厢尺寸：1400mm×1100mm；

侧壁围板：KS1＝400mm，KS2＝660mm，KS1＝400mm；

后壁围板：KB1＝300mm，KB2＝500mm，KB2＝300mm。

800kg　　　轿厢尺寸：1400mm×1350mm；

侧壁围板：KS1＝400mm，KS2＝610mm，KS1＝400mm；

后壁围板：KB1＝400mm，KB2＝600mm，KB2＝400mm。

1000kg　　　轿厢尺寸：1600mm×1480mm/1500mm；

（1050kg）　侧壁围板：KS1＝400mm，KS2＝740mm/760mm，KS1＝400mm；

后壁围板：KB1＝400mm，KB2＝800mm，KB2＝400mm。

1150kg　　　轿厢尺寸：1700mm×1500mm；

侧壁围板：KS1＝400mm，KS2＝760mm，KS1＝400mm；

后壁围板：KB1＝400mm，KB2＝900mm，KB2＝400mm。

由上述常用规格的围壁尺寸组合分析，侧壁板中KS1＝400mm、后壁板中KB1＝400mm的围板，每种系列的产品都采用，用量最大。这样就可以根据每月生产量的统计，合理增加该零件的库存量，平衡订单的波动，提高生产组织效率。同时该厂在设计过程中根据板材原料的尺寸，多余部分用于制作门框门套，遵循了低成本设计原则。

## 二、整机技术设计原则

要设计出高性能低成本的产品，应遵循整机技术原则。对某规格参数的产品设计，整机技术设计原则主要有三个方面，即产品的运行机理、结构分析和低成本分析。以垂直升降类电梯中的乘客电梯为例分别论述。

**1. 产品的运行机理**

电梯的运行机理包括：

a. 结构布置与偏载分析；

b. 功能与配置优化；

c. 平衡条件分析；

d. 曳引条件分析；

e. 效率及功率分析；

f. 动态分析。

即使规格确定的系列化电梯产品，在其确定的参数范围内，运行工况、试验工况以及可能出现的其他工况也是千变万化的。运行机理的分析就是产品在任何工况特别是极限工况下，保持优秀的产品品质和稳定的运行状态。要做到这一点，就必须在产品正式设计前对上述六点进行机理分析。

**2. 结构分析**

在合理的产品结构计算标准基础上，对结构进行等强度、等刚度计算，以及寿命和可靠性分析，同时结合低成本设计。

**3. 低成本分析**

低成本是设计优化目标值之一，低成本设计贯穿整个产品设计、试制、试验、修改和产品定型整个研制过程。低成本设计以不降低设计开发任务书规定的产品技术性能和先进性为原则，低成本设计必须考虑产品批量大小和生产组织效率之间的关系。

## 三、产品定型设计与研制过程

产品定型设计贯穿整个产品设计、试制、试验、修改和定型过程，如图 1-2 所示。

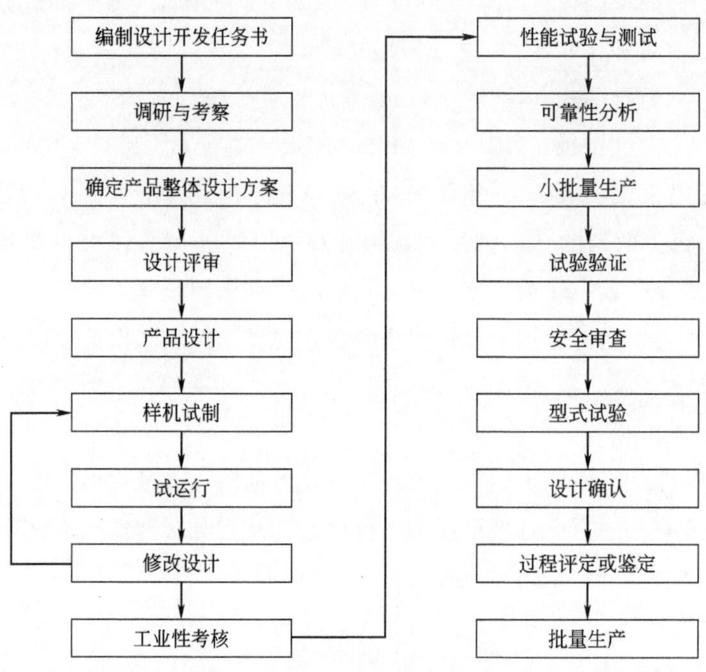


图 1-2　产品定型设计流程

**1. 设计开发任务书的编写**

一项产品设计开发工作首先是“设计开发任务书”的编写，涉及项目的由来、完成任务的条件、主要设计技术指标、参照的标准和法律法规、产品质量目标、人员组织与分工、工作进度等内容。下面是某厂在原有产品图纸的基础上进行产品标准化、系列化和通用化全面修订时的设计开发任务书。

▲ 某厂的技术开发任务书

※ ※ ※ ※ ※ ※ ※ ※ ※ ※ ※ ※ ※ ※

**曳引式客梯**

# 技术开发任务书

**（HWZ/K-1000-CO105）**

**文件编号：HWZ/K-004-03-JR**

**受控状态：受控　非受控**

| ＊＊＊＊电梯有限公司 | | | | | |
|---|---|---|---|---|---|
| 文件名称 | 技术开发任务书 | | | 文件编号 | HWZ/K-004-03-JR |
| 版次 | A/O | 生效日期 | | 页码 | 第1页共3页 |

开发目的

HWZ/K是最常用的电梯，市场需求量很大，＊＊＊＊电梯有限公司在电梯制造方面有数年的经验，特别是在招聘大批有长期电梯设计、生产、管理工作经验的技术管理人员，购买大量先进加工设备后，使公司电梯产品技术水平和产品质量有较大的提高，理应对产品结构进行调整，推出更高档次的产品，对企业发展和国内电梯行业水平的提高贡献力量。

主要技术指标

1. 主要技术参数

① 额定载重量：1000kg

② 额定速度：1.75m/s

③ 轿厢尺寸（宽×深×高）：1600mm×1480mm×2435mm

④ 开门方式：中分

⑤ 开门尺寸（宽×高）：900mm×2100mm

⑥ 提升高度≤80m（约27层）

⑦ 顶层高度：4600mm

⑧ 底坑深度：1700mm

⑨ 井道平面尺寸（宽×深）：2100mm×2200mm

2. 主要性能指标

① 起制动加减速度≤1.5m/s$^2$（最大值）。

② 当电源为额定电压和额定频率，电梯轿厢在50%额定载重量时，向下运行至行程中段时的速度，不大于额定速度105%，且不小于92%。

③ 垂直方向振动加速度不大于25cm/s$^2$，水平方向振动加速度不大于15cm/s$^2$。

④ 最大平均加速度 $a_p$=0.5m/s$^2$。

⑤ 机房噪声值≤80dB，运行中轿厢噪声值≤55dB，开关门过程噪声值≤65dB。

⑥ 平层准确度≤±15mm。

⑦ 平衡系数：0.4～0.5。

**一、参照标准、法律、法规**

1. GB/T 7024—2008　电梯、自动扶梯、自动人行道术语

2. GB/T 7025.1～3—2008　电梯主参数及轿厢、井道、机房的型式与尺寸

3. GB 7588—2003　电梯制造与安装安全规范

4. GB 8903—2005　电梯用钢丝绳

5. GB/T 10058—2009　电梯技术条件

| 更改记录 | 更改代号 | 通知单号 | 更改日期 | 更改人 | 签名栏 | 编制 | 审核 | 批准 |
|---|---|---|---|---|---|---|---|---|
| | | | | | | | | |
| | | | | | | | | |
| | | | | | | | | |

续表

<table>
<tr><td colspan="6">＊＊＊＊电梯有限公司</td></tr>
<tr><td>文件名称</td><td colspan="3">技术开发任务书</td><td>文件编号</td><td>HWZ/K-004-03-JR</td></tr>
<tr><td>版次</td><td>A/O</td><td>生效日期</td><td></td><td>页码</td><td>第 2 页共 3 页</td></tr>
</table>

6. GB/T 10059—2009　电梯试验方法
7. GB/T 10060—2011　电梯安装验收规范
8. GB/T 22562—2008　电梯 T 型导轨
9. JG/T 5072.3—1996　电梯对重用空心导轨
10. YB/T 5198—2004　电梯钢丝绳用钢丝
11. 中华人民共和国产品质量法
12. 中华人民共和国计量法
13. 中华人民共和国标准化法

**二、使用寿命**

该产品预计使用寿命 15 年以上。

**三、安全性能要求**

1. 供电系统缺相、错相保护装置。
2. 超载保护装置。
3. 限速器、安全钳系统。
4. 限速器绳断裂或松弛保护开关。
5. 底缓冲器装置及电气复位开关。
6. 限位开关。
7. 极限开关。
8. 层门、轿门电气联锁装置。
9. 检修运行装置。
10. 防夹人(物)门装置。
11. 紧急停止装置。
12. 层门自闭装置。

**四、产品质量目标**

整机可靠性为起制动运行 60000 次中失效(故障)次数不超过 5 次，每次失效修复时间不超过 1h。

**五、人员组成**

本次设计开发及部门有技术部、质管部、生产部、工程部。

技术部：负责按照设计开发程序对本次开发进行有关技术设计工作，并组织调试工作。

质管部：根据国标、企标对本次开发进行产品检验。

生产部：根据有关技术文件安排生产、加工。

<table>
<tr><td rowspan="4">更改记录</td><td>更改代号</td><td>通知单号</td><td>更改日期</td><td>更改人</td><td rowspan="4">签名栏</td><td>编制</td><td>审核</td><td>批准</td></tr>
<tr><td></td><td></td><td></td><td></td><td></td><td></td><td></td></tr>
<tr><td></td><td></td><td></td><td></td><td></td><td></td><td></td></tr>
<tr><td></td><td></td><td></td><td></td><td></td><td></td><td></td></tr>
</table>

续表

| ＊＊＊＊电梯有限公司 | | | | | |
|---|---|---|---|---|---|
| 文件名称 | 技术开发任务书 | | | 文件编号 | HWZ/K-004-03-JR |
| 版次 | A/O | 生效日期 | | 页码 | 第3页共3页 |

工程部：根据有关技术文件安排安装，并协助调试、检验工作。

**六、评审、验证及确认工作安排**

1. 评审人员组成

技术负责人

技术部：部长、副部长、主要设计人员；

质管部：部长、质检员；

生产部：部长、车间主任；

工程部：部长、安装队长。

2. 评审由技术负责人主持召开，对照设计输入、输出是否一致，由技术部汇总成《评审设计报告》。

3. 验证工作由生产部安排试制，工程部组织安装，技术部全程进行跟踪指导。

4. 确认工作由技术部出具《设计确认报告》后交总经理确认。

**七、设计开发的进度**

1. 本次设计开发工作从2014年9月1日启动。

2. 设计文件于2015年1月1日前完成。

3. 设计评审工作于2015年1月15日前完成。

4. 生产于2015年2月25日前完成。

5. 工程安装于2015年4月30日完成。

6. 厂检及政府部门检验于2015年5月5日前完成。

7. 验证确认于2015年5月10日前完成。

| 更改记录 | 更改代号 | 通知单号 | 更改日期 | 更改人 | 签名栏 | 编制 | 审核 | 批准 |
|---|---|---|---|---|---|---|---|---|
| | | | | | | | | |
| | | | | | | | | |
| | | | | | | | | |

**2. 过程说明和其他文件的编写**

上述产品定型设计过程，除了必需的图纸设计和实验验证数据资料外，基本上每走一步都要编制相应的技术报告，具体有调研考察报告、设计评审报告、可靠性与技术经济报告、工业性考核报告、试验验证或产品检验报告、安全审查报告、型式试验报告、过程评定或鉴定报告和项目开发总结报告。上述报告分别对产品设计、试验过程、技术性能、安全性和成本分析进行记录和分析，说明其是否达到设计开发任务书规定的要求。

研发过程中要说明的有三点。

一是“产品设计”的内容包括设计计算与研究、图纸设计、工艺过程设计和工艺文件编制等。

二是“型式试验报告”，由于电梯行业属于特种设备行业，型式试验由国家技术监督局下属有资质的检验院、所进行检测，并根据检测结果填写型式报告。型式试验报告有整机型式报告和部件型号式试验报告。部件型式试验报告涉及电梯控制柜、主机等主要部件，以及安全钳、限速器、缓冲器和门锁等安全部件。

三是“过程评定或鉴定”，有两种方式：一种方式是由国家相关职能部门组织新产品鉴定或科技成果鉴定，20 世纪 90 年代已不再强制执行，如果要申报省或国家级新产品或科技成果，可申请该种鉴定方式；另一种方式是由企业内部自行对研发过程进行评定，填写结题报告，表示该项目达到设计开发任务书的要求，可以结题。

其他技术文件的编写不再详细论述。

## 第二节　偏载分析

传统的电梯整体设计其实只是对电梯结构的布局及结构布置图的绘制，其中各部件的位置布局都是参照旧图纸或经验值来布置，并未进行精确的机理分析。轿架的悬挂位置就是其中最重要的设计参数之一。大多国内厂家由于该参数设计不合理，导致电梯偏载过大，导靴与导轨之间压力大，磨损急剧增加，运行过程中阻尼的增加导致电梯剧烈的振动并产生尖锐的噪声。因此，在整体结构设计前先对其进行偏载分析，使之在规定设计参数范围内的运行过程中偏载最小，能有效地提高产品的技术性能，保证稳定可靠的运行。

### 一、偏载分析

电梯从最底层运行到最高层的过程是一个典型的动态过程，其间有载荷的变化、结构参数的变化及运行状态的变化。这里仅在静态范围内分析偏载对运行机理的影响(动态分析将在后面的章节中叙述)。采用循序渐进的办法，第一步不考虑钢丝绳和补偿链的变化和载荷的变化计算分析轿厢轿架自重中心位置，再进一步分析实际运行过程钢丝绳和补偿链的影响，最后考虑载荷对偏载的作用，采用优化设计方法，得出偏载最小的最佳轿厢中心位置并计算出最大导靴对导轨的正压力，积累下一步对导轨和导靴计算分析的数据。

**1. 无附着物状态下的轿厢自重及重心位置**

不考虑钢丝绳、电缆和补偿链的轿厢空载的情况，采用理论计算和试验验证两种方法求上述状态下轿厢的重心，如图 1-3 所示。

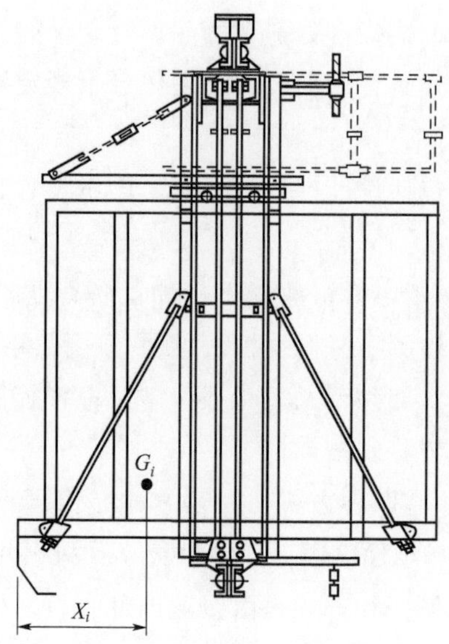


图 1-3　轿厢轿架结构位置

**方法一**　理论计算

$$\sum_{i=1}^{n} G_i X_i = G_0 X_0 \tag{1-1}$$

$$X_0 = \sum_{i=1}^{n} G_i X_i / G_0 \tag{1-2}$$

式中　$G_i$——轿厢总成中各零部件的重量；

$X_i$——轿厢总成中各零部件重心相对 0—0 基线的距离；

$G_0$——实际运行状态下的轿厢总重；

$X_0$——该状态下轿厢自重的重心位置。

**方法二**　试验验证

考虑到零部件较多，计算会产生遗漏和不精确，采用如图 1-4 所示的试验方法。如果轿架吊装位置不在整个轿厢的重心位置，轿厢地板平面和轿架立柱产生倾斜，在轿厢地板和立柱上各放置一水平尺，反映出地板面和立柱的倾斜程度，放置重量为 $G_1$ 的重物在倾斜高的一方，移动 $G_1$ 的位置，使轿厢地板面和立柱分别处于水平和垂直状态，如图 1-4 所示。

$$G_0 X_0 + G_1 X_2 = (G_0 + G_1) X_1 \tag{1-3}$$

$$X_0 = [(G_0 + G_1) X_1 - G_1 X_2] / G_0 \tag{1-4}$$

该试验方法不但得出了该状态下轿厢准确的重心位置，还称量出轿厢的重量。

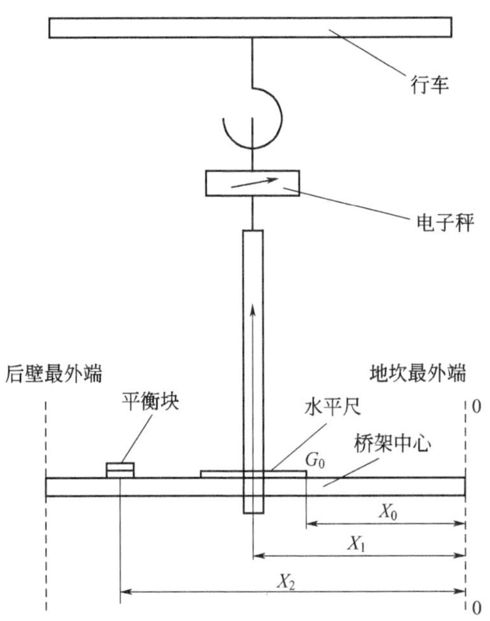


图 1-4 未考虑附着重量轿厢重心位置分析图

**2. 实际工况下轿厢自重重心位置**

由于轿厢装饰要求不同，轿厢重心位置会发生变化，且在实际运行状态下，由于附着物重量随运行状态变化，轿厢重心位置也随之变化。如图 1-5 所示，在不考虑载荷的情况下，轿架位置为优化设计确定后的轿厢自重重心位置。若补偿链设置在轿架中心两边，距离轿架中心位置 $c$。因为补偿链重量随运行高度变化，特别是轿厢运行到顶层后，补偿链重量最重，由此产生的偏载矩 $q_1Hl$ 最大，钢丝绳悬吊距离最短，振动噪声由此产生。如果将补偿链设置在轿架中心位置，即取 $l=0$，不管轿厢运行到任何位置，补偿链重量将不产生任何偏载，这样随轿厢运行状态变化就只有电缆重量了。

对 0—0 基线取矩：

$$G_0X_0+q_2h_2+G_3X_3=G_4X_4 \tag{1-5}$$

$$X_0=(G_4X_4-G_3X_3-q_2h_2)/G_0 \tag{1-6}$$

$$G_4=G_0+G_3+q_2h_2$$

式中 $G_3$——装饰等产生附加质量；

$q_2$，$h_2$——电缆线密度及悬挂高度。

**3. 载荷作用下轿厢重心位置的分析**

载荷作用于轿厢地板的分布是从 0～$Q_0$（额定载荷）随机分布的。分析载荷对电梯运行过程中产生的偏载弯矩有不同的方法，我国标准未做具体规定。美国电梯标准规定乘客电梯偏载矩为 $Q_0B/8$，载货电梯为 $Q_0B/4$（$Q_0$ 为额定载荷，$B$ 为轿厢深度）。该偏载矩可作用

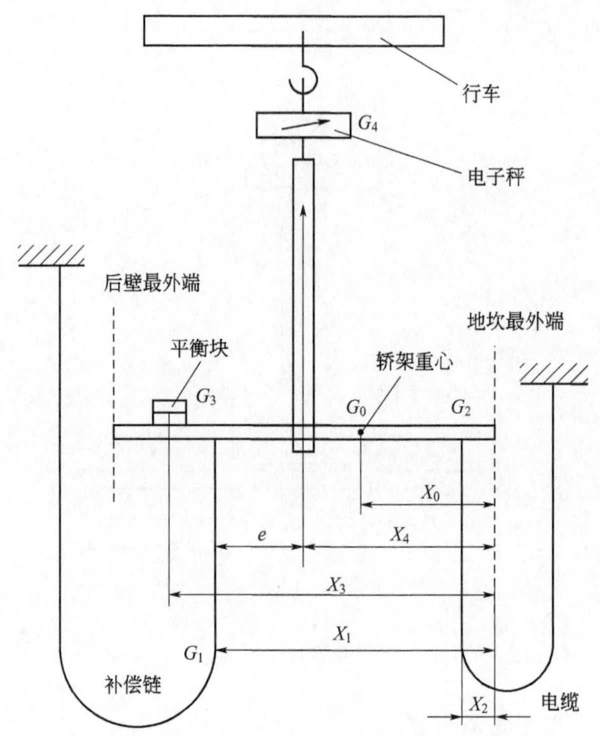


图 1-5　运行工况下轿厢重心位置分析图

于轿架位置前端或后端，主要用于轿架和导轨等受力分析，对轿厢重心位置不产生影响。乘客电梯的偏载矩可通过统计方法，观察不同人数乘坐电梯时站立位置绘制载荷分布图，求出可能的偏载位置，从而求出偏载矩。以 1000kg 的乘客电梯为例，最大偏载为两人前端站立或后端站立，即 150kg 载荷前端或后端偏置，也不对轿架位置的设置产生影响。轿架设置最合理的位置为轿厢自重中心位置。如图 1-5 所示，考虑到任何运行状态都包括在轿厢处于最低和最高两个极限位置范围内，式（1-6）转化为：

最低位置：
$$X_{01}=(G_4X_4-G_3X_3)/G_0 \tag{1-7}$$

最高位置：
$$X_{02}=(G_4X_4-G_3X_3-q_2h_2)/G_0 \tag{1-8}$$

式中，$h$ 为提升高度。采用平均加权法，求得优化后的轿厢重心位置，即轿架设置位置 $X_{03}$：

$$X_{03}=(X_{01}+X_{02})/2 \tag{1-9}$$

具体产品研发过程中，最好是先用方法一初步确定 $X_{03}$ 的位置，然后在试制过程中修改和调整 $X_{03}$ 的位置。

▲ 以某厂 $Q_0=1000$kg、$V=1.75$m/s 常用乘客电梯、系列型号 HWZ/K 为例，$G_4=917$kg、$X_4=677$mm；$G_3=134$kg、$X_3=880$mm；$q_2h_2=50$kg、$X_2=493$mm，将上述数据代入式（1-7）～式（1-9），得出 $X_{03}=792$mm。该厂采用日立技术轿架中心位置为

793mm，证明原设计是合理的，轿架位置不需移动。

## 二、电梯结构布置

电梯结构布置和布置图的绘制是电梯整体设计重要内容之一。垂直升降类电梯是以零部件出厂，送达现场并通过现场安装后形成产品的，因此结构布置图就是实际上的总装图。安装现场不在厂内，因此结构布置的合理性和结构布置图绘制的准确性尤为重要。

### 1. 垂直升降类电梯的水平截面的布置与设计

以现在最常用曳引比为 2∶1 的乘客电梯或载货电梯为例，合理的电梯结构尺寸主要涉及下述 4 个方面：

a. 标准要求；

b. 优化运行机理的关键尺寸；

c. 结构上的干涉；

d. 结构的紧凑性。

（1）对重后置电梯井道水平截面的布置与设计（图 1-6）

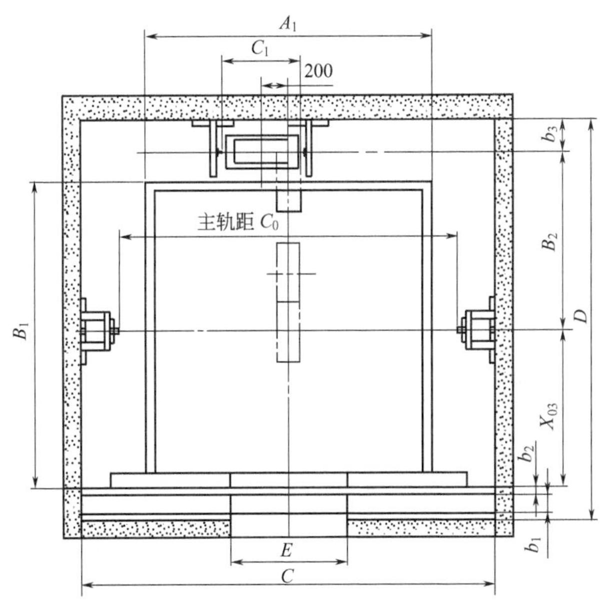


图 1-6　对重后置的井道平面布置图

① 井道深度方向的尺寸分析

$b_1$：井道前壁至层门地坎外沿的距离。中分开门常用地坎宽度为 60mm。考虑井道的不垂直性，一般取 $b_1=65$mm；旁开门地坎为 115mm，取 $b_1=120$mm。

$b_2$：层门地坎与轿门地坎之间的距离。标准规定 $b_2 \leqslant 35$mm，取 $b_2=30$mm。

$B_1$：轿厢深度方向外尺寸。$B_1=B$（轿厢内深）＋轿门地坎宽度＋前、后围板厚度。

$X_{03}$：前面已求得的轿厢地坎前端至轿架中心的距离。

$B_2$：轿架中心至对重重心之间的距离。

$b_3$：对重中心至井道壁之间的距离。为对重块宽度的 1/2＋对重块与井道之间的间隙（50～100）。

$E$：开门宽度。

深度方向尺寸涉及运行机理的主要有尺寸 $X_{03}$ 和 $B_2$。$X_{03}$ 前面已经分析确定。$B_2$ 为轿架中心与对重中心之间的距离，要使曳引轮的包角大，就必须使 $B_2$ 最小，这样曳引轮与导向轮之间的水平轴距最小。曳引轮的包角大，有利于改善曳引条件，如图 1-7 所示。

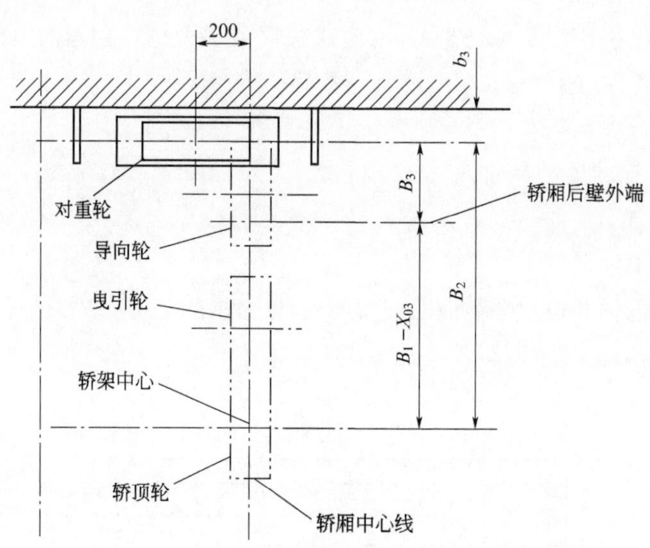


图 1-7　轿架中心线至井道后壁结构尺寸分析图

$B_2=B_1-X_{03}+B_3$，$B_3$＝对重块宽度的一半（100）＋对重护栅的厚度及与对重块之间的间隙（10～30）＋对重护栏与轿厢后壁之间的间隙（50～100）。对重装置与轿厢后壁之间的间隙（50～100）为标准要求。

▲ 以某厂 $Q=1000\text{kg}$、$V=1.75\text{m/s}$ 乘客电梯为例：

$$B_1=1480+60+80+30=1650\text{mm}$$

$$B_3=100+40+(50\sim100)=190\sim240\text{mm}，取最小值 190\text{mm}$$

$$B_2=B_1-X_{03}+B_3=1650-793+190=1047\text{mm} \tag{1-10}$$

$$b_3=100+(50\sim100)=150\sim200\text{mm}$$

由此得出最小井道深度：

$$D=b_1+b_2+X_{03}+B_2+b_3$$

$$=65+30+793+1047+150=2085\text{mm} \tag{1-11}$$

考虑到井道壁的不垂直性，正常都圆整到 2100～2200mm 之间。

② 井道宽度方向尺寸分析　井道宽度方向尺寸必须满足 3 个部件的结构尺寸链，一是

轿架中心、导轨及支架结构尺寸链，二是轿门、层门从关到开的结构尺寸，三是对重装置结构尺寸要求。一般对重结构尺寸要求自然满足。轿架中心、导轨及支架结构尺寸链如图 1-8 所示。

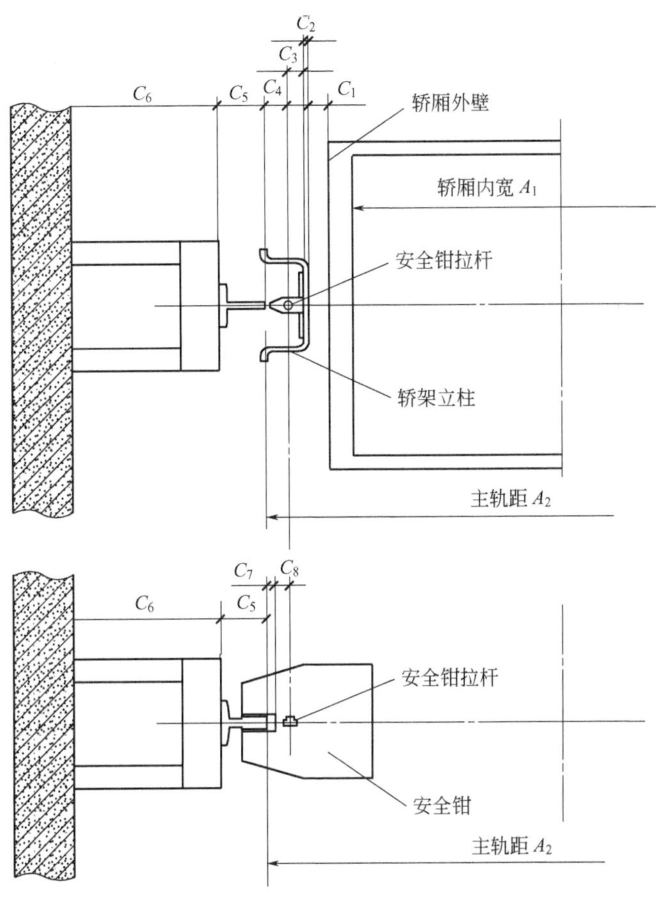


图 1-8　井道宽度方向及主轨距结构尺寸分析图

$A_1$：为轿厢中心线，中分门对重后置的乘客电梯轿厢宽度方向中心，即为井道方向中心，由于完全对称，取轿厢中心的一半分析。

$A_2$：轿厢外宽＝轿厢内宽＋轿厢侧壁厚度×2。

$C_1$：轿厢侧壁外沿与轿架之间的距离，一般为 10mm。

$C_2$：轿架立柱板厚，一般 5～6mm 左右。

$C_3$：安全钳拉杆中心与轿架立柱之间的距离，一般 4mm 左右。

$C_4$：安全钳拉杆与导轨顶面之间的距离，因为安全钳拉杆的垂直性，导靴导向面与拉杆之间及导轨之间的间隙，一般为 15mm。

$C_5$：导轨高度。

$C_6$：导轨支架高度。

主轨距：

$$A_2 = A_1 + 2(C_1 + C_2 + C_3 + C_4) \tag{1-12}$$

井道总宽：

$$C=A_2+2(C_5+C_6) \tag{1-13}$$

③ 验算开门尺寸

$$C\geqslant 2E+2(C_7+C_8) \tag{1-14}$$

$C_7$：层门与门套之间的遮盖量，一般20mm。

$C_8$：层门装置大于2倍开门宽度的结构尺寸要求，一般为120～150mm。

▲ 以某厂$Q=1000\text{kg}$、$V=1.0\sim1.75\text{m/s}$的常用电梯为例，轿厢净空尺寸$A\times B=1600\times1480\text{mm}$，开门宽度$E=900\text{mm}$。

主轨距：

$$A_2=A_1+2(C_1+C_2+C_3+C_4)$$

$$=1600+2\times30+2\times(10+6+4+15)=1732\text{mm}$$

井道总宽：

$$C=A_2+2(C_5+C_6)$$

$$=1732+2\times(62+176)=2200\text{mm}$$

校核开门尺寸：

$$C=2200\geqslant 2E+2\times(C_7+C_8)$$

$$=2\times900+2\times(20+150)=2140\text{mm}$$

满足式（1-14）要求。

（2）对重侧置电梯井道水平截面的布置与设计（图1-9）

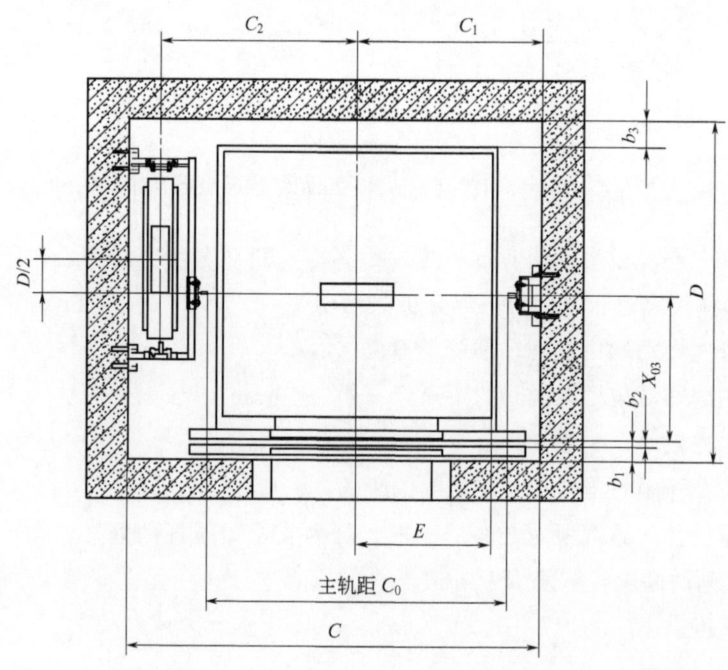


图1-9　对重侧置的井道平面布置图

① 井道深度方向的尺寸分析

井道深度：$$D=B_1+b_1+b_2+b_3 \tag{1-15}$$

式中，$B_1$ 为轿厢外深，如图 1-5 所示。

② 井道宽度方向尺寸分析　对重侧置井道宽度方向尺寸，主要是确定轿架中心与对重中心在宽度方向的距离 $C_2$。为使曳引条件更好，应使 $C_2$ 尽量小。$C_2$ 确定后，其他尺寸的设计原则和对重后置相同。

$$C_1=C_0/2+\text{导轨高度}+\text{支架高度} \tag{1-16}$$

$$C_2=C_0/2+\text{导轨高度}+\text{对重块宽度}/2+\text{轿厢侧对重支架厚度}+\text{对重块与支架之间的间隙} \tag{1-17}$$

$$C=C_1+C_2+\text{对重块宽度}/2+\text{对重块与井道壁之间的间隙} \tag{1-18}$$

③ 验算开门尺寸

中分门：$$C\geqslant 2E+2\times(C_7+C_8)$$

旁开门：$$C\geqslant C_1-E+C_7+C_8$$

▲ 以某厂 $Q=1000\text{kg}$、$V=1.0\sim1.75\text{m/s}$ 的常用电梯为例，轿厢净空尺寸 $A\times B=1600\text{mm}\times1480\text{mm}$，开门宽度 $E=900\text{mm}$。

宽度方向：

$$C_1=1732/2+62+176=1104\ (\text{mm})$$

$$C_2=1732/2+62+100+63+30=1121\ (\text{mm})$$

$$C=1104+1121+100+70=2395\ (\text{mm})$$

圆整后取井道宽 $C=2400\text{mm}$。

深度方向：$D=1650+65+30+70=1815$（mm），圆整后取 $D=1850\text{mm}$。

开门尺寸满足要求。

**2. 垂直升降类电梯的纵截面的布置与设计**

与水平截面的布置与设计原则相同，以现在最常用曳引比为 2∶1 的乘客电梯或载货电梯为例。合理的电梯结构尺寸主要涉及下述 4 个方面：

a. 标准要求；

b. 优化运行机理的关键尺寸；

c. 结构上的干涉；

d. 结构的紧凑性。

如图 1-10 所示，垂直升降类电梯的纵截面的布置与设计主要考虑的因素有：顶层高度、底坑深度和机房高度的确定，导轨支架的位置及井道的连接方式、最小和最大层高等。这里只做结构布置，井道受力分析放在相应部件设计和结构分析章节。

① 顶层高度　国家强制性标准 GB 7588—2003《电梯制造与安装安全规范》中 5.7.1.1

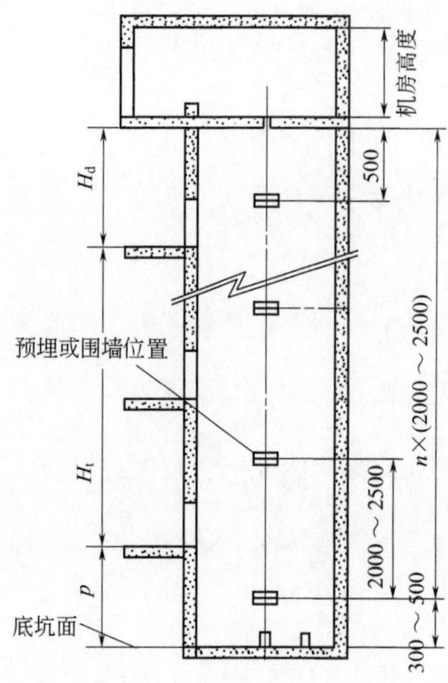


图 1-10　电梯纵截面图

规定，当对重完全压在缓冲器上时，顶层高度应同时满足下面 4 个方面条件：

a. 轿厢侧导轨长度应提供不小于 $0.1+0.035v^2$(m) 制导行程；

b. 轿顶最高水平面与井道最低面的垂直距离应不小于 $1.0+0.035v^2$(m)；

c. 井道最低部件与轿顶最高水平面之间应不小于 $0.3+0.035v^2$(m)，与导靴或滚轮、曳引绳附件之间应不小于 $0.1+0.035v^2$(m)；

d. 轿顶上方应能放置一个 0.5m×0.6m×0.8m 的长方体，任意放置即可。

5.7.1.2 规定：轿厢完全压在缓冲器上时，对重导轨长度应有不小于 $0.1+0.035v^2$(m)。

分别对对重完全压实或轿厢完全压实在缓冲器上两种工况进行分析，并验算对重架的高度，如图 1-11 所示。

**5.7.1.1　工况**

设 $K_v=0.035v^2$(m)。

$h_f$：对重缓冲器被压实的高度；

$h_d$：对重底与缓冲器之间缓冲行程；

$h_1$：轿厢地面与上导靴顶面油杯之间的距离；

$h_2$：轿厢地面与轿厢顶面之间的距离；

$h_3$：轿厢地面与轿顶部件（开门机、护栏等）之间的距离；

$h_4$：轿厢地面与导靴、滚轮、曳引绳附件之间的距离。

根据 5.7.1.1 要求，应同时满足：

$$H_d-(h_1+h_f+h_d)\geqslant 0.1+K_v$$

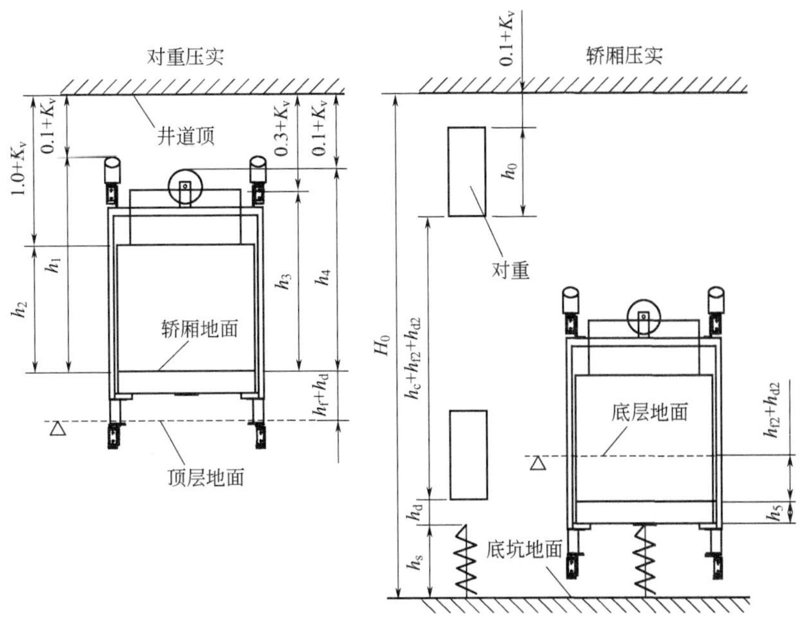


图 1-11　顶层高度结构分析

$$H_d-(h_2+h_f+h_d)\geqslant 1+K_v$$

$$H_d-(h_3+h_f+h_d)\geqslant 0.3+K_v$$

$$H_d-(h_4+h_f+h_d)\geqslant 0.1+K_v \tag{1-19}$$

**5.7.1.2　工况**

设井道总高为 $H_0$，总行程为 $H_t$。

$h_s$：对重缓冲器安装高度；

$h_{f1}$：轿厢缓冲器被压实的高度；

$h_{a1}$：轿厢底与缓冲器之间缓冲行程。

求得对重架高度：

$$h_0=H_0-(h_s+h_d+H_t+h_{f1}+h_{a1}+0.1+K_v) \tag{1-20}$$

近年来对重块多采用低密度水泥对重块，配平高度比原来要高很多，对重架高度增加，因此，有效调整对重缓冲器安装高度和对重架高度，使对重架高度既满足 5.7.1.2 的要求，又满足对重配平高度，必须重视。

② 底坑深度　国家强制性标准 GB 7588—2003《电梯制造与安装安全规范》5.7.3.3 规定，当轿厢完全压在缓冲器上时，应同时满足下述条件：

a. 底坑中应有一个 0.5m×0.6m×1.0m 的空间，任一平面朝下放置即可；

b. 底坑和轿厢之间最低部件的自由垂直距离应不小于 0.5m，导轨、护脚板等可减少到 0.1m；

c. 底坑中固定的最高部件，如补偿绳张紧装置位于最高位置时，自由垂直距离不小于0.3m，导轨、护脚板等除外。

GB 7588—2003《电梯制造与安装安全规范》10.4 规定：蓄能型缓冲器可能的总行程为$0.035v^2$，且不得小于65mm。耗能型缓冲器可能的总行程为$0.0674v^2$，当$v\leqslant 4.0$m/s时，按50%计算，且不小于0.42m；当$v\geqslant 4.0$m/s 时，按1/3计算，且不小于0.54m。如图1-12所示。

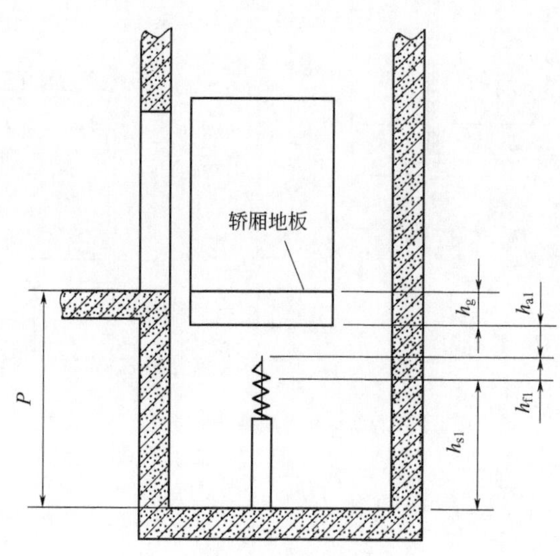


图 1-12　电梯底坑结构分析示意图

$h_{s1}$：轿厢缓冲器被压实后的高度，即轿厢缓冲器的安装高度。

$h_{f1}$：轿厢缓冲器被压实的高度。蓄能型缓冲器$h_{f1}=0.035v^2$，且不得65mm。耗能型缓冲器$h_{f1}=0.0674v^2$，当$v\leqslant 4.0$m/s时，按50%计算，且不小于0.42m；当$v\geqslant 4.0$m/s时，按1/3计算，且不小于0.54m。

$h_{a1}$：轿厢底与缓冲器之间的缓冲距离。蓄能型缓冲器$h_{a1}=200\sim350$mm；耗能型缓冲器$h_{a1}=150\sim400$mm。

$h_g$：轿底厚度。一般常用HWZ/K和HWV型电梯$h_g=300$mm左右，大吨位客梯和载货电梯根据具体设计参数确定。

由此可得底坑深度：

$$P=h_{s1}+h_{f1}+h_{a1}+h_g+(500\sim1000) \tag{1-21}$$

③ 机房高度、最小与最大层高　机房最高部件一般为曳引机部分，GB 7588—2003《电梯制造与安装安全规范》6.3.2.3 规定，驱动主机旋转部件的上方应有不小于0.3m的垂直净空距离，且净高度不应小于2m。一般电梯机房高度在2.2～2.5m之间，满足这些条件。大吨位电梯根据实际设计要求，使驱动主机上方垂直净空距离大于0.3m即可。

考虑到开门高度为2100mm，上有层门挂件，下有地坎护脚板等，最小层高一般必须不小于2800mm；最大层高标准规定不大于7m，若大于7m，则必须每隔7m设置一安全门。

④ 导轨支架　电梯标准GB/T 10060—2011《电梯安装验收规范》5.2.5 规定，每根导

轨宜至少设置两个导轨支架，支架间距不宜大于 2.5m，一般在 2.0～2.5m 之间，最低、最高支架分别与井道底、井道顶之间的距离为 300～500mm，如图 1-10 所示。导轨支架与墙体的连接分两种形式：一种是剪力墙或在对应支架位置设置有混凝土圈墙，采用膨胀螺栓将钢板固定在墙上，然后将支架焊接在钢板上；第二种是墙体为框架砖墙，此时必须在预定的位置将备好的预埋件再用混凝土预埋。如图 1-13 所示。

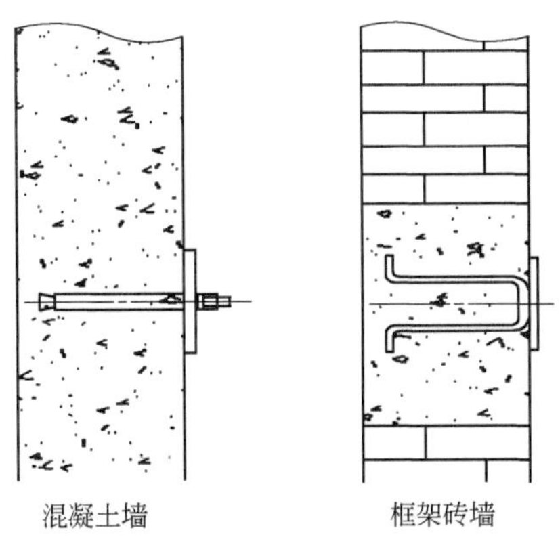


图 1-13　墙体结构及支架连接板固定方式

▲ 以某厂 $Q=1000\text{kg}$、$V=1.75\text{m/s}$、轿厢净空尺寸 $A \times B=1600\text{mm} \times 1480\text{mm}$、开门宽度 $E=900\text{mm}$ 的常用电梯为例。

顶层高度 $H_d=4600\text{mm}$，底坑深度 $P=1600\text{mm}$，轿厢地面与上导靴顶面油杯之间的距离 $h_1=3454\text{mm}$，轿厢地面与轿厢顶面之间的距离 $h_2=2234\text{mm}$，轿厢地面与轿顶护栏之间的距离 $h_3=2984\text{mm}$，轿厢地板与曳引绳附件之间的距离 $h_4=3808\text{mm}$，对重缓冲器被压实的高度 $h_f=210\text{mm}$，对重底与缓冲器之间缓冲行程 $h_d=300\text{mm}$，轿厢缓冲器被压实的高度 $h_{f1}=210\text{mm}$，轿厢底与缓冲器之间缓冲行程 $h_{a1}=200\text{mm}$，轿底厚度 $h_g=286\text{mm}$，轿厢护脚板高度 $h_e=750\text{mm}$。

顶层高度计算，根据 5.7.1.1 要求，应同时满足：

$$H_d-(h_1+h_f+h_d)-(0.1+K_v)\times 1000$$

$$=4600-(3454+210+300)-(0.1+0.107)\times 1000=429(\text{mm})>0$$

$$H_d-(h_2+h_f+h_d)-(1.0+K_v)\times 1000$$

$$=4600-(2234+210+300)-(1+0.107)\times 1000=749(\text{mm})>0$$

$$H_d-(h_3+h_f+h_d)-(0.3+K_v)\times 1000$$

$$=4600-(2984+210+300)-(0.3+0.107)\times 1000=699(\text{mm})>0$$

$$H_d-(h_4+h_f+h_d)-(0.1+K_v)\times 1000$$

$$=4600-(3808+210+300)-(0.1+0.107)\times 1000=75(\text{mm})>0$$

所以，顶层高度 4600mm 满足标准要求。

底坑深度计算，根据标准 5.7.3.3 要求，应同时满足：

$$P-h_g-h_{f1}-h_{a1}-800=1700-286-210-200-800=204(\text{mm})>0$$

$$P-h_e-h_{f1}-h_{a1}-500=1700-750-210-200-100=440(\text{mm})>0$$

所以，底坑深度 1700mm 满足标准要求。

因此井道机层高 4600mm、底坑深 1700mm 能满足电梯 $Q=1000\text{kg}$、$V=1.75\text{m/s}$ 的设计要求。

# 第三节　平衡条件分析

## 一、平衡条件相关标准要求

① GB/T 10058—2009《电梯技术条件》3.3.8 规定，曳引式电梯的平衡系数应在0.4～0.5 范围内。

② GB/T 10060—2011《电梯安装验收规范》4.6.8 规定，超载运行试验推荐“断开超载控制电路，电梯在 110％额定载荷，通电持续率 40％情况下，到达全行程范围，起、制动运行 30 次，电梯应能可靠地起动、运行和停止（平层不计），曳引机正常。”

③ GB 7588—2003《电梯制造与安装安全规范》附录 M2.1.2 紧急制动工况“T1/T2”的动态比值，应按照轿厢空载或装有额定载荷时在井道的不同位置的最不利情况进行计算，每一个运动部件都应正确考虑其减速度和钢丝绳的倍率。

任何情况下，减速度不变，小于下面数值：

a. 对于正常情况，为 $0.5\text{m/s}^2$；

b. 对于使用了减行程缓冲器的情况，为 $0.8\text{m/s}^2$。

④ GB/T 10058 3.3.2 规定：乘客电梯起动加速度和制动减速度最大值均不小于 $1.5\text{m/s}^2$。

## 二、平衡条件分析

电梯运行过程中，曳引钢丝绳和随行电缆悬挂重量随电梯运行高度的改变而发生变化，引起轿厢侧和对重侧的曳引力改变，导致平衡条件变化。运行高度越大，情况越严重，甚至可能出现平衡条件不满足的情况。在这种情况下，可能出现曳引条件不满足，起、制动转矩增大，能耗增加。设置补偿链就是为了对曳引钢丝绳和随行电缆随在运行状态下重量发生的改变进行补偿。

**1. 平衡补偿分析**

如何补偿？补偿到什么程度？什么时候可以不设置补偿链？综合考虑成本因素，是平衡补偿设计计算的关键。在对电梯曳引条件的计算过程中，最普遍的方法就是取电梯满载下行位于最底层站、电梯空载上行位于最顶层站这两种极限工况进行分析。这种计算方法虽然能保证电梯的曳引条件，但是只对“满载、空载、顶层、底层”这些极限工况进行了分析，而没有对电梯的实际运行位置以及实际的载荷情况进行具体分析。因此，下面对电梯位于井道的任意位置、轿厢装载任意载荷的工况进行分析。

设轿厢位于井道任意位置时，轿厢离顶层平层位置之间的钢丝绳长度为 $X$，电梯提升高度为 $H_t$，则对重装置离顶层平层位置之间的钢丝绳长度为 $H_t-X$。$X=0$ 时，表示轿厢位于顶层位置，曳引钢丝绳重量完全承受于对重侧，补偿链重量完全承受于轿厢侧；$X=H_t$时，表示轿厢位于底层位置，曳引钢丝绳重量完全承受于轿厢侧，补偿链重量完全承受于对重侧。电梯补偿系统简图如图 1-14 所示。

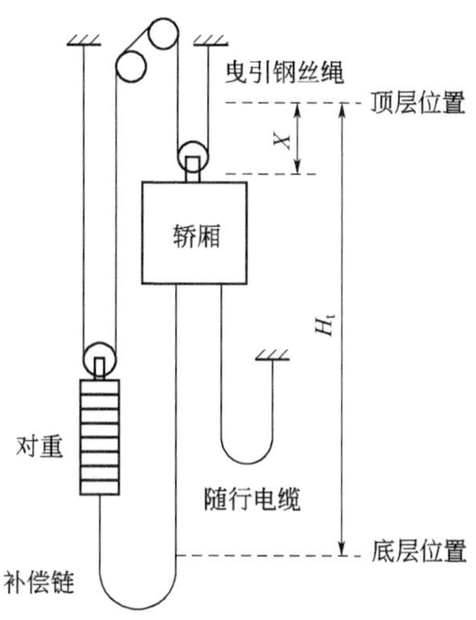


图 1-14　电梯补偿系统简图

设轿厢装载系数 $\xi$，$\xi=0$ 表示电梯空载，$\xi=1$ 表示电梯额定载荷，$\xi=1.25$ 表示电梯装载 1.25 倍额定载荷。$n_s$、$g_s$ 表示钢丝绳根数及每米线密度，$n_c$、$g_c$ 表示平衡链根数及每米线密度，$n_t$、$g_t$ 表示电缆根数及每米线密度，$r$ 表示电梯曳引比。

曳引轮轿厢侧钢丝绳张力：

$$T_1=Xn_sg_s+\frac{(H_t-X)n_cg_c}{r}+\frac{(H_t-X)n_tg_t}{2r}+\frac{G_0+\xi Q_0}{r} \tag{1-22}$$

对重侧钢丝绳张力：

$$T_2=(H_t-X)n_sg_s+\frac{Xn_cg_c}{r}+\frac{G_0+KQ_0}{r} \tag{1-23}$$

曳引钢丝绳张力差：

$$\Delta T=T_1-T_2=(2X-H_t)n_sg_s+\frac{(H_t-2X)n_cg_c}{r}+\frac{(H_t-X)n_tg_t}{2r}+\frac{(\xi-K)Q_0}{r} \tag{1-24}$$

当轿厢位于顶层时，$X=0$，曳引轮两侧张力差：

$$\Delta T_1=-H_t n_s g_s+\frac{H_t n_c g_c}{r}+\frac{H_t n_t g_t}{2r}+\frac{(\xi-K)Q_0}{r} \tag{1-25}$$

当轿厢位于底层时，$X=H$，曳引轮两侧张力差：

$$\Delta T_2=H_t n_s g_s-\frac{H_t n_c g_c}{r}+\frac{(\xi-K)Q_0}{r} \tag{1-26}$$

为使电梯系统在整个运行过程中曳引钢丝绳张力差趋于平衡，取轿厢位于顶层与最低层时两种极限位置分析，使 $\Delta T_1=\Delta T_2$，解得：

$$n_c g_c=\frac{4n_s g_s r-n_t g_t}{4} \tag{1-27}$$

由式（1-27）可知，补偿链配置与轿厢装载系数 $\xi$ 无关，也与轿厢在井道中的位置无关，只与曳引钢丝绳、随行电缆参数有关，因此应根据曳引绳、随行电缆型号、数量，合理配置补偿链型号及其数量。

**2. 电梯无补偿链最大提升高度分析**

（1）采用最大动负载转矩和曳引机惯性转矩求电梯无补偿链的最大提升高度

① 计算最大动负载转矩　电梯无补偿链时最严重工况为电梯处于最低层站时以 110% 的额定载重起动上行，此时曳引机最大静负载转矩为：

$$M_f=\left[\frac{(1.1-k)Q_0}{r}+n_s g_s H_t\right]\frac{D_y g_n}{2\eta i} \tag{1-28}$$

式中　$r$——曳引比；

$i,\eta$——曳引机的减速比和效率；

$D_y$——曳引轮直径。

② 计算系统最大转动惯量　系统转动惯量分为两部分：一部分为曳引机本身的转动惯量 $J_y$，包括曳引轮、减速装置、制动轮和电动机等；另一部分为各工况下载荷、轿厢自重、对重和各种悬挂质量、导向轮、滑轮、涨紧轮等折算到曳引轮上的转动惯量 $J_x$。

$$J_x=\left(\frac{2G_0+(1.1+k)Q_0+n_s g_s H_t r^2}{r}+(m_d+m_{p1}+m_{p2})r\right)\frac{D_y^2}{4i^2} \tag{1-29}$$

其中，$m_d$、$m_{p1}$、$m_{p2}$ 分别为导向轮、轿顶轮、对重轮的折算质量。

通常曳引机的转动惯量 $J_y$ 由曳引机生产制造厂家提供，也可以通过曳引机结构计算分析。

两者相加，求得电梯系统总转动惯量：

$$J_0=J_y+J_x \tag{1-30}$$

③ 计算起动时间和电机的角加速度

$$t_q=\frac{V_0}{a_p} \tag{1-31}$$

由电机转速 $n_e$，求得：

$$\varepsilon=\frac{\pi n_e}{30t_q} \tag{1-32}$$

④ 最大惯性转矩和最大起动转矩

最大惯性转矩：

$$M_j=\frac{J_0\varepsilon}{\eta} \tag{1-33}$$

最大起动转矩：

$$M_q=M_f+M_j \tag{1-34}$$

⑤ 验算起动转矩　在起动转矩下验算工况，用负载转矩与系统惯性转矩之和除以曳引机产品样本中提供的转矩，比值 $\lambda$ 取为 2.0～3.0，即说明曳引机有足够的起动能力。

$$\lambda=\frac{M_q}{M_e}\leqslant(2.0\sim3.0) \tag{1-35}$$

将式（1-29）～式（1-34）代入式（1-35），代入相关数据即可求得无补偿链时最大提升高度 $H_t$。

（2）利用平衡系数从 0.4～0.5 之间的变化确定最大提升高度

平衡重的功能是用来平衡载荷的，平衡系数标准规定在 0.4～0.5 之间，是为了保证载荷变化时曳引机的曳引能力在许可的范围内，能有效地起制动和正常运行。因此，在功率匹配和曳引条件满足的情况下，平衡系数在 0.4～0.5 之间变化时，曳引机的曳引能力是能保证电梯正常运行的。

设最低运行状态平衡系数 $k=0.4$（通常情况都是最低状态 $k$ 值最小，越往上运行 $k$ 值越大），最高运行位置 $k=0.5$，对重装置的重量直接跟 $k$ 相关（$W=G_0+kQ_0$）。当电梯无补偿链时，运行过程中由于平衡系数的变化，对重装置产生的 $0.1Q_0$ 重量差由钢丝绳与随行电缆的重量差进行平衡：$\frac{0.1Q_0}{r}=n_s g_s H_t-\frac{n_t g_t}{2r}H_t$，将此式化简即可求得无补偿链时最大提升高度 $H_t$：

$$H_t=\frac{Q_0}{10n_s g_s r-5n_t g_t} \tag{1-36}$$

▲ 以某厂型号 HWZ/K 的常用电梯为例，额定载重 $Q=1000$kg，额定速度 $V=1.75$m/s，钢丝绳 5 根，每根线密度 0.34kg/m；WTD 型曳引机额定转速 167r/min，额定功率 11.6kW。

（1）按采用最大动负载转矩和曳引机惯性转矩求电梯无补偿链的最大提升高度

① 计算最大动负载转矩　电梯处于最低层站时以 110%的额定载重起动上行，此时曳引机最大静负载转矩为：

$$\begin{aligned}M_f&=\left[\frac{(1.1-k)Q_0}{r}+n_s g_s H_t\right]\frac{D_y g_n}{2\eta i}\\&=\left[\frac{(1.1-0.45)\times1000}{2}+5\times0.34H_t\right]\frac{0.4\times9.8}{2\times0.85}\\&=749.412+3.92H_t\end{aligned}$$

② 计算系统最大转动惯量　载荷、轿厢自重、对重和各种悬挂质量、导向轮、滑轮、涨紧轮等折算转动惯量：

$$J_x=\left(\frac{2G_0+(1.1+k)Q_0+n_s g_s H_t r^2}{r}+(m_d+m_{p1}+m_{p2})r\right)\frac{D_y^2}{4i^2}$$

$$=\left(\frac{2\times1000+(1.1+0.45)\times1000+5\times0.34\times2^2\times H_t}{2}+(36+36+36)\times2\right)\frac{0.4^2}{4}$$

$$=79.64+0.136H_t$$

查 WTD1 型曳引机产品样本资料，曳引机转动惯量 $J_y=3.45\text{kg}\cdot\text{m}^2$。两者相加，求得电梯系统总转动惯量：

$$J_0=J_x+J_y=83.09+0.136H_t$$

③ 计算起动时间

$$t_q=\frac{V_0}{a_p}=\frac{1.75}{0.5}=3.5\text{s}$$

计算角加速度：

$$\varepsilon=\frac{\pi n_e}{30t_q}=\frac{\pi\times167}{30\times3.5}=4.99\text{rad/s}^2$$

④ 最大惯性转矩和最大起动转矩

最大惯性转矩：

$$M_j=\frac{J_0\varepsilon}{\eta}=\frac{(83.09+0.136H_t)\times4.99}{0.85}=487.787+0.798H_t$$

最大起动转矩：

$$M_q=M_f+M_j=1237.199+4.718H_t$$

⑤ 验算起动转矩

在起动转矩下验算工况，用负载转矩与系统惯性转矩之和除以曳引机产品样本中提供的转矩，比值 $\lambda$ 取值 2.0～3.0，即说明曳引机有足够的起动能力。根据第二章中曳引机的选型计算结果，$\lambda$ 取 2.06。

曳引机额定负载转矩：

$$M_e=\frac{9550N_e}{n_e}=\frac{9550\times11.6}{167}=663.4\text{N}\cdot\text{m}$$

$$\lambda=\frac{1237.199+4.718H_t}{663.4}=2.06$$

解得 $H_t=27\text{m}$。

(2) 利用平衡系数从 0.4～0.5 之间的变化计算最大提升高度

用式（1-36）计算无补偿链时的最大提升高度：

$$H_t=\frac{1000}{10\times5\times0.34\times2-5\times1\times1}=34\text{m}$$

上述结果表明，采用负载转矩法或平衡系数在 0.4～0.5 变化差值法得出的电梯无补偿链时最大的提升高度接近 30m，与国家标准中“电梯提升高度超过 30m 时，需设置补偿链”的要求相符。

# 第四节 曳引条件分析

## 一、标准对曳引条件相关规定

**1. 曳引钢丝绳**

GB 7588—2003《电梯制造与安装安全规范》9.3 对曳引钢丝绳规定，钢丝绳曳引应满足以下 3 个条件：

a. 轿厢装载 125%额定载荷的情况下应保持平层状态不打滑；

b. 必须保证在任何紧急制动的状态下，不管轿厢内是空载还是满载，其减速度的值不能超过缓冲器（包括减行程的缓冲器）作用时减速度的值；

c. 当对重压在缓冲器上而曳引机按电梯上行方向旋转时，应不可能提升空载轿厢。

**2. 电梯最大加速度和起制动加减速度**

GB 7588—2003《电梯制造与安装安全规范》附录 M2.1.2 规定：紧急制动工况下 $T_1/T_2$ 动态比值应按照轿厢空载或装有额定载荷时在井道的不同位置的最不利情况进行计算。每一个运动部件都应正确考虑其减速度和钢丝绳的倍率。

任何情况下，减速度不应小于下面数值：

a. 对于正常情况，为 $0.5\text{m/s}^2$；

b. 对于使用了减行程缓冲器的情况，为 $0.8\text{m/s}^2$。

且标准还规定最大起制动加减速度均不应大于 $1.5\text{m/s}^2$。

## 二、曳引条件计算工况

根据标准要求，综合考虑各种最不利情况，曳引条件计算工况可按表 1-2 几种工况进行。

**表 1-2 曳引条件计算工况表**

| 计算状态 | 载荷情况 | 工况 | 摩擦系数 | 标准要求 |
|---|---|---|---|---|
| 轿厢装载 | 125%额定载荷 | 轿厢处于底层 | $\mu=0.1$ | $\frac{T_1}{T_2}\leqslant e^{f\alpha}$ |
| 紧急制动 | 空载 | 轿厢顶层上行 | $\mu=\frac{0.1}{1+v/10}$ | $\frac{T_1}{T_2}\leqslant e^{f\alpha}$ |
| | 额定载荷 | 轿厢底层下行 | | |
| 轿厢滞留 | 空载 | 对重压在缓冲器上 | $\mu=0.2$ | $\frac{T_1}{T_2}\geqslant e^{f\alpha}$ |
| | 额定载荷 | 轿厢压在缓冲器上 | | |

## 三、曳引条件分析

由表 1-2 可知，曳引条件计算分析最严重情况分为三种状态、五种工况。轿厢装载 125%额定载荷处于底层平层不打滑和轿厢滞留状态均为静载状态，没有动荷载影响，满足表中欧拉公式要求即可；紧急制动状态除了静态载荷，还必须考虑动态载荷的作用。在静态和动态载荷的同时作用下，在轿厢空载顶层上行或额定载荷底层下行时必须同时满足欧拉公式和减速度要求。

**1. 欧拉公式中的参数分析与设计**

大多数垂直升降类电梯都是采用曳引式驱动。要满足曳引条件，欧拉公式中各参数的合理设计是电梯满足曳引条件，可靠起制动和平衡运行的关键。欧拉公式中主要有 4 个参数，分别是：

$T_1$：曳引轮重边拉力；

$T_2$：曳引轮轻边拉力；

$f$：当量摩擦系数；

$\alpha$：曳引钢丝绳与曳引轮之间的包角。

（1）$T_1$、$T_2$

$T_1$（曳引轮重边拉力）和 $T_2$（曳引轮轻边拉力）参数设计涉及到轿厢自重 $G_0$、平衡系数 $k$、钢丝绳的根数和直径大小、补偿链的根数的大小、和涨紧轮的大小和附加重量，还有各导向轮的质量及转动惯量等。在前面的分析中，已确定取平衡系数 $k=0.45$，有利于选用较轻的补偿链，节约材料成本，涨紧轮或增加附加重量涨紧一般是在速度 $v \geqslant 2.5$m/s 的大吨位中高速电梯才采用；钢丝绳的根数和直径的大小大多根据曳引的要求已基本确定，只需校核其强度是否达到标准规定的要求即可。值得注意的是轿厢自重 $G_0$ 不宜过轻，过轻对曳引状态及平衡运行不利。

（2）当量摩擦系数 $f$

当量摩擦系数 $f$ 由曳引轮的槽形和曳引轮材料与钢丝绳材料之间的摩擦系数 $\mu$ 确定。GB 7588—2003《电梯制造与安装安全规范》附录 M2.2 对各种绳槽类型及相应的 $f$ 值的计算规定计算如下。

① 半圆槽和带切口的半圆槽（图 1-15）

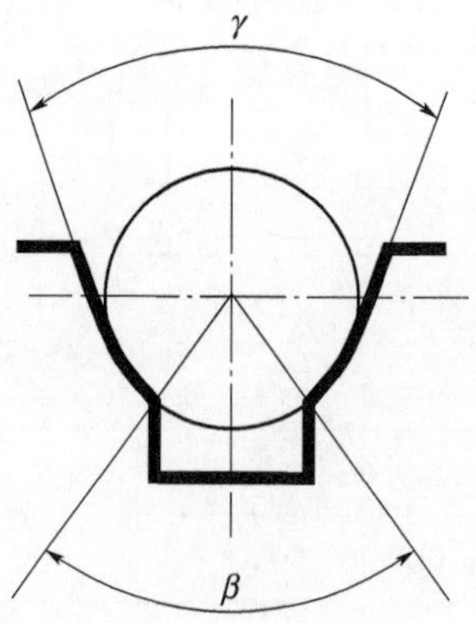


图 1-15　带切口的半圆槽

β—下部切口角；γ—槽的角度

$$f=\mu\frac{4\left(\cos\frac{\gamma}{2}-\sin\frac{\beta}{2}\right)}{\pi-\beta-\gamma-\sin\beta+\sin\gamma} \tag{1-37}$$

式中　$\beta$——下部切口角度值；

$\gamma$——槽的角度值；

$\mu$——摩擦系数。

$\beta$ 的数值最大不应超过 106°（1.83 弧度），相当于槽下部 80%被切除。

$\gamma$ 的数值由制造者根据槽的设计提供。任何情况下，其值不应小于 25°（0.43 弧度）。

② V 形槽（图 1-16）

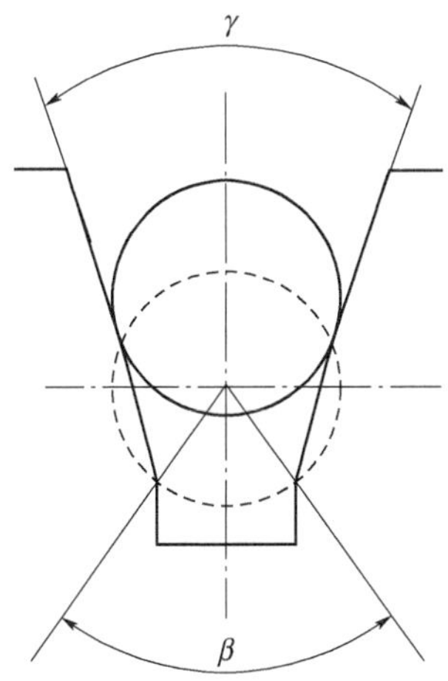


图 1-16　V 形槽

$\beta$—下部切口角；$\gamma$—槽的角度

当槽没有进行附加的硬化处理时，为了限制由于磨损而导致曳引条件的恶化，下部的切口是必要的。

轿厢装载和紧急制停的工况：

对于未经硬化处理的槽

$$f=\mu\frac{4\left(\cos\frac{\gamma}{2}-\sin\frac{\beta}{2}\right)}{\pi-\beta-\sin\beta} \tag{1-38}$$

对于经硬化处理的槽

$$f=\mu\frac{1}{\sin\frac{\gamma}{2}}$$

轿厢滞留的工况（对于硬化和未硬化处理的槽）。

$$f=\mu\frac{1}{\sin\frac{\gamma}{2}}$$

下部切口角 $\beta$ 的数值最大不应超过 106°（1.83 弧度），相当于槽下部 80%被切除。对电梯而言，任何情况下，$\gamma$ 值不应小于 35°。

(3) 包角 $\alpha$ 的分析与设计

$\alpha$ 是曳引钢丝绳与曳引轮之间的包角，$\alpha$ 越大，曳引机的曳引能力就越强。因此在设计中尽量使 $\alpha$ 取大值，有利于增强曳引能力。如图 1-17 所示。

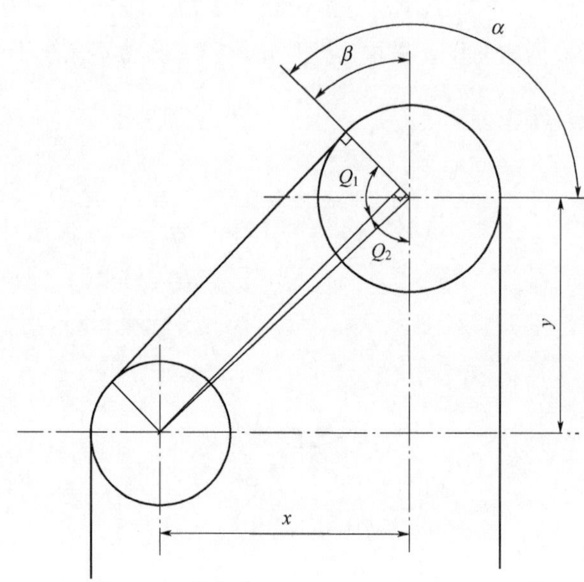


图 1-17　包角分析计算图

$$\alpha=90^\circ+\beta \tag{1-39}$$

式中

$$\beta=180^\circ-\theta_1-\theta_2$$

$$\theta_1=\arccos\frac{D_1+D_2}{2\sqrt{x^2+y^2}}$$

$$\theta_2=\arctan\frac{x}{y}$$

由上述关系可以分析，$x$ 越大，$\theta_1$ 趋向于 90°，$\theta_2$ 趋向于 0°，即 $\beta$ 减小，这就是前面分析时要求 $B_2$ 越小越好的原因。$y$ 值为曳引轮与导向轮之间垂直高度，$y$ 越大，$\beta$ 就越大，包角增加，曳引条件就好。因此在电梯结构计算时，应尽可能使 $x$ 小、$y$ 大。当然由于结构原因或机房高度等条件制约，$y$ 不可能无限制地增大，因此一些大吨位高速电梯多采用复绕等方法来增加包角，如图 1-18 所示，此时包角为 $\alpha_1+\alpha_2$。

**2. 各状态下的曳引条件计算与分析**

(1) 轿厢装载状态

该状态的载荷情况为 125%倍额定载荷处于底层平层应不打滑。该状态为静止状态，没有动态力的影响。

该状态下：

$$T_1=(G_0+1.25Q_0)/r+n_s g_s H_t+G_c/(2r) \tag{1-40}$$

式中，$G_c$ 为涨紧装置重量（不含补偿链重量）。

$$T_2=(G_0+kQ_0)/r+n_c g_c H_t/r+G_c/(2r) \tag{1-41}$$

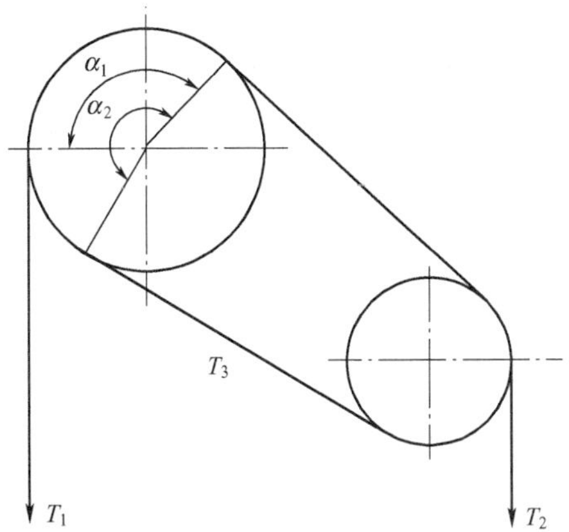


图 1-18　复绕式曳引结构图

将式（1-40）及式（1-41）代入欧拉公式，即可判定该工况是否满足曳引条件：

$$\frac{T_1}{T_2} \leqslant e^{f\alpha} \tag{1-42}$$

（2）紧急制动状态

① 两极限工况下重边和轻边拉力的计算　紧急制动状态计算分析轿厢空载上行和轿厢满载下行制动两种工况，在满足曳引条件的同时，满足表 1-2 所示减速度要求。该状态除了静态力的作用，还有动态力和阻尼力作用，如图 1-19 所示。

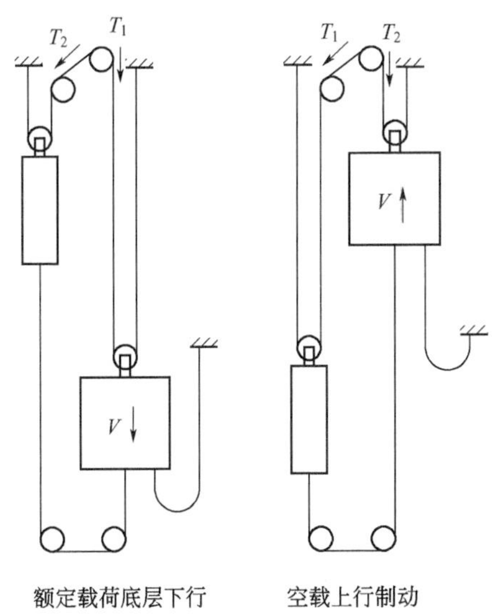


图 1-19　电梯紧急制动工况制动图

设：$T_1^k$ 为紧急制动时轿厢空载上行的重边拉力；$T_2^k$ 为紧急制动时轿厢空载上行的轻边拉力；$T_1^g$ 为紧急制动时轿厢满载下行的重边拉力；$T_2^g$ 为紧急制动时轿厢满载下行的轻

边拉力；$T_{11}^{k}$为紧急制动时轿厢空载上行的重边拉力中的静态力；$T_{12}^{k}$为紧急制动时轿厢空载上行的重边拉力中的动态力；$T_{13}^{k}$为紧急制动时轿厢空载上行的重边拉力中的阻尼力。则

$$T_{1}^{k}=T_{11}^{k}+T_{12}^{k}+T_{13}^{k} \tag{1-43}$$

同理$T_{2}^{k}$、$T_{1}^{g}$、$T_{2}^{g}$分别为不同情况下静态力、动态力和阻尼力之和。分别计算各工况拉力的静态力、动态力和阻尼力，同情况下的三种力相加，即可求得对应工况下重边或轻边的拉力。

a. 紧急制动时轿厢空载上行的重边拉力

$$T_{11}^{k}=\left(\frac{G_0+kQ_0}{r}+\frac{G_c}{2r}+n_s g_s H_t\right)g_n \tag{1-44}$$

$$T_{12}^{k}=\frac{G_0+kQ_0}{r}a+n_s g_s H_t\times ra+m_d ra+m_{p2}ra+\frac{2m_z a}{r} \tag{1-45}$$

$$T_{13}^{k}=(F_{p2}+F_f)/r=(F_{p2}+s_{p2}c_f V)/r \tag{1-46}$$

式中　$m_d$——导向轮由转动惯量$J/R^2$的折算质量；

$m_{p2}$——对重滑轮由转动惯量$J/R^2$的折算质量；

$m_z$——涨紧轮由转动惯量$J/R^2$的折算质量；

$F_{p2}$——对重导轨的摩擦力及对重滑轮的轴承效率；

$s_{p2}$、$c_f$——分别为对重水平投影面积和与速度有关的风阻系数。

说明：动态力的方向和加速度$a$的方向一致。如果是制动，加速度$a$的方向与速度$V$方向相反；起动时加速度$a$的方向和速度方向相同。阻尼力与速度$V$的方向相反。

将式（1-44）、式（1-45）和式（1-46）代入式（1-43），即可求得紧急制动时轿厢空载上行的重边拉力$T_{1}^{k}$：

$$T_{1}^{k}=T_{11}^{k}+T_{12}^{k}+T_{13}^{k} \tag{1-47}$$

b. 紧急制动时轿厢空载上行的轻边拉力

$$T_{21}^{k}=\left(\frac{G_0}{r}+\frac{G_c}{2r}+\frac{n_c g_c H_t}{r}+\frac{n_t g_t H_T}{2r}\right)g_n \tag{1-48}$$

$$T_{22}^{k}=\frac{G_0}{r}a+\frac{n_c g_c H_t}{r}a+\frac{n_t g_t H_t}{2r}a+m_{p1}ra+\frac{2m_z}{r}a \tag{1-49}$$

$$T_{23}^{k}=\frac{F_{p1}+s_{p1}c_f V}{r} \tag{1-50}$$

式中　$m_{p1}$——轿厢滑轮由转动惯量$J/R^2$的折算质量；

$F_{p1}$——轿厢导轨的摩擦力及轿厢滑轮的轴承效率；

$s_{p1}$——轿厢水平投影面积。

说明：动态力的方向和加速度 $a$ 的方向一致。如果是制动，加速度 $a$ 的方向与速度方向相反；起动时加速度 $a$ 的方向和速度方向相同。$T_{13}^{k}$阻尼力与速度 $V$ 的方向相反。

$$T_{2}^{k}=T_{21}^{k}+T_{22}^{k}+T_{23}^{k} \tag{1-51}$$

c. 紧急制动时轿厢满载下行的重边拉力

$$T_{11}^{g}=\left(\frac{G_{0}+Q_{0}}{r}+\frac{G_{c}}{2r}+n_{s}g_{s}H_{t}\right)g_{n} \tag{1-52}$$

$$T_{12}^{g}=\frac{G_{0}+Q_{0}}{r}a+n_{s}g_{s}H_{t}\times ra+m_{p1}ra+\frac{2m_{z}}{r}a \tag{1-53}$$

$$T_{23}^{g}=\frac{F_{p1}+s_{p1}c_{f}V}{r} \tag{1-54}$$

$$T_{1}^{g}=T_{11}^{g}+T_{12}^{g}+T_{13}^{g} \tag{1-55}$$

d. 紧急制动时轿厢满载下行的轻边拉力

$$T_{21}^{g}=\left(\frac{G_{0}+kQ_{0}}{r}+\frac{G_{c}}{2r}+\frac{n_{c}g_{c}H_{t}}{r}\right)g_{n} \tag{1-56}$$

$$T_{22}^{g}=\frac{G_{0}+kQ_{0}}{r}a+\frac{n_{c}g_{c}H_{t}}{r}a+m_{d}ra+m_{p2}ra+\frac{2m_{z}a}{r} \tag{1-57}$$

$$T_{23}^{g}=\frac{F_{p2}+s_{p2}c_{f}V}{r} \tag{1-58}$$

$$T_{2}^{g}=T_{21}^{g}+T_{22}^{g}+T_{23}^{g} \tag{1-59}$$

② 两极限工况下曳引能力计算分析　将式（1-47）、式（1-51）、式（1-55）和式(1-59)代入欧拉公式：

$$\frac{T_{1}^{k}}{T_{2}^{k}}\leqslant e^{f\alpha} \tag{1-60}$$

$$\frac{T_{1}^{g}}{T_{2}^{g}}\leqslant e^{f\alpha} \tag{1-61}$$

式中在当量摩擦系数的计算中摩擦系数 $\mu=\frac{0.1}{1+v/10}$，$v=rV$。计算式（1-60）及式(1-61)是否都满足条件，判定紧急制动状态下的曳引能力是否满足要求。

③ 制动减速度计算分析　电梯制动时，制动器的制动力矩既要有效制动额定负载转矩，同时必须伺服整个电梯系统惯性使之在一定时间内停止。制动力矩太大或系统转动惯量太小，制动时间太短，制动减速度大，可能超过标准 $a_{max}\leqslant 1.5\text{m/s}^2$ 要求，轿厢将产生剧烈

振动；制动力矩太小或系统转动惯量太大，制动时间太长，可能达不到标准平均加速度$a_{cg} \geqslant 0.5(0.8)\mathrm{m/s^2}$要求。制动时间太长，效率降低。因此，制动器性能与电梯系统质量和额定运行速度之间的关系是制动器设计的关键。

根据GB/T 24478—2009《电梯曳引机》标准规定，曳引机的额定制动力矩应按GB 7588—2003中12.4.2.1条"与曳引机用户商定，或为额定转矩折算到制动轮（盘）上的力矩的2.5倍"。设$M_z$为曳引机额定制动力矩，则有：

$$M_z = 2.5M_e \tag{1-62}$$

式中，$M_e$为负载转矩。$M_e$有两种计算方法：一种是载荷及其附加载荷折算到制动轮（盘）上的力矩；另一种是根据有效功率的要求和对系统效率的估算，按下式计算曳引机额定制动力矩：

$$M_e = \frac{9550N_e}{n_e} \tag{1-63}$$

因此精确的电梯产品设计应按第一种方法计算分析，并告之曳引机生产厂商，曳引机制动力矩应按电梯生产厂提供的数据进行设计或调整。

求得$M_e$后，可求得平均角减速度：

$$\varepsilon = \frac{M_z - M_e}{J_z \eta} \tag{1-64}$$

进一步求得制动时间：

$$t = \frac{\pi n_e}{30\varepsilon} \tag{1-65}$$

则有：

$$a = \frac{V_0}{t} \tag{1-66}$$

式（1-63）～式(1-66）中：

$n_e$——电机额定转速；

$J_z$——电梯系统总转动惯量；

$V_0$——电梯额定速度。

因此要确定减速度是否在标准规定范围内，必须首先计算分析电梯系统总转动惯量、额定负载转矩$M_e$等相关数据。

a. 紧急制动状态下的额定负载转矩

轿厢空载顶层上行工况：

$$M_e^k = (T_{11}^k - T_{21}^k)\frac{D_y}{2\eta} = \left(\frac{kQ_0 - n_c g_c H_t - n_t g_t H_t/2}{r} + n_s g_s H_t\right)\frac{D_y g_n}{2\eta i} \tag{1-67}$$

轿厢满载底层下行工况：

$$M_e^g = (T_{11}^g - T_{21}^g)\frac{D_y}{2\eta} = \left(\frac{(1-k)Q_0 - n_c g_c H_t}{r} + n_s g_s H_t\right)\frac{D_y g_n}{2\eta i} \tag{1-68}$$

式中，$i$为曳引机减速比。

b. 系统转动惯量　系统转动惯量分为两部分：一部分为曳引机本身的转动惯量 $J_y$，包括曳引轮、减速装置、制动轮和电动机等；另一部分为各工况下载荷、轿厢自重、对重和各种悬挂质量、导向轮、滑轮、涨紧轮等折算到曳引轮上的转动惯量 $J_x$。计算制动轮角加速度时，要将相应的转动惯量折算到制动轮上。曳引机本身的转动惯量由曳引机样本查找或由生产厂家提供，第二部分系统转动惯量 $J_x$则必须由电梯设计者计算分析。由于惯性力的作用始终与制动力相反，所以各运动部件的惯性力叠加，阻尼力始终是和惯性力相反的。由图1-19 并根据前面的分析，得出空载顶层上行工况：

$$J_x^k=\frac{(T_{12}^k+T_{22}^k)}{a}\times\frac{D_y^2}{4i^2}-(F_{13}^k+F_{23}^k)\frac{D_y^2}{4i^2g_n} \tag{1-69}$$

令 $J_z^k=(F_{13}^k+F_{23}^k)\dfrac{D_y^2}{4i^2g_n}$，将式（1-45）和式（1-49）代入式（1-69），经整理：

$$J_x^k=\left[\frac{2G_0+kQ_0+n_sg_sH_tr^2+n_cg_cH_t+n_tg_tH_t/2}{r}+(m_d+m_{p1}+m_{p2}+\frac{4m_z}{r^2})r\right]\frac{D_y^2}{4i^2}-J_z^k \tag{1-70}$$

轿厢满载底层下行工况，同理求得：

$$J_x^g=\frac{T_{12}^g+T_{22}^g}{a}\times\frac{D_y^2}{4i^2}-(F_{13}^g+F_{23}^g)\frac{D_y^2}{4i^2g_n} \tag{1-71}$$

令　$J_z^g=(F_{13}^g+F_{23}^g)\dfrac{D_y^2}{4i^2g_n}$，将式（1-53）和式（1-57）代入式（1-71），经整理：

$$J_x^g=\left[\frac{2G_0+(1+k)Q_0+n_sg_sH_tr^2+n_cg_cH_t}{r}+\left(m_d+m_{p1}+m_{p2}+\frac{4m_z}{r^2}\right)r\right]\frac{D_y^2}{4i^2}-J_z^g \tag{1-72}$$

曳引机的转动惯量 $J_y$值是不变的，曳引机生产厂应该在产品样本上准确地告诉用户，但大多数曳引机生产厂的产品样本并没有标注转动惯量 $J_y$值。现在使用的曳引机主要有两种：一种是无齿轮永磁同步曳引机，另一种是蜗轮蜗杆传动的有齿轮曳引机。曳引机的转动惯量 $J_y$值很简单，永磁同步曳引机曳引轮、电机转子和制动轮都在同一轴上，计算出相应部件的转动惯量，直接相加即可；蜗轮蜗杆有齿轮曳引机的转动惯量分为两极，一极是曳引轮和蜗轮在同轴上，计算出曳引轮和蜗轮的转动惯量除以蜗轮副减速比的平方，然后与另一极电动机转子和制动轮的惯量相加即可。将求得的 $J_y$与式（1-70）和式（1-72）表示的系统转动惯量相加得两种工况下总系统转动惯量：

$$J_0^k=J_y+J_x^k \tag{1-73}$$

$$J_0^g=J_y+J_x^g \tag{1-74}$$

将式（1-67）、式（1-68）和式（1-73）式（1-74）代入式（1-64）、式（1-65）和式（1-66），从曳引机样本上查得曳引机效率 $\eta$，即可求得紧急制动状态的减速度 $a$，并判别是否满足标准要求。

（3）轿厢滞留状态

GB 7588—2003《电梯制造与安装安全规范》附录 M2.1.3 轿厢滞留工况，$T_1/T_2$ 的静态比值应按照轿厢空载或装有额定载荷并考虑轿厢在不同位置时的最不利情况进行计算。由滞留状态曳引条件 $T_1/T_2 \geqslant e^{f\alpha}$ 分析，$T_1/T_2$ 的比值越大，曳引条件就越容易满足；$T_1/T_2$ 的比值越小，曳引条件就越难满足。从图 1-20 分析，轿厢空载时，对重压在缓冲器上，重边拉力是对重边，$T_1$ 值大于轿厢空载时候的拉力。

而轻边拉力 $T_2$ 不管什么情况，都只是钢丝绳、补偿链和电缆等附件的重量。由此可见，对重压实在缓冲器上，轿厢空载处于最高位置时为滞留状态最不利工况。

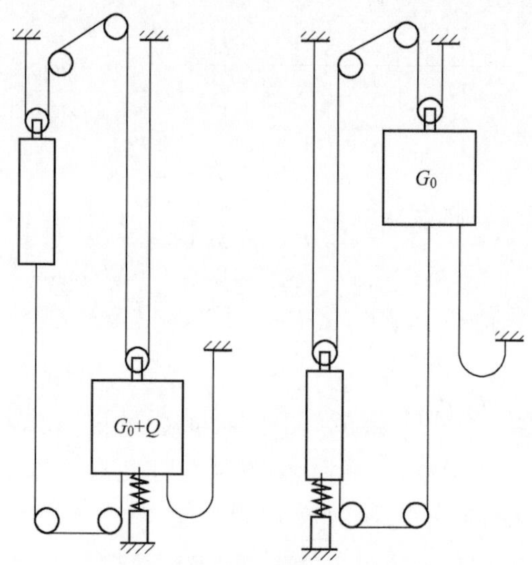


图 1-20　轿厢滞留状态工况

此时：

$$T_1 = G_0 + n_c g_c H_t / r + n_t g_t H_t / 2r \tag{1-75}$$

$$T_2 = n_s g_s H_t \tag{1-76}$$

将上述两式代入欧拉公式

$$\frac{G_0 + n_c g_c H_t + n_t g_t H_t / 2}{n_s g_s H_t} \geqslant e^{f\alpha} \tag{1-77}$$

式中，$f = \mu \dfrac{1}{\sin\dfrac{\gamma}{2}}$；$\mu = 0.2$。这里 $\gamma$ 为曳引轮槽的角度值。

▲ 以某厂 $Q=1000\text{kg}$、$V=1.75\text{m/s}$、轿厢净空尺寸 $A \times B = 1600\text{mm} \times 1480\text{mm}$、开门

宽度 $E$=900mm、提升高度 $H_t$=80m、型号 HWZ/K 的常用电梯为例，钢丝绳 5 根，每根线密度 0.34kg/m；电缆一根，线密度 1kg/m；补偿链采用 2 根，线密度 1.49kg/m。

HWZ/K 型号电梯采用补偿链形式，配 WTD1 型永磁同步曳引机，曳引轮直径 400mm，转速 167r/min，额定功率 11.6kW，曳引轮绳槽为带切口的半圆槽，曳引包角 $\alpha=157°=2.74\text{rad}$，绳槽下部切口角 $\beta=95°=1.66\text{rad}$，槽的角度 $\gamma=30°=0.52\text{rad}$。

(1) 轿厢装载状态

当量摩擦系数

$$f=\mu\frac{4\left(\cos\frac{\gamma}{2}-\sin\frac{\beta}{2}\right)}{\pi-\beta-\gamma-\sin\beta+\sin\gamma}=0.1\frac{4\left(\cos\frac{30°}{2}-\sin\frac{95°}{2}\right)}{\pi-1.66-0.52-\sin 95°+\sin 30°}=0.197$$

$$e^{f\alpha}=e^{0.197\times2.74}=1.716$$

$$T_1=(G_0+1.25Q_0)/r+n_s g_s H_t+G_c/(2r)$$

$$=(1000+1.25\times1000)/2+5\times0.34\times80$$

$$=1261\text{kg}$$

$$T_2=(G_0+kQ_0)/r+n_c g_c H_t/r+G_c/(2r)$$

$$=(1000+0.45\times1000)/2+2\times1.49\times80/2$$

$$=844.2\text{kg}$$

$\frac{T_1}{T_2}=\frac{1261}{844.2}=1.49<1.716$，轿厢装载状态满足曳引条件要求。

(2) 紧急制动状态

① 制动减速度计算分析

曳引机额定负载转矩：

$$M_e=\frac{9550N_e}{n_e}=\frac{9550\times11.6}{167}=663.4\text{N}\cdot\text{m}$$

曳引机额定制动转矩：

$$M_z=2.5M_e=2.5\times663.4=1658.5\text{N}\cdot\text{m}$$

曳引机总的转动惯量 $J_z=94.42\text{kg}\cdot\text{m}^2$，具体计算过程详见第二章中第一节“曳引机的选型设计”。

制动角速度：

$$\varepsilon=\frac{M_z-M_e}{J_z\eta}=\frac{1658.5-663.4}{94.42\times0.85}=12.4\text{rad/s}^2$$

进一步求得制动时间：

$$t=\frac{\pi n_e}{30\varepsilon}=\frac{3.14\times167}{30\times12.4}=1.4\text{s}$$

则有制动减速度：

$$a=\frac{V_0}{t}=\frac{1.75}{1.4}=1.25\text{m/s}^2$$

② 两极限工况下重边和轻边拉力的计算　取绳轮折算系数 $k=0.6$，导向轮质量 $M_d=60\text{kg}$，直径 $D_d=400\text{mm}$；对重轮质量 $M_{p2}=60\text{kg}$，直径 $D_{p2}=400\text{mm}$。

计算导向轮转动惯量

$$J_d=k\frac{M_d D_d^2}{4}=0.6\times\frac{60\times0.4^2}{4}=1.44\text{kg}\cdot\text{m}^2$$

计算导向轮折算质量

$$m_d=\frac{J_d}{R_d^2}=\frac{1.44}{0.2^2}=36\text{kg}$$

计算对重轮转动惯量

$$J_{p2}=k\frac{M_{p2}D_{p2}^2}{4\times r^2}=0.6\times\frac{60\times0.4^2}{4\times2^2}=0.36\text{kg}\cdot\text{m}^2$$

计算对重轮折算质量

$$m_{p2}=\frac{J_{p2}r^2}{R_{p2}^2}=\frac{0.36\times2^2}{0.2^2}=36\text{kg}$$

电梯配置补偿链，无涨紧装置，涨紧轮折算质量 $m_z=0$。

为简化计算量，对重侧导轨、轴承等对井道部件的摩擦力 $F_{p2}$ 暂且不做计算要求。

本实例中风速对于电梯的影响暂且不做计算要求，对于 6.0m/s 以上超高速电梯的曳引条件计算中，应考虑风速对电梯的影响。

a. 紧急制动时轿厢空载上行的重边拉力

$$T_{11}^{k}=\left(\frac{G_0+kQ_0}{r}+\frac{G_c}{2r}+n_s g_s H_t\right)g_n=\left(\frac{1000+0.45\times1000}{2}+5\times0.34\times80\right)\times9.8$$

$$=8437.8\text{N}$$

$$T_{12}^{k}=\frac{G_0+kQ_0}{r}a+n_s g_s H_t\times ra+m_d ra+m_{p2}ra+\frac{2m_z a}{r}$$

$$=\frac{1000+0.45\times1000}{2}\times1.25+5\times0.34\times80\times2\times1.25+36\times2\times1.25+36\times2\times1.25$$

$$=1426.3\text{N}$$

不考虑阻尼力及风速影响，$T_{13}^{k}=0$。

紧急制动时轿厢空载上行的重边拉力

$$T_1^k=T_{11}^k+T_{12}^k+T_{13}^k=9864.1\text{N}$$

b. 紧急制动时轿厢空载上行的轻边拉力

$$T_{21}^{k}=\left(\frac{G_0}{r}+\frac{G_c}{2r}+\frac{n_c g_c H_t}{r}+\frac{n_t g_t H_T}{2r}\right)g_n=\left(\frac{1000}{2}+\frac{2\times1.49\times80}{2}+\frac{1\times80}{2\times2}\right)\times9.8$$

$$=6460.2\text{N}$$

$$T_{22}^{k}=\frac{G_0}{r}a+\frac{n_c g_c H_t}{r}a+\frac{n_t g_t H_t}{2r}a+m_{p1}ra+\frac{2m_z}{r}a$$

$$=\frac{1000}{2}\times1.25+\frac{2\times1.49\times80}{2}\times1.25+\frac{1\times80}{2\times2}\times1.25+36\times2\times1.25=889\text{N}$$

不考虑阻尼力及风速影响，$T_{23}^{k}=0$。

紧急制动时轿厢空载上行的重边拉力：

$$T_2^{k}=T_{21}^{k}+T_{22}^{k}+T_{23}^{k}=7349.2\text{N}$$

c. 紧急制动时轿厢满载下行的重边拉力

$$T_{11}^{g}=\left(\frac{G_{0+}Q_0}{r}+\frac{G_c}{2r}+n_s g_s H_t\right)g_n$$

$$=\left(\frac{1000+1000}{2}+5\times0.34\times80\right)\times9.8=11132.8\text{N}$$

$$T_{12}^{g}=\frac{G_0+Q_0}{r}a+n_s g_s H_t\times ra+m_{p1}ra+\frac{2m_z}{r}a$$

$$=\frac{1000+1000}{2}\times1.25+5\times0.34\times80\times2\times1.25+36\times2\times1.25=1680\text{N}$$

不考虑阻尼力及风速影响，$T_{13}^{g}=0$。

紧急制动时轿厢满载下行的重边拉力

$$T_1^{g}=T_{11}^{g}+T_{12}^{g}+T_{13}^{g}=12812.8\text{N}$$

d. 紧急制动时轿厢满载下行的轻边拉力

$$T_{21}^{g}=\left(\frac{G_0+kQ_0}{r}+\frac{G_c}{2r}+\frac{n_c g_c H_t}{r}\right)g_n$$

$$=\left(\frac{1000+0.45\times1000}{2}+\frac{2\times1.49\times80}{2}\right)\times9.8=8273.2\text{N}$$

$$T_{22}^{g}=\frac{G_0+kQ_0}{r}a+\frac{n_c g_c H_t}{r}a+m_d ra+m_{p2}ra+\frac{2m_z a}{r}$$

$$=\frac{1000+0.45\times1000}{2}\times1.25+\frac{2\times1.49\times80}{2}\times1.25+36\times2\times1.25+36\times2\times1.25$$

$=1235.3\text{N}$

不考虑阻尼力及风速影响，$T_{23}^{g}=0$。

紧急制动时轿厢满载下行的轻边拉力

$$T_{2}^{g}=T_{21}^{g}+T_{22}^{g}+T_{23}^{g}=9508.5\text{N}$$

③ 两极限工况下曳引能力计算分析

电梯紧急制动时，摩擦系数

$$\mu=\frac{0.1}{1+rV/10}=\frac{0.1}{1+2\times 1.75/10}=0.074$$

当量摩擦系数

$$f=\frac{4\mu\left(1-\sin\dfrac{\beta}{2}\right)}{\pi-\beta-\sin\beta}=\frac{4\times 0.074\times(1-\sin 47.5^{\circ})}{\pi-1.66-\sin 95^{\circ}}=0.16$$

$$e^{f\alpha}=e^{0.16\times 2.74}=1.55$$

$$\frac{T_{1}^{k}}{T_{2}^{k}}=\frac{9864.1}{7349.2}=1.34<1.55$$

$$\frac{T_{1}^{g}}{T_{2}^{g}}=\frac{12812.8}{9508.5}=1.35<1.55$$

所以，轿厢紧急制动状态时满足曳引条件要求。

(3) 轿厢滞留状态

当量摩擦系数

$$f=\mu\frac{1}{\sin\dfrac{\gamma}{2}}=0.2\times\frac{1}{\sin 15^{\circ}}=0.308$$

$$e^{f\alpha}=e^{0.308\times 2.74}=2.33$$

$$T_{1}=G_{0}+n_{c}g_{c}H_{t}/r+n_{t}g_{t}H_{t}/2r=1000+1.49\times 80/2+80/4=1079.6\text{kg}$$

$$T_{2}=n_{s}g_{s}H_{t}=5\times 0.34\times 80=136\text{kg}$$

$\dfrac{T_{1}}{T_{2}}=\dfrac{1079.6}{136}=7.9>2.33$，轿厢滞留状态满足曳引条件要求。

## 第五节　电梯的配置与功能

### 一、电梯的配置

近年来，电梯行业快速发展，形成了一个庞大的产业群，零部件配套厂如雨后春笋般出现，不少零部件厂规模大，技术力量雄厚，工艺水平先进，如深圳汇川（电梯部件品牌默纳克）、上海新时达宁波申菱、欣达、江苏通润等，形成了行业强大的配套能力。因此，大多数电梯整机生产厂的很多零部件都直接从配套厂采购，这样不但降低了投资规模，更方便企业精细管理。

电梯的配置首先讲的是标准配置。标准配置分为两部分：一是使用材料和装饰标准的确定，例如门板和围板是采用不锈钢还是冷板，吊顶、地板、灯光的标准样式，轿厢是否配扶手等；二是怎样选择适合自己产品的零部件和零部件生产厂。标准配置的确定是产品定型设计和成本核算的基础，也是优化供应链体系、企业精细管理的需要。

**1. 材料选用**

在材料方面，目前大多数厂家标准配置为：轿厢壁板材料选用不锈钢，轿门和首层层门材料选用不锈钢，首层层门小门套材料选用不锈钢，其余层门和门套选用冷板喷塑套，操纵箱与呼梯盒采用点阵显示，轿厢地板材料选用 PVC，不配扶手等。这样的标准配置既满足了大众需求，又将成本控制在一定的范围内。如果需要提高材料配置，则需另外计价。

**2. 零部件配套**

配套零部件及配套厂的选择主要考虑下列因素：

a. 配套零部件技术性能及与本次设计产品的相容性；

b. 配套零部件的可靠性及工艺要求；

c. 产品价格与付款方式；

d. 供货周期与运输成本；

e. 配套厂的技术水平与工艺条件；

f. 配套厂的生产资质与管理水平；

g. 配套厂的信誉与财务状态。

由此可见，一个优秀的设计人员不但要有深厚的技术素养，还必须对行业情况、工艺条件、市场意识、生产管理等进行全面的了解，才能准确地配置好自己设计的产品。表 1-3 是某厂型号 HWZ/K 常用电梯的配置表。

**表 1-3　“HWZ/K”型曳引式客梯主要部件常规配置表**

| 序号 | 部件名称 | 型号 | 主要功能 | 制造产家 | 技术特点 | 备注 |
| --- | --- | --- | --- | --- | --- | --- |
| A | 控制柜主控系统 | | | | | |
| 1 | 一体化控制器 | TRMPU 系列 | 调节、控制电梯 | 苏州默纳克 | 微机矢量控制技术 | |
| 2 | 电子板Ⅱ | TRM-02 系列 | 轿厢控制板 | 苏州默纳克 | SMT 表面贴装技术 | |
| 3 | 电子板Ⅲ | TRM-03 系列 | 轿厢指令板 | 苏州默纳克 | SMT 表面贴装技术 | |
| 4 | 电子板Ⅳ | TRM-04 系列 | 楼层显示板 | 苏州默纳克 | SMT 表面贴装技术 | |
| 5 | 电子板Ⅴ | TRM-GC 系列 | 群控板 | 苏州默纳克 | SMT 表面贴装技术 | |
| 6 | 交流接触器 | LC 系列 | 控制运行主回路 | 施耐德 | 法国技术 | |
| B | 电梯曳引系统 | | | | | |

续表

| 序号 | 部件名称 | 型号 | 主要功能 | 制造产家 | 技术特点 | 备注 |
|---|---|---|---|---|---|---|
| 1 | 曳引机 | WTD 系列 | 驱动轿厢运行 | 广东合普 | 永磁同步无齿轮 | |
| 2 | 旋转编码器 | ERN 系列 | 测速反馈 | 德国海德汉 | 德国技术 | |
| 3 | 曳引钢丝绳 | 8×19S-NF | 提升轿厢 | 天津高盛 | GB 8903—88 | |
| C | 操作、显示与信号系统 | | | | | |
| 1 | 轿内操纵盘 | BC215 | 点阵显示 | 上海贝思特 | 不锈钢面板 | |
| 2 | 厅外召唤盒 | BX215 | 点阵显示 | 上海贝思特 | 不锈钢面板 | |
| 3 | 井道总线 | CAN 系列 | 控制信号传输 | | CAN 通信技术 | |
| D | 安全保障系统 | | | | | |
| 1 | 限速器 | XS-240 系列 | 限定速度,防止超速 | 宁波欧菱 | 双向式 | |
| | 限速器 | XSQ115 系列 | 限定速度,防止超速 | 宁波申菱 | 双向式 | $V \geq$m/s |
| 2 | 安全钳 | AQ10 系列 | 断绳故障,安全降落 | 廊坊成翔 | 渐进式 | $V \leq 1.75$m/s |
| | 安全钳 | QJB 系列 | 断绳故障,安全降落 | 浙江沪宁 | 渐进式 | $V \geq 2.0$m/s |
| 3 | 缓冲器 | HYF 系列 | 防止沉底,平稳着地 | 佛山华辉 | 液压型 | $2.0 > V > 1.0$m/s |
| | 缓冲器 | HYF 系列 | 防止沉底,平稳着地 | 浙江沪宁 | 液压型 | $V \geq 2.0$m/s |
| | 缓冲器 | HYD 系列 | 防止沉底,平稳着地 | 沈阳东阳 | 聚氨酯 | $V \leq 1.0$m/s |
| E | 主要部件构成 | | | | | |
| 1 | 轿厢架 | JJ 系列 | 起吊框架 | 企业自产 | 企业自有技术 | |
| 2 | 轿厢 | JX121 系列 | 发纹不锈钢 | 企业自产 | 企业自有技术 | |
| | | JX120 系列 | 后中壁镜面不锈钢 | 企业自产 | 企业自有技术 | |
| | | JX111 系列 | 发纹不锈钢 | 企业自产 | 企业自有技术 | |
| | | JX110 系列 | 后中壁镜面不锈钢 | 企业自产 | 企业自有技术 | |
| | | JX100 系列 | 发纹不锈钢 | 企业自产 | 企业自有技术 | |
| | | JX200 系列 | 雕花不锈钢 | 企业自产 | 企业自有技术 | |
| | | JX300 系列 | 钢板喷塑 | 企业自产 | 企业自有技术 | |
| 3 | 轿厢顶装饰 | DT002 | 组合吊顶 | 上海红狮 | 柔光照明设计 | |
| | | TR456 | 组合吊顶 | 上海红狮 | 柔光照明设计 | |
| 4 | 轿厢底装饰 | DB002 | 钢制底盘,塑胶地板 | 企业自产 | 企业自有技术 | |
| | | DB003 | 钢制底盘,塑胶地板 | 企业自产 | 企业自有技术 | |

续表

| 序号 | 部件名称 | 型号 | 主要功能 | 制造产家 | 技术特点 | 备注 |
|---|---|---|---|---|---|---|
| 5 | 首层厅门 | CM 系列 | 发纹不锈钢 | 企业自产 | 企业自有技术 | |
| | | CM 系列 | 钢板喷塑 | 企业自产 | 钢板喷塑 | |
| | | CM 系列 | 雕花不锈钢 | 企业自产 | 企业自有技术 | |
| 6 | 其余层门 | CM 系列 | 钢板喷塑 | 企业自产 | 企业自有技术 | |
| | | CM 系列 | 发纹不锈钢 | 企业自产 | 企业自有技术 | |
| | | CM 系列 | 雕花不锈钢 | 企业自产 | 企业自有技术 | |
| 7 | 首层门套 | MT 系列 | 小门套 | 企业自产 | 发纹不锈钢 | |
| | | MT 系列 | 小门套 | 企业自产 | 钢板喷塑 | |
| 8 | 其余门套 | MT 系列 | 小门套 | 企业自产 | 钢板喷塑 | |
| | | MT 系列 | 小门套 | 企业自产 | 发纹不锈钢 | |
| 9 | 开门机 | KM 系列 | 自动打开厅门与轿门 | 宁波申菱 | 变频控制 | |
| 10 | 门地坎 | 60 系列 | 引导门板位移 | 宁波申菱 | 铝合金专用型材 | |
| 11 | 光幕 | 红外线光幕 | 门口出入保护 | 宁波威科 | 德国 MCU 控制核心 | |
| 12 | 轿厢导轨 | T 型 | 导向轿厢运动 | 苏州塞维拉 | 冷拉钢质型材 | |
| 13 | 对重导轨 | TK 型 | 导向对重运行 | 苏州塞维拉 | 钢板折弯成型 | $V \leqslant 2.0$m/s |
| | 对重导轨 | T 型 | 导向对重运行 | 苏州塞维拉 | 钢材机加工成型 | $V > 2.0$m/s |
| 14 | 对重块 | DZ 系列 | 平衡轿厢重量 | 广东优企 | 重金石混凝土对重块 | $V \leqslant 2.0$m/s |
| | 对重块 | DZ 系列 | 平衡轿厢重量 | 广东优企 | 铸铁对重块 | $V > 2.0$m/s |
| 15 | 称重装置 | CZ 系列 | 超载保护装置 | 前景光电 | 机电信号 | |
| 16 | 停电照明装置 | G237 | 临时停电，轿内照明 | 前景光电 | 自动充放电技术 | |
| 17 | 应急救援装置 | G238 | 停电启动轿厢平层开门 | 前景光电 | 在线式 UPS 技术 | |

标准配置中重要的零部件通常有两种配置：一种是主打配置，另一种是备用配置。选用两种配置的原因是价格和供货问题，当主打配置提价或供货出现问题时，能尽快采用备用配置，保证正常生产。

## 二、电梯的功能

电梯的功能分为标准功能和选用功能。标准功能包含在产品的基本售价内，能保证产品正常使用，满足产品制作标准要求。除了标准功能外，还有一些选用功能，最常用的选用功能有断电平层保护和远程监控等。当然选用功能需要另外计价。

表 1-4 是某厂型号 HWZ/K 常用电梯的功能表，功能表中符号 ○ 表示标准功能，● 表示选用功能。

**表 1-4 电梯功能表**

| 序号 | 功能名称 | 功能说明 | 备注 |
|---|---|---|---|
| 1 | 全集选功能 | 电梯作单独运行时，采用集选控制方式，即电梯将优先按顺序应答与轿厢运行同一方向的厅外召唤，当该方向的召唤全部应答完毕后，电梯将自动应答相反方向的召唤 | ○ |
| 2 | 司机功能 | 电梯的正常运行由司机操作完成 | ○ |
| 3 | 检修运行 | 系统设置为检修状态后，按慢上或慢下按钮，电梯会以检修速度向上或向下运行，松开按钮后停止，满足系统调试、维护、检修时的使用要求 | ○ |
| 4 | 超载保护 | 电梯超载时，电梯保持开门并且轿内蜂鸣器鸣响 | ○ |
| 5 | 满载直驶 | 当电梯处于满载的状态时，电梯自动转为直驶运行，此时只执行轿内指令，不应答厅外召唤信号 | ○ |
| 6 | 防捣乱 | 当电梯处于轻载状态时，轿厢指令数超过 3 个，系统将消除所有指令；端站撤销内选 | ○ |
| 7 | 门安全触板 | 关门过程中，门安全触板检测到有乘客或物体时，重新开门 | ● |
| 8 | 门光幕保护 | 关门过程中，基本覆盖整个门高度的红外光束探测到乘客和物体时，重新开门 | ○ |
| 9 | 应急报警 | 电梯发生人员被困在轿厢时，通过报警或通信装置能及时通知管理人员实施救援 | ○ |
| 10 | 对讲功能 | 出现紧急情况时，当持续按厢内应急按钮，便可以与轿厢外管理人员进行直接通话 | ○ |
| 11 | 自动返基站 | 当无厅外召唤和轿内指令时，电梯将自动返回预先设定的基站 | ○ |
| 12 | 慢速自救运行 | 当电梯处于非检验状态下，且未停在平层区，此时只要符合安全要求，电梯将自动以慢速运行至平层区，开门放客 | ○ |
| 13 | 矢量控制技术 | 精确平滑地调整电梯速度，获得十分完美的乘坐舒适感。与其他类型交流调速系统相比，运行效率高，可以节能 30%以上 | ○ |
| 14 | 消防功能 | 消防开关启用后，所有召唤被取消，指定电梯立即返回指定层站。为救援，电梯只应答轿厢召唤 | ○ |
| 15 | 应急照明 | 正常照明电源一旦发生故障的情况下，自动起用应急照明装置，保持轿厢有连续照明 | ○ |
| 16 | 串行通信 | 采用总线进行各部件之间的串行数据通信，从而在保证了高速、可靠、大量地传输数据的同时，大大减少了各部件之间的接线，提高了整机的可靠性 | ○ |
| 17 | 自动开门 | 每次平层时，电梯自动开门；本层厅外召唤按钮或开门按钮被按下，轿门自动打开 | ○ |
| 18 | 关门时间调整 | 参考客源状况，来调整开始关门的等待时间，节省了候梯时间，使得整机运行效率进一步得到了提高 | ○ |
| 19 | 并联控制 | 两台电梯通过通信总线进行数据传送，以实现两台电梯召唤信号的合理分配。并联控制使用距离原则分配召唤，即任何召唤登记后，系统会及时分配给那台较近较快响应的电梯，以最大程度地减少乘客的等待时间 | ● |

续表

| 序号 | 功能名称 | 功能说明 | 备注 |
| --- | --- | --- | --- |
| 20 | 群控控制 | 群控指多台电梯的集中控制，即根据群控中各台电梯的层楼位置和运行情况，用最佳算法计算出每时刻召唤哪台电梯去响应最迅速经济和合理，就把这一召唤分配给最合适的电梯去响应，可以大大提高运输效率，减少乘客的等待时间，节约电能 | ● |
| 21 | 点阵显示 | 系统厅外和轿内都采用点阵式层楼显示器，具有字符丰富、显示生动、字型美观等特点 | ○ |
| 22 | 到站钟 | 采用电子式报站钟，电梯每次平层过程中，报站钟将运用适当的音量进行到站预报，以提醒轿内和厅外候梯乘客电梯正在平层 | ○ |
| 23 | 小区监控 | 控制系统与装在监控室的PC机通过通信线相连，加装监控软件，就可以在PC机上监控到电梯的楼层位置、运行方向、故障状态等情况 | ● |
| 24 | 远程监控 | 通过MODEM和电话线，可以实现在远程监控中心对现场电梯的实时监控。电梯发生故障时，也会及时向远程监控中心报警 | ● |
| 25 | 闭置3分钟自动熄灯、关风扇 | 如电梯无指令和外召登记超过3分钟，轿厢内照明、风扇自动断电。但在接到指令或召唤信号后，又会自动重新通电投入使用 | ○ |
| 26 | 指定泊梯 | 接通泊梯开关，电梯返回到基站后，将熄灯、关门、停止运行 | ○ |
| 27 | 超速保护 | 轿厢的速度超过额定速度时，电梯将自动起动超速监控装置，切断安全回路，保护设备和乘客安全 | ○ |
| 28 | 停电自救 | 正常电源断电时，充电式电池提供电梯电源，电梯驶往最近层站平层开门 | ● |
| 29 | 关门时间保护功能 | 如果电梯门保持打开的时间超过了预定时间，临时性强制功能自动工作，从而把门关闭 | ○ |
| 30 | 门电机保护 | 当电梯在开/关门过程中受到外来的阻力，且该阻力超过一定的数值时，电梯门将往相反方向动作 | ○ |
| 31 | 井道资料自学习 | 自动学习测量井道层高、保护开关位置、减速开关位置等，并永久性保存这些运行数据，以此来保证停梯平层的准确性 | ○ |
| 32 | 反向取消 | 电梯转入反向运行时自动取消已选的内呼，需重新选层，提高电梯运行效率，减少乘客候梯时间 | ○ |
| 33 | 错误指令取消 | 乘客按下指令按钮被响应后，发现与实际要求不符，可在指令登记后连按2次错误指令的按钮，该登记将被取消 | ○ |
| 34 | 故障自诊断 | 可以记录最近的故障代码，有利于维修人员及时有效地分析处理电梯故障 | ○ |
| 35 | 终端越程保护 | 电梯的上下终端都装有终端保护开关，以保证轿厢不会越程 | ○ |
| 36 | 接触器触点检测保护 | 系统自动检测并故障报警与运行有关的接触器是否正常释放与吸合，异同则将停止轿厢一切运行 | ○ |
| 37 | 门锁短接保护 | 开门到位系统检测到门锁接通则故障，将停止轿厢一切运行 | ○ |
| 38 | 直接停靠 | 系统控制电梯完全按照距离原则减速，平层时无任何爬行 | ● |

续表

| 序号 | 功能名称 | 功能说明 | 备注 |
| --- | --- | --- | --- |
| 39 | 显示界面操作 | 不仅能显示电梯的速度、方向、状态和电梯的给定运行曲线以及反馈速度曲线，还可以通过它设定电梯的各种参数、查询电梯故障记录等 | ○ |
| 40 | 层站显示字符的优化设定 | 通过系统的液晶操作器可以优化设置层楼显示的字符，如设置地下一楼显示“B”等 | ○ |
| 41 | 独立运行 | 转入独立运行，此时电梯不接受外召登记，也没有自动关门，其操作方式同司机操作相似 | ● |
| 42 | 层楼位置信号的自动修正 | 系统运行时在每个终端开关动作点和每层平层开关动作点都对电梯的位置信号以写层时位置脉冲进行修正 | ○ |
| 43 | 防打滑保护 | 系统检测到钢丝绳打滑，将停止轿厢一切运行，并直到系统复位才能恢复正常运行 | ○ |
| 44 | 调速器故障保护 | 系统一收到调速器故障信号就紧急停车，并直到调速器修复和系统复位才能恢复正常运行 | ○ |
| 45 | 测试运行 | 为测试或考核新梯而设计的功能，在主板将参数设置为测试运行时，电梯就会自动运行 | ○ |
| 46 | 时针控制 | 系统内部有实时时钟，因此故障记录时可记下发生每次故障的确切时间 | ○ |
| 47 | 保持开门时间自动调整 | 无司机运行时，电梯到站自动开门后，延时若干时间自动关门 | ○ |
| 48 | 本层厅外开门 | 如本层召唤按钮被按下，轿门自动打开。如按钮按住不放，门保持打开 | ○ |
| 49 | 关门按钮提前关门 | 自动状态下，在保持开的状态时，可以按关门按钮，使门立即响应关门动作，提前关门 | ○ |
| 50 | 开门按钮开门 | 电梯停在门区时，可以在轿厢中按开门按钮，使电梯已经关闭或尚未关闭的门重新打开 | ○ |
| 51 | 换站停靠 | 如果电梯在持续开门 15 秒后，开门限位尚未动作，电梯就会变成关门状态，并在门关闭后，响应下一个召唤和指令 | ○ |
| 52 | 重复关门 | 如果电梯持续关门 15 秒后尚未使门锁闭合，电梯就会转换成开门状态 | ○ |
| 53 | 服务层的任意设置 | 通过手持操作器，可以任意设置电梯停靠哪些层站，哪些层站不停靠 | ○ |
| 54 | 门种类选择 | 通过该参数的设置，可以选择多种类型的门机。可分为开门力矩保持、关门力矩保持及开关门力矩保持三种 | ○ |
| 55 | 滚动显示运行方向 | 厅外和轿内的层楼显示器在电梯运行时，都采用滚动的方式显示运行的方向 | ○ |
| 56 | 自动修正层楼位置信号 | 系统运行时在每个终端开关动作点和每层楼平层开关动作点都对电梯的位置信号以自学习时得到的位置数据进行修正 | ○ |
| 57 | 门区外不能开门保护 | 为安全起见，在门区外，系统设定不能开门 | ○ |
| 58 | 逆向运行保护 | 当系统检测到电梯连续 3 秒运行的方向与指令方向不一致时，就会立即紧急停车，故障报警 | ○ |

续表

| 序号 | 功能名称 | 功能说明 | 备注 |
| --- | --- | --- | --- |
| 59 | 安全接触器触点检测保护 | 系统检测安全继电器、接触器触点是否可靠动作。如发现触点的动作和线圈的驱动状态不一致，将停止轿厢一切运行，并直到断电复位才能恢复正常运行 | ○ |
| 60 | 主回路故障保护 | 系统收到主回路故障信号就紧急停车，并在有故障时防止电梯运行 | ○ |
| 61 | 主控 CPU WDT 保护 | 控板上设有 WDT 保护。当检测到 CPU 故障或程序有故障时，WDT 回路强行使主控制器输出点 OFF，并使 CPU 复位 | ○ |
| 62 | 超速保护 | 为防止速度超过控制范围的运行导致安全问题，实施此保护 | ○ |
| 63 | 低速保护 | 为防止速度在控制范围外低速运行导致安全问题而设置的保护 | ○ |
| 64 | 平层开关故障保护 | 为了防止平层开关发生故障引起电梯异常情况而采取的一种安全保护 | ○ |
| 65 | CAN 通信故障保护 | 当 CAN 通信发生故障时防止继续运行导致危险 | ○ |
| 66 | 抱闸开关触点检测保护 | 系统检测抱闸开关是否可靠动作，发现抱闸不能可靠动作，则进行保护动作 | ○ |
| 67 | 井道自学习失败诊断 | 由于井道数据是控制系统进行快车运行的依据，没有正确的井道数据，电梯将不能正常运行，因此在井道自学习未能正确完成时设置了井道自学习失败诊断 | ○ |
| 68 | 电机温度保护 | 为防止电机过热导致的运行危险而设置的保护功能 | ○ |
| 69 | 门开关故障保护 | 系统检测门系统上的一些开关状态，发现异常时停止电梯继续运行，防止剪切事故发生 | ○ |
| 70 | 运行中门锁断开保护 | 为防止运行中门开着状况下发生剪切、坠落的安全事故而设置的保护 | ○ |
| 71 | 提前开门功能 | 选配该功能后，电梯在每次平层过程中，当到达提前开门区(一般在平层位置的上下 75mm 内)，而且速度小于 0.3m/s 时，就马上提前开门，从而提高电梯的运行效率 | ● |
| 72 | 火灾紧急返回操作 | 当遇到火灾时，将火灾返回开关置位后，电梯立即消除所有指令和召唤，以最快的方式运行到消防基站后，开门停梯 | ● |
| 73 | 副操纵箱操作 | 在有主操纵箱的同时，还可选配副操纵箱。副操纵箱一般装在轿门的左侧 | ● |
| 74 | 残疾人操纵箱操作 | 残疾人操纵箱可装在主操纵箱的下方，也可装在门的左侧略低于主操纵箱位置。它也有指令按钮和开关门按钮，按钮上除了一般字符，还应配有盲文字母 | ● |
| 75 | 上班高峰服务 | 只有配有群控系统才能选择该功能。如果系统选择该功能，在上班高峰时间(通过时间继电器设定，也可由人工操作开关)，当从基站向上运行的电梯具有 3 个以上的指令登记时，系统就开始进行上班高峰服务运行。此时，群控系统中的所有电梯都在响应完指令和召唤后自动返回到基站开门待梯。过了上班高峰时间(也由时间继电器设定或由人工控制)，电梯又恢复到正常状态 | ● |

续表

| 序号 | 功能名称 | 功能说明 | 备注 |
| --- | --- | --- | --- |
| 76 | 下班高峰服务 | 只有配有群控系统才能选择该功能。如果系统选择该功能，在下班高峰时间(通过时间继电器设定，也可由人工操作开关)，当从上下行到基站的电梯具有满载的情况时，系统就开始进行下班高峰服务运行。此时，群控系统中的所有电梯都在响应完指令和召唤后自动返回到最高层闭门待梯。当过了上班高峰时间(也由时间继电器设定或由人工控制)，电梯又恢复到正常状态 | ● |
| 77 | 分散待梯 | 只有配有群控系统才能选择该功能。当群控系统的所有电梯都保持待梯状态1分钟时间，群控系统就开始分散待梯运行：a. 如果基站及基站以下层楼都没有电梯，系统就发一台最容易到达基站的电梯到基站闭门待梯。b. 如果群控系统中有两台以上电梯正常使用，而且中心层以上层楼没有任何电梯，系统就分配一台最容易到达上方待梯层的电梯到上方待梯层闭门待梯 | ● |
| 78 | 地震功能 | 配有地震操作功能时，如果发生地震，地震检测装置动作。该装置有一个触点信号输入到控制系统，控制系统就会控制电梯即使在运行过程中也会就近层停靠，而后开门放客停梯 | ● |
| 79 | 前后门独立控制 | 前后门独立的含义有两点：一是指有后门操纵箱时的前后门独立操作，这已经在介绍后门操纵箱时提到过。另一点是指当有后门召唤盒时的前后门独立操作：如果平层前有后门召唤盒的本层召唤登记，停下来时开后门；有主召唤盒的本层召唤登记，停下来时开前门；如果两面都有，则两扇门都开。同样，在本层开门时，按的是后门召唤盒的按钮，就开后门；按的是主召唤盒的按钮，就开前门 | ● |
| 80 | 强迫关门 | 当开通强迫关门功能后，如果由于光幕动作或其他原因使电梯连续1分钟(缺省值，此数值可通过参数调整)开着门而没有关门信号时，电梯就强迫关门，并发出强迫关门信号 | ● |
| 81 | VIP贵宾层服务 | 配VIP功能时，一般先设置一VIP层楼，在该层站的厅外装有一自复位的VIP钥匙开关。需要VIP服务时，转一下VIP开关，电梯就进行一次VIP服务操作：取消所有已登记的指令和召唤，电梯直驶到VIP层楼后开门，此时电梯不能自动关门，外召唤仍不能登记，但可登记内指令。护送VIP的服务员登记好VIP要去的目的层指令后，持续按关门按钮使电梯关门，电梯直驶到目的层后开门放客，就恢复正常 | ● |
| 82 | 厅外到站钟 | 选配该功能时，每一层的大厅里都装有上、下到站钟。当一台电梯在平层到达门区过程中，该层站的对应方向的到站钟就开始鸣响，以告诉乘客那台电梯即将到站开门 | ● |
| 83 | 语音报站功能 | 系统在配有语音报站功能时，电梯在每次平层过程中，语音报站器将报出即将到达的层楼，在每次关门前，报站器会预报电梯接下去运行的方向，等 | ● |
| 84 | 开门保持按钮操作功能 | 通过按住开门保持按钮，提供使电梯延时关门的一种功能 | ● |
| 85 | 暂停服务输出功能 | 在电梯不能正常使用时告知乘客的显示方式 | ● |

续表

| 序号 | 功能名称 | 功能说明 | 备注 |
| --- | --- | --- | --- |
| 86 | 称重补偿功能 | 系统根据称重装置检测到的轿厢载荷数据，向变频器给出起动的负载补偿值，以改善电梯起动的舒适感 | ● |
| 87 | 开关控制单梯服务层切换 | 单梯或并联电梯配这功能时，需在主操纵箱的分门内增加一服务层切换开关。当服务层切换开关合上时，电梯就按对应的方案停层服务，开关复位电梯恢复正常 | ● |

# 第二章　部件选型设计

## 第一节　曳引机的选型设计

曳引机是电梯核心部件之一，其重要性类似汽车发动机。由于大多数电梯生产厂并不生产曳引机，而是在产品设计过程中通过选型设计，选配技术性能优越并与自己的设计产品相容的专业生产厂生产的曳引机。因此，曳引机的选型设计至关重要。曳引机的选型设计涉及标准要求、动态性能、可靠性要求、产品外观及自重和价格等。

### 一、标准要求

(1) GB 7588—2003《电梯制造与安装安全规范》附录 M2.1.2 规定：紧急制动工况下 $T_1/T_2$ 动态比值广泛，应按照轿厢空载或装有额定载荷时在井道的不同位置的最不利情况进行计算。每一个运动部件都应正确考虑其减速度和钢丝绳的倍率。

任何情况下，减速度不应小于下面数值：

a. 对于正常情况，为 $0.5m/s^2$；

b. 对于使用了减行程缓冲器的情况，为 $0.8m/s^2$。

标准还规定最大起、制动加减速度均不应大于 $1.5m/s^2$。

(2) GB/T 24478《电梯曳引机》中 4.2.2.2 规定：曳引机的额定制动力矩应按 GB 7588—2003 中 12.4.2.1 与曳引机用户商定，或为额定转矩折算到制动轮（盘）上的力矩的 2.5 倍。

(3) GB/T 24478《电梯曳引机》中 4.2.3.3 规定：在检验平台上，曳引机以额定频率供电空载运行时，A 计权声压级噪声的测量表面平均值 $L_{\overline{PA}}$ 不应超过表 2-1 规定。制动器噪声单独检测，其噪声不应超过表 2-2 规定。

表 2-1　空载噪声

| 项目 | | 曳引机额定速度/(m/s) | | |
|---|---|---|---|---|
| | | $V\leqslant2.5$ | $2.5<V\leqslant4$ | $4<V\leqslant8$ |
| 空载噪声 $L_{\overline{PA}}$/dB(A) | 无齿轮曳引机 | 62 | 65 | 68 |
| | 有齿轮曳引机 | 70 | 80 | — |

表 2-2　制动器噪声

| 项目 | 曳引机额定转矩/N·m | | |
|---|---|---|---|
| | $M \leqslant 700$ | $700 < M \leqslant 1500$ | $M > 1500$ |
| 制动器噪声 $\overline{L}_{PA}$/dB(A) | 70 | 75 | 80 |

(4) GB/T 24478—2009《电梯曳引机》中 4.2.3.4 规定，曳引机振动应满足下列要求：

a. 无齿轮曳引机以额定频率供电空载运行时，其检测部位的振动速度有效值的最大值不应大于 0.5mm/s；

b. 有齿轮曳引机曳引轮处的扭转振动速度有效值的最大值不应大于 4.5mm/s。

(5) GB/T 24478—2009《电梯曳引机》中 4.2.3.5 规定：曳引机绳槽槽面法向跳动允差为曳引轮节圆直径的 1/2000，各槽节圆直径之间的差值不应大于 0.1mm。

## 二、电机功率和起动、制动转矩的验算

### 1. 起动转矩验算工况

a. 电梯底层起动上行；

b. 110%的额定载荷；

c. 设计的平均加速度最大值。

### 2. 电动机功率验算

根据技术开发任务书中对参数额定载荷 $Q_0$ 和额定速度 $V_0$ 的规定，求得电动机功率 $N_e$：

$$N_e = \frac{(1-k)Q_0V_0}{102\eta} \tag{2-1}$$

式中，$\eta$ 为系统总效率。系统总效率为曳引机效率和曳引系统（包括克服阻力作用损失的效率）之和。大多数曳引机生产厂样本上标注的功率为电机功率，并没有在产品样本中标注曳引机效率是多少。对于曳引机效率而言，同步机的效率相对较高，而异步机的效率就是电机效率和减速器的效率之和，相对较低。曳引系统的效率更是与安装质量和钢丝绳质量有关，因此要准确知道系统总效率有一定困难，除了经验估算外，建议厂家做些实验来确定各效率。对于永磁同步曳引机系统总效率一般为 0.8～0.85。取平衡系数 $k=0.45$，将相关参数代入式（2-1)，求得额定载荷 $Q_0$、额定速度 $V_0$ 要求的电机功率。曳引机选型时，查找配套厂曳引机功率大于式（2-1）计算的曳引机，即表示曳引机功率满足设计要求。

### 3. 起动转矩验算

根据曳引机生产厂家设计依据，曳引机设计时，选用或设计的电动机起动转矩通常为曳引机产品样本中提供转矩的 2.0～3.0 倍。在起动转矩验算工况时，用负载转矩与系统惯性转矩之和除以曳引机产品样本中提供的转矩，比值 $\lambda$ 取 2.0～3.0，即说明曳引机有足够的起动能力，符合设计要求。

① 曳引机产品样本中提供的转矩是按式（1-63）即下式计算：

$$M_e=\frac{9550N_e}{n_e} \tag{2-2}$$

② 负载转矩在曳引条件分析中式（1-68）中详细阐述，不过工况有所差别，根据起动转矩验算工况，将额定载荷改为110%的额定载荷即可：

$$M_e^g=(T_{11}^g-T_{21}^g)\frac{D_y}{2\eta}=\left[\frac{(1.1-k)Q_0-n_c g_c H_t}{r}+n_s g_s H_t\right]\frac{D_y g_n}{2\eta i} \tag{2-3}$$

③ 同理，起动转矩验算工况的系统转动惯量在式（1-72）中已经阐述，将额定载荷改为110%的额定载荷即可：

$$J_x^g=\left[\frac{2G_0+(1.1+k)Q_0+n_s g_s H_t r^2+n_c g_c H_t}{r}+(m_d+m_{p1}+m_{p2}+\frac{4m_z}{r^2})r\right]\frac{D_y^2}{4i^2}-J_z^g \tag{2-4}$$

从曳引机产品样本中查得或计算出曳引机的转动惯量 $J_y$，两者相加，求得电梯系统总转动惯量：

$$J_0^g=J_y+J_x^g \tag{2-5}$$

④ 计算起动时间和电机的角加速度。技术开发任务书在产品性能指标中已经规定额定速度 $V_0$ 和平均加、减速度 $a_p$ 设计值，由额定速度求得：

$$t_q=\frac{V_0}{a_p} \tag{2-6}$$

由电机转速 $n_e$ 求得：

$$\varepsilon=\frac{\pi n_e}{30t_q} \tag{2-7}$$

⑤ 起动时的最大惯性转矩和最大起动转矩

$$M_j=\frac{J_0^g\varepsilon}{\eta} \tag{2-8}$$

最大起动转矩：

$$M_q=M_e^g+M_j \tag{2-9}$$

⑥ 验算起动转矩

$$\lambda=\frac{M_q}{M_e}\leqslant(2.5\sim3.5) \tag{2-10}$$

如果式（2-10）不满足，则必须加大电机功率再验算，直至满足起动转矩要求。

**4. 制动转矩验算**

在前面章节“曳引条件分析”中，已经针对曳引条件的要求分析了制动工况是否满足减、加速度要求，要求平均加、减速度 $a_{cg}\geqslant0.5$（0.8）m/s$^2$，仅仅是满足了标准要求。如果在产品的技术开发任务中明确规定了平均加、减速度值为多少，则必须根据平均加、减速度值来确定制动转矩的大小，并与曳引机生产厂协商，要求最大设计制动转矩≥2.5倍负载转矩。本书设计的产品的负载转矩（第一章第四节中的两种工况），按下面方法计算提供的制动转矩值来设定曳引机的制动转矩。

从技术开发任务书性能要求表中查得加、减速度值 $a_c$，设加、减速时间为 $t_c$，则求得：

$$t_c=\frac{V_0}{a_c} \tag{2-11}$$

已知电机转速 $n_e$，按式（2-7）求得制动轮角减速度 ε，即求得紧急状态两种工况的最大惯性转矩：

$$M_j^k=\frac{J_0^k\varepsilon}{\eta} \tag{2-12}$$

$$M_j^g=\frac{J_0^g\varepsilon}{\eta} \tag{2-13}$$

分别由式（1-67）加式（2-12），式（1-68）加式（2-13），即可求得紧急状态两种工况的最大制动转矩：

$$M_0^k=M_e^k+M_j^k \tag{2-14}$$

$$M_0^g=M_e^g+M_j^g \tag{2-15}$$

取式（2-14）和式（2-15）的算术平均值：

$$M_{cz}=\frac{M_0^k+M_0^g}{2} \tag{2-16}$$

建议与曳引机生产厂商协商，要求曳引机生产厂商按式（2-16）的计算值来设定曳引机的制动转矩。

**5. 轴向载荷或提升高度验算**

曳引机轴向载荷即曳引轮轴向悬挂载荷。选用的曳引机是否满足本次设计要求除了功率和起、制动力矩要求以外，还必须对轴向载荷或提升高度进行验算。曳引机生产厂家在他们的产品样本中都标注一个参数，有的是轴向载荷，有的是提升高度。例如某厂 $Q=1000$kg、$V=1.75$m/s、提升高度 $H_t=80$m、型号 HWZ/K 的常用电梯，选用曳引机时，查曳引机生产厂家 KDS 样本资料，资料中标注的是“轴向载荷 $F_Z=3000$kg”，而生产厂家合普动力标注的是“推荐提升高度≤额定梯速的 45 倍”。本次设计举例中技术开发任务书中设定的提升高度 $H_t=80$m，如采用合普动力生产的曳引机，推荐提升高度≤1.75×45=78.75m，基本符合要求。若选用曳引机厂 KDS 的产品，轴向载荷 $F_Z=3000$kg，必须验算本次设计产品可能的轴向载荷是否在 3000kg 以内。

在前面章节曳引条件分析中，分析了三种状态下的四种工况。第一、第二种中的轿厢装载工况和紧急状态中轿厢底层满载下行无疑作用在曳引轮上的轴向力是最大的，且为这两种工况 $T_1$ 和 $T_2$ 的合力。如图 2-1 所示：

$$T_{2x}=T_2\sin(180°-\alpha) \tag{2-17}$$

$$T_{2y}=T_2\cos(180°-\alpha) \tag{2-18}$$

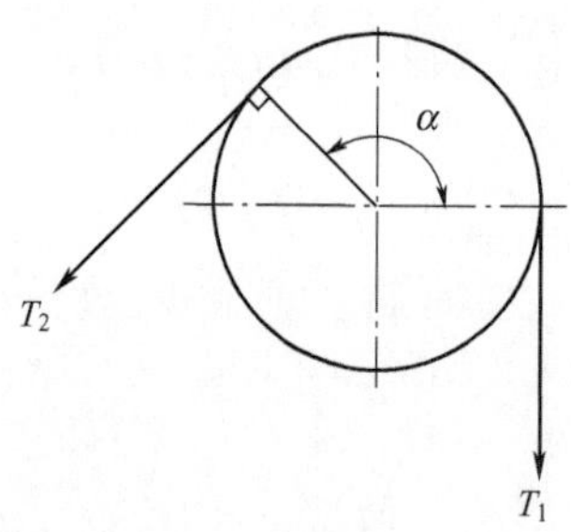


图 2-1　轴向载荷分析图

最大轴向载荷：

$$F_s=\sqrt{T_{2x}^2+(T_1+T_{2y})^2} \tag{2-19}$$

验算轿厢装载工况和紧急状态中轿厢底层满载下行工况的 $F_s$ 是否小于曳引机生产厂产品样本中的轴向载荷，即可判定选用的曳引机是否满足设计要求。

这里要说明的是，大多数曳引机生产厂生产的 1000kg、1.75m/s 的曳引机，设计的提升高度值都在 80m 左右。而提升高度大于 80m 且符合上述参数的曳引机，生产成本和销售价格增加较多，为有效控制原材料成本，可在设计上略做调整，即提升高度小于 80m，采用提升高度不大于 80m 且符合上述参数的曳引机；当提升高度大于 80m 时，则采用高一规格的曳引机。

值得注意的是，在轴向载荷中有一小部分是涨紧装置重量。涨紧装置有两大功能：一是涨紧补偿绳，保证补偿绳运行平稳；二是作为最有效的减振装置，吸收和降低轿厢的振动。为控制成本，一般速度 $V_0 \leqslant 2.0$m/s 的中低速电梯配置补偿链，不需要配置涨紧装置，补偿链自然悬吊；而速度 $V_0 \geqslant 2.5$m/s 的中高速或高速、超高速电梯需要配置涨紧装置，速度越高，涨紧装置就越重要，相应涨紧装置的重量就越重。涨紧装置重量确定原则，一是使曳引机承载的最大轴向载荷 $F_s$ 不大于曳引机额定轴向载荷，二是能有效吸收和降低轿厢的振动。对于第二项功能来说，涨紧装置越重，减重效果就越好，可采用重量可调节的方法设计，如图 2-2 所示，其减振原理在动态设计中分析。

**6. 曳引机选型与设计的其他注意事项**

曳引机的选型还必须注意的是曳引机的制造精度。曳引轮的径向跳动和曳引机扭转指标值是曳引机制造精度方面的重要指标，必须认真关注。中高速电梯的扭转振动速度有效值的最大值最好不要超过 1.5mm/s；曳引机的噪声尤其重要，是电梯性能的重要指标之一，必须满足 GB/T 24478—2009《电梯曳引机》中 4.2.3.3 的要求。此外，曳引轮绳槽面法向跳动允差和各槽节圆直径之间的差值，也应满足 GB/T 24478—2009《电梯曳引机》中 4.2.3.5 规定的要求。

在无机房电梯的设计中，不能使曳引机过于偏心于安装机座，否则容易产生一个扭矩，长期的扭转可能使曳引机安装机座崩溃，导致重大事故发生。

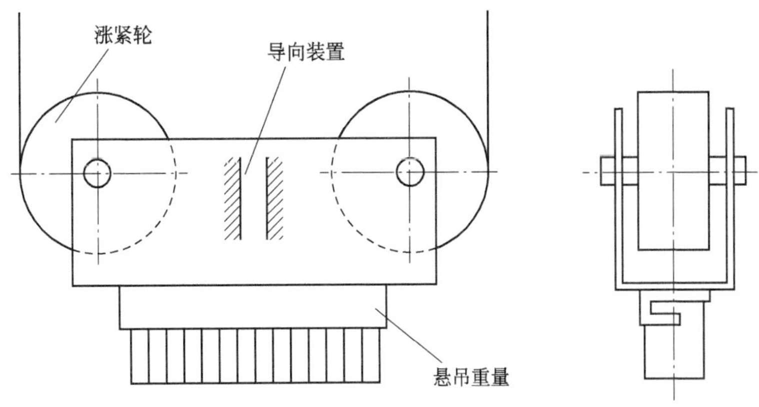


图 2-2　涨紧装置结构图

▲ 以某厂 $Q=1000\text{kg}$、$V=1.75\text{m/s}$、轿厢净空尺寸 $A\times B=1600\text{mm}\times1480\text{mm}$、开门宽度 $E=900\text{mm}$、提升高度 $H_t=80\text{m}$、型号 HWZ/K 的常用电梯为例。

HWZ/K 型号电梯额定载重 $Q=1000\text{kg}$、轿厢自重 $P=1000\text{kg}$、额定速度 $V=1.75\text{m/s}$、曳引角 $\alpha=157°$。配置 WTD1 型号曳引机，额定功率 11.6kW，额定转速 167r/min。

**1. 电动机功率验算**

$$P_e=\frac{(1-k)QV}{102\eta}=\frac{(1-0.45)\times1000\times1.75}{102\times0.85}=11.1\text{kW}$$

WTD1 型号曳引机额定功率 11.6kW>11.1kW，满足要求。

**2. 电动机速度验算**

$$V_e=\frac{n\pi D}{60\times1000\times r}=\frac{167\times3.14\times400}{60\times1000\times2}=1.748\text{m/s}$$

$\frac{1.748-1.75}{1.75}\times100\%=0.11\%$，满足电梯速度要求。

**3. 起动转矩计算**

（1）负载转矩

$$M_e^g=\left[\frac{(1.1-k)\ Q_0-n_c g_c H_t}{r}+n_s g_s H_t\right]\frac{D_y g_n}{2\eta i}$$

$$=\left[\frac{(1.1-0.45)\times1000-2\times1.49\times80}{2}+5\times0.34\times80\right]\frac{0.4\times9.8}{2\times0.85}$$

$$=788.2\text{N}\cdot\text{m}$$

（2）系统转动惯量

由于不考虑阻尼力及风速的影响，取 $J_z^g=0$。

$$J_x^g=\left[\frac{2G_0+(1.1+k)Q_0+n_s g_s H_t r^2+n_c g_c H_t}{r}+\left(m_d+m_{p1}+m_{p2}+\frac{4m_z}{r^2}\right)r\right]\frac{D_y^2}{4i^2}-J_z^g$$

$$=\left[\frac{2\times1000+(1.1+0.45)\times1000+5\times0.34\times80\times2^2+2\times1.49\times80}{2}+(36+36+36)\times2\right]\frac{0.4^2}{4}$$

$$=95.29\text{kg}\cdot\text{m}^2$$

查 WTD1 型曳引机产品样本资料，曳引机转动惯量 $J_y=3.45\text{kg}\cdot\text{m}^2$。

电梯系统总转动惯量：

$$J_0^g=J_y+J_x^g=3.45+95.29=98.74\text{kg}\cdot\text{m}^2$$

（3）起动时间

$$t_q=\frac{V_0}{a_p}=\frac{1.75}{0.5}=3.5\text{s}$$

电机的角加速度

$$\varepsilon=\frac{\pi n_e}{30t_q}=\frac{\pi\times167}{30\times3.5}=4.99\text{rad/s}^2$$

（4）起动时的最大惯性转矩和最大起动转矩

最大惯性转矩

$$M_j=\frac{J_0^g\varepsilon}{\eta}=\frac{98.74\times4.99}{0.85}=579.65\text{N}\cdot\text{m}$$

最大起动转矩

$$M_q=M_e^g+M_j=788.2+579.65=1367.85\text{N}\cdot\text{m}$$

（5）验算起动转矩

电动机额定转矩

$$M_e=\frac{9550N_e}{n_e}=\frac{9550\times11.6}{167}=663.4\text{N}\cdot\text{m}$$

$\lambda=\frac{M_q}{M_e}=\frac{1367.85}{663.4}=2.06<3.5$，永磁同步驱动主机的起动转矩倍数与控制系统密切相关，一般为 2.0～3.0，即所选电动机可以满足使用要求。

**4. 制动转矩验算**

紧急状态两种工况的最大惯性转矩计算：

$$J_x^k=\left[\frac{2G_0+kQ_0+n_s g_s H_t r^2+n_c g_c H_t+n_t g_t H_t/2}{r}+\left(m_d+m_{p1}+m_{p2}+\frac{4m_z}{r^2}\right)r\right]\frac{D_y^2}{4i^2}-J_z^k$$

$$=\left[\frac{2\times1000+0.45\times1000+5\times0.34\times80\times2^2+2\times1.49\times80+80/2}{2}+(36+36+36)\times2\right]\frac{0.4^2}{4}$$

$$=74.09\text{kg}\cdot\text{m}^2$$

紧急制动空载时转动惯量

$$J_0^k=J_y+J_x^k=3.45+74.09=77.54\text{kg}\cdot\text{m}^2$$

紧急制动满载时转动惯量

$$J_0^g=J_y+J_x^g=3.45+90.97=94.42\text{kg}\cdot\text{m}^2$$

紧急制动空载时最大惯性转矩

$$M_j^k=\frac{J_0^k\varepsilon}{\eta}=\frac{77.54\times9.98}{0.85}=910.4\text{N}\cdot\text{m}$$

紧急制动满载时最大惯性转矩

$$M_j^g=\frac{J_0^g\varepsilon}{\eta}=\frac{94.42\times9.98}{0.85}=1108.6\text{N}\cdot\text{m}$$

紧急制动时轿厢空载上行的重边静态拉力：

$$T_{11}^k=\left(\frac{G_0+kQ_0}{r}+\frac{G_c}{2r}+n_sg_sH_t\right)g_n$$

$$=\left(\frac{1000+0.45\times1000}{2}+5\times0.34\times80\right)\times9.8=8437.8\text{N}$$

紧急制动时轿厢空载上行的轻边静态拉力：

$$T_{21}^k=\left(\frac{G_0}{r}+\frac{G_c}{2r}+\frac{n_cg_cH_t}{r}+\frac{n_tg_tH_T}{2r}\right)g_n$$

$$=\left(\frac{1000}{2}+\frac{2\times1.49\times80}{2}+\frac{1\times80}{2\times2}\right)\times9.8=6264.2\text{N}$$

紧急制动时轿厢空载制动转矩：

$$M_e^k=(T_{11}^k-T_{21}^k)\frac{D_y}{2\eta}=(8437.8-6264.2)\frac{0.4}{2\times0.85}=511.4\text{N}\cdot\text{m}$$

紧急制动时轿厢空载最大制动转矩：

$$M_0^k=M_e^k+M_j^k=511.4+910.4=1421.8\text{N}\cdot\text{m}$$

紧急制动时轿厢满载最大制动转矩：

$$M_0^g = M_e^g + M_j^g = 354.6 + 1108.6 = 1463.2\text{N} \cdot \text{m}$$

取算术平均值：

$$M_{cz} = \frac{M_0^k + M_0^g}{2} = \frac{1421.8 + 1463.2}{2} = 1442.5\text{N} \cdot \text{m}$$

## 第二节　安全钳的选型设计

安全钳装置是电梯安全保障设置的重要设施之一，其作用相当于汽车的紧急刹车制动。安全钳装置的作用是在电梯出现故障超速或自由落体下滑时，安全钳动作，以人体能承受的减速度下滑并制动在导轨上，保护乘客，避免乘坐人员受伤。因此，安全钳制动时应满足下列要求：

① 可靠地制动带有额定载荷的轿厢系统；

② 制动过程平衡；

③ 轿厢地板不过度倾斜，电梯整个设备完好。

对于不同用途、不同规格参数的电梯，安全钳分为两类：一类是瞬时式安全钳，主要用于低层、低速度载货电梯；另一类是渐进式安全钳；用于速度较高的乘客类电梯。

### 一、标准规定

① GB 7588—2003《电梯制造与安装安全规范》9.8.1 规定：轿厢应装有能在下行时动作的安全钳，在达到限速器动作速度时，甚至在悬挂装置断裂的情况下，安全钳应能夹紧导轨使装有额定载荷的轿厢制停并保持静止状态。

② GB 7588—2003《电梯制造与安装安全规范》9.8.2.1 规定：若电梯额定速度大于 0.63m/s，轿厢应采用渐进式安全钳；若电梯额定速度小于 0.63m/s，轿厢可采用瞬时式安全钳。

③ GB 7588—2003《电梯制造与安装安全规范》9.8.4 规定：在装有额定载荷的轿厢自由下落的情况下，渐进式安全钳制动时的平均减速度应为 $0.2g_n \sim 1.0g_n$。

④ GB 7588—2003《电梯制造与安装安全规范》规定：轿厢空载或载荷均匀分布的情况下，安全钳动作后轿厢地板的倾斜度不应大于其正常位置的 5%。

### 二、瞬时式安全钳的选型设计

瞬时式安全钳一般用于速度不大于 0.63m/s 的载货电梯或低层站的家用电梯。因为运行速度较低，只要求能可靠地制动带有额定载荷的轿厢系统并保证轿厢地板不过度倾斜，电梯整个设备完好，对是否能平衡制动没有具体数据要求。除安全部件的结构形式和安装尺寸外，安全部件生产厂提供的产品样本中一般都提供有 3 个参数供整机生产厂选用，3 个参数分别是：

① 额定速度 $V_0$；

② 总允许质量 $P+Q$；

③ 导轨宽度。

因此，根据技术开发任务书确认的速度、初步经验确定的导轨宽度和产品结构要求，选择好安全钳结构形式，计算出安全钳动作时的总质量 $G_0+Q_0$，即可正确地选用产品设计所需的安全部件。总允许质量计算时应考虑随行附加件的质量，即：

$$P+Q=G_0+Q_0+n_s g_s H_t+\frac{G_c}{2r} \tag{2-20}$$

计算了 $P+Q$ 值和确定了导轨的规格，为方便下一步导轨的计算分析，参照 GB 7588—2003《电梯制造与安装安全规范》附录 G2.3 的规定，计算瞬时式安全钳对导轨的作用力：

$$F_K=k_1 g_n(P+Q)=k_1 g_n\left(G_0+Q_0+n_s g_s H_t+\frac{G_c}{2r}\right) \tag{2-21}$$

式中，$k_1$ 为安全钳对导轨的冲击系数，可从标准附录 G2.3 的 G2 表格中查取。

▲ 某厂 2000kg 载货电梯，速度 0.5m/s，轿厢自重 1650kg，提升高度 15m，曳引比 1∶1，5 层/5 站/5 门，钢丝绳 $5\times\phi 13$，线密度 0.61kg/m，无补偿链。

总允许质量：

$$F=G_0+Q_0+n_s g_s H_t+\frac{G_c}{2r}=1650+2000+5\times 0.61\times 15=3696\text{kg}$$

选用某厂家 7103（2T）型号安全钳，根据型式试验报告，该安全钳适用于总质量 $P+Q\leqslant 5446$kg，额定速度不超过 0.63m/s 的电梯。

a. $v=0.50\text{m/s}<0.63\text{m/s}$，满足要求。

b. $P+Q=3696\text{kg}<5446\text{kg}$，满足要求。

## 三、渐进式安全钳的选型设计

### 1. 渐进式安全钳的选型计算

渐进式安全钳一般用于速度≥1.0m/s 的乘客类电梯或速度较高的载货电梯，因为运行速度相对较高，除了要能可靠地制动带有额定载荷的轿厢系统并保证轿厢地板不过度倾斜，还要保证电梯整个设备完好。安全部件生产厂提供的产品样本中，除安全部件的结构形式和安装尺寸外，一般都提供有 3 个参数供整机生产厂选用，3 个参数分别是：

① 额定速度 $V_0$；

② 总允许质量 $(P+Q)_1$；

③ 导轨宽度。

渐进式安全钳的选型首先按式（2-20）和式（2-21）求得总质量 $P+Q$ 和对导轨的冲击力 $F_k$ 值，再根据采用的安全钳结构形式，由设计产品的额定速度 $V_0$ 和初步选定的导轨宽度选定符合设计产品的安全钳，然后对选好的安全钳就制动距离和制动减速度进行验算。

自由落体距离应按 GB 7588—2003《电梯制造与安装安全规范》9.9.1 规定的限速器最大动作速度进行计算，公式如下：

$$h=\frac{v_1^2}{2g_n}+0.10+0.03 \tag{2-22}$$

式中 $h$——自由落体距离，m；

$v_1$——限速器动作速度，m/s；

0.10——相当于响应时间内运行的距离，m；

0.03——相当于夹紧件与导轨接触期间的运行的距离，m。

由此求得渐进式安全钳制动时的平均减速度：

$$a_{pc}=\frac{v_1^2}{2h}=\frac{(1.15V_0)^2}{2h} \tag{2-23}$$

然后判定：

$$0.2g_n \geqslant a_{pc} \geqslant 1.0g_n \tag{2-24}$$

**2. 渐进式安全钳的验算**

正常的选型设计，上述验算满足就可以了，因为安全部件生产厂家根据标准要求进行设计，并由权威机构进行了型式试验，出具了型式试验报告。但如果要判别安全钳提供的参数是否能满足产品设计，一是样机运行时进行安全钳动作试验，测试制动距离等相关数据，判断安全钳生产厂家产品的可靠性；二是根据安全钳生产厂家提供的型式试验时“距离-力图表”进行验算。

某安全部件生产厂家生产的安全钳提供参数如下：

a. 额定速度：$V_0$：0.25～1.75m/s

b. 总容许质量：$(P+Q)_1$：1350～2800kg

c. 导轨宽度：10mm、15.88mm、16mm

① 验算制停距离，从图中查得型式试验中试验制停距离 $h_1$，比较是否小于式（2-22）计算出来的 $h$：

$$h_1 \leqslant \frac{v_1^2}{2g_n}+0.10+0.03 \tag{2-25}$$

② 验算制动力，根据能量守恒定律，制动力做的功等于被制动体的动能和位置改变产生的势能。因此有：

$$F_{h1}h_1=\frac{v_1^2}{2}(P+Q)_1+(P+Q)_1h_1$$

两边除以 $h_1$：

$$F_{h1}=\frac{v_1^2}{2h_1}(P+Q)_1h_1+(P+Q)_1 \tag{2-26}$$

也可通过对“距离-力”图表积分求得制停力：

$$F_{h_1}h_1=\int_0^{h_1}f(h)\mathrm{d}h$$

两边除以 $h_1$：

$$F_{h_1}=\frac{\int_0^{h_1}f(h)\mathrm{d}h}{h_1} \tag{2-27}$$

标准附录 F3.3.3.1 认证用于单一质量的安全钳允许质量为：

$$(P+Q)_1=\text{制动力}/16$$

设标准规定的制动力为 $F_h$，则有：

$$F_h=16\,(P+Q)_1 \tag{2-28}$$

标准附录 F3.2.3.1 同时规定，试验值与规定值相比应在 25%范围内，因此有：

$$\frac{|F_h-F_{h1}|}{F_h}\geqslant 75\% \tag{2-29}$$

▲ 以某厂 $Q=1000\text{kg}$、$V=1.75\text{m/s}$、轿厢净空尺寸 $A\times B=1600\text{mm}\times1480\text{mm}$、开门宽度 $E=900\text{mm}$、提升高度 $H_t=80\text{m}$、型号 HWZ/K 的常用电梯为例。

该型号电梯选用 AQ10 渐进式安全钳，查安全钳型式试验报告，额定速度范围 0.5～2.5m/s，允许质量范围 1600～3000kg，限速器动作速度 0.58～3.22m/s，导轨导向面宽度 16mm。

(1) 验算制停距离：

$$\frac{v_1^2}{2g_n}+0.10+0.03=\frac{1.75^2}{2\times9.8}+0.1+0.03=0.286\text{m}=286\text{mm}$$

查 AQ10 安全钳型式试验报告，平均制动距离 $h_1=200\text{mm}<286\text{mm}$，满足要求。

(2) 验算制动力：

$$F_{h1}=\frac{v_1^2}{2h_1}(P+Q)h_1+(P+Q)$$

$$=\left[\frac{1.75^2}{2\times0.2}(1000+1000)\times0.2+(1000+1000)\right]\times9.8$$

$$=49617\text{N}$$

标准规定的制动力

$$F_h=16(P+Q)=16(1000+1000)\times9.8=313600\text{N}$$

$$\frac{|F_h-F_{h1}|}{F_h}=\frac{|313600-49617|}{313600}=84\%>75\%$$，满足要求。

HWZ/K 型电梯额定速度 $V=1.75\text{m/s}$、$P+Q=2000\text{kg}$、限速器动作速度 2.01m/s、轿厢导轨面宽 16mm，AQ10 安全钳满足使用要求。

## 第三节　限速器装置的选型设计

### 一、限速器装置结构原理

限速器装置由限速器、钢丝绳、涨紧装置三部分构成（图 2-3)。根据电梯安装平面布置图的要求，限速器一般安装在机房内（在无机房电梯中，限速器则安装在井道内）；涨紧装置位于井道底坑，用压导板固定在导轨上；钢丝绳把限速器和涨紧装置连接起来。零件5用来提拉安全钳传动链杆，轿厢系统超速时，使安全钳可靠制动在导轨上。因此限速器装置的选型必须连同限速器、钢丝绳、涨紧装置一起考虑。

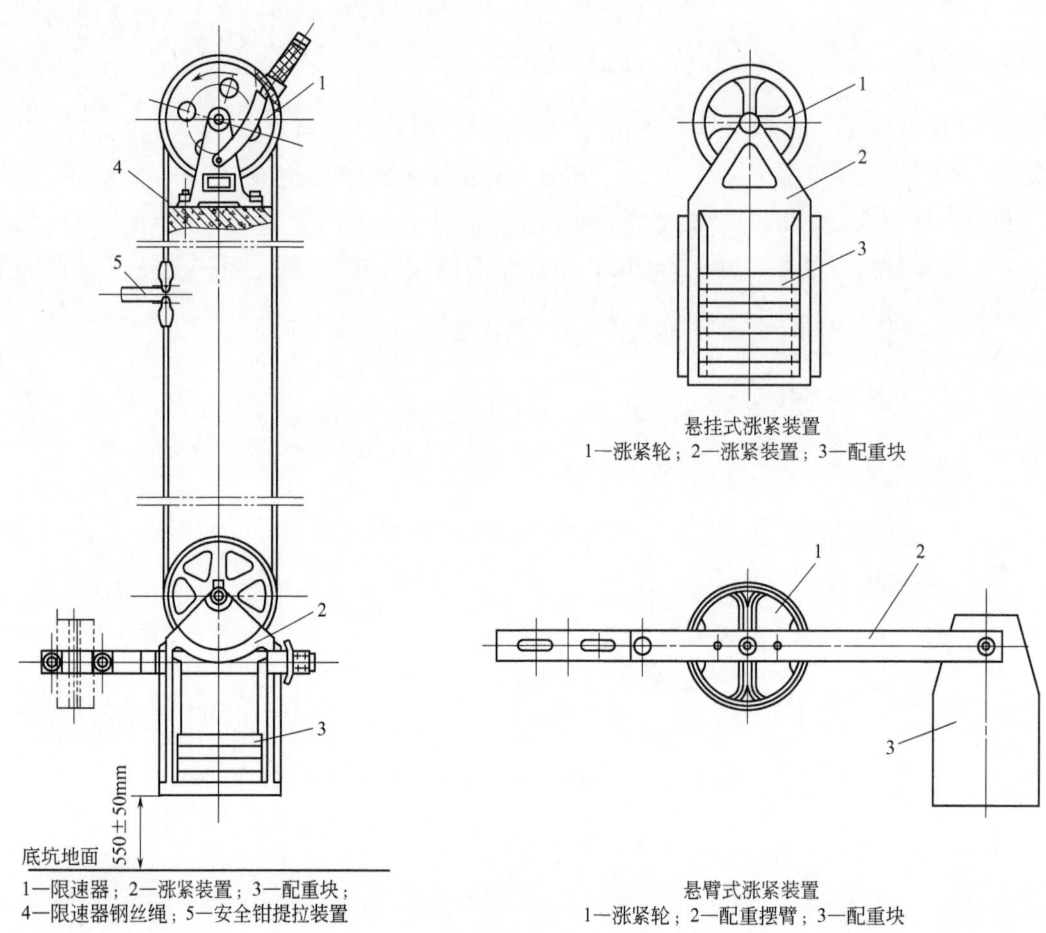


图 2-3 限速器装置结构图

## 二、限速器装置选型设计的标准要求

① GB 7588—2003《电梯制造与安装安全规范》中9.9.4条规定，限速器动作时，限速器绳的张力不得小于以下两个值的较大者：

a. 安全钳起作用所需力的2倍；

b. 300N。

② GB 7588—2003《电梯制造与安装安全规范》中9.9.6.2规定，限速器绳的最小破断载荷与限速器动作时产生的限速器绳的张力有关，其安全系数不应小于8。对于摩擦型限速器，则宜考虑摩擦系数$\mu_{max}=0.2$时的情况。

③ GB 7588—2003《电梯制造与安装安全规范》中 9.9.1 规定，操纵轿厢安全钳的限速器动作速度应发生在速度至少等于额定速度的 115%。

## 三、限速器装置选型设计装置选型设计

限速器在系统超速动作时，应有两点基本功能要求：

① 能可靠地提拉安全钳装置，使之将轿厢系统制停在导轨上；

② 轿厢继续滑行，限速器绳在绳轮上打滑，限速器装置应完好无损。

查找安全部件生产厂家产品样本，限速器和涨紧装置为选配提供的技术参数如下：

限速器

- 额定速度 $V_0$；
- 绳张紧力 $F$；
- 钢丝绳子直径；
- 绳轮节圆直径；
- 电梯提升高度。

涨紧装置

- 绳轮节圆直径；
- 钢丝绳直径；
- 张紧力；
- 适配限速器型号；
- 适配涨紧装置。

正常产品设计选型根据相应参数查找适配限速器和涨紧轮就可以了。但新产品研发和产品定型设计，则必须对选用的限速器装置进行计算分析和试验验证。

轿厢超过额定速度 115%运行时，限速器动作，轿厢继续向下滑行，限速器绳由于绳轮摩擦力的作用不再下行。限速器绳提供的拉力应能够克服安全钳及拉杆所需的提拉力，拉动安全钳拉杆，使安全钳作用在导轨上，可靠地制停电梯轿厢。由于渐进式安全钳的作用，轿厢继续下行一段距离，限速器绳应克服曳引力的作用，在限速器绳轮上滑动，此时各安全部件和限速器系统应不会损坏并在允许在安全范围内。因此，可分限速器绳在限速器绳轮上打不打滑两种情况进行验算。

**1. 保证安全钳系统可靠提拉的限速器绳提拉力**

摩擦型限速器动作后靠钢丝绳与绳轮之间的摩擦力提拉安全钳系统，所以钢丝绳要有一定的张力才能保证安全钳系统可靠提拉，张力的大小取决于绳槽当量摩擦系数、涨紧装置重量和电梯提升高度。限速器绳轮受力图如图 2-4 所示。

轿厢紧急制停时，要求限速器绳不打滑，限速器绳两边拉力满足欧拉公式$\frac{T_1}{T_z}\leqslant e^{f\alpha}$。由此求得限速器绳提拉力：

$$T_1\leqslant T_z e^{f\alpha} \tag{2-30}$$

式中　$T_z$——涨紧装置的涨紧力加上限速器绳的重量；

$T_1$——安全钳系统所需的提拉力。

对于经硬化处理的限速器绳轮 V 形槽，当量摩擦系数的计算可参照 GB 7588—2003《电梯制造与安装安全规范》中曳引力的计算：

$$f=\mu\frac{1}{\sin\frac{\gamma}{2}}$$

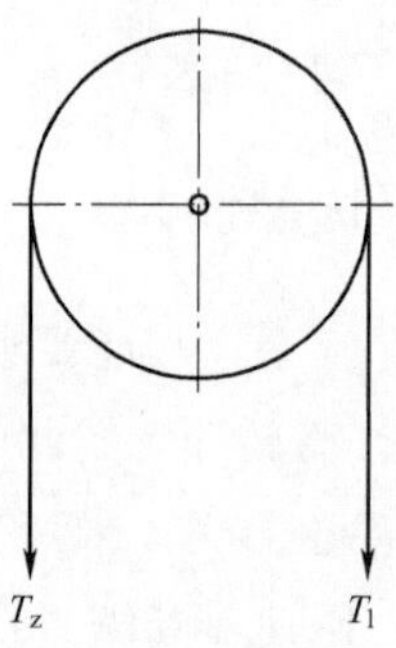


图 2-4　限速器绳轮受力图

$\mu$ 按紧急制动工况的摩擦系数进行计算：

$$\mu=\frac{0.1}{1+\frac{v}{10}}$$

**2. 限速器绳强度验算**

当限速器动作时，限速器绳提拉安全钳后在轿厢制动的过程中，由于绳轮已经停止转动，限速器绳在绳轮上滑动，此时满足欧拉公式 $\frac{T_1}{T_z}\geqslant e^{f\alpha}$。由此得到限速器打滑时的提拉力：

$$T_1\geqslant T_z e^{f\alpha} \tag{2-31}$$

按照 GB 7588—2003《电梯制造与安装安全规范》中 9.9.6.2 的要求，取摩擦系数 $\mu=0.2$，此时当量摩擦系数：

$$f=\frac{0.2}{\sin\frac{\gamma}{2}} \tag{2-32}$$

求得 $T_1$ 后，查相应限速器绳最小破断力 $\sigma_b$，再验算限速器绳的安全系数：

$$n_s=\frac{\sigma_b}{T_1}\geqslant 8 \tag{2-33}$$

▲ 以某厂 $Q=1000$kg、$V=1.75$m/s、提升高度 $H_t=80$m，型号 HWZ/K 的常用电梯为例。

该型号电梯配 XS3 型限速器，该型号限速器配置的涨紧装置涨紧重力 350N（$60\text{m}<H_t\leqslant 80\text{m}$）。限速器钢丝绳直径 $\phi$8mm，线密度 0.23kg/m，钢丝绳破断载荷 29.8kN。查 XS3 限速器技术规格参数，该限速器绳张紧力 800～1500N。

（1）限速器绳提拉力计算

限速器绳包角 $\alpha=180°=3.14$(rad)，限速器绳轮槽为带切口的 V 形槽，切口角 $\beta=100°=1.745$(rad)，$\gamma=40°=0.698$(rad)。

紧急制动工况摩擦系数　$\mu=\frac{0.1}{1+\frac{v}{10}}=\frac{0.1}{1+\frac{1.75}{10}}=0.085$

当量摩擦系数
$$f=\mu\frac{1}{\sin\frac{\gamma}{2}}=\frac{0.082}{\sin20^{\circ}}=0.249$$

根据该型号电梯配置表，提升高度80m、额定速度1.75m/s的电梯底坑深1.6m，顶层高度4.9m，限速器钢丝绳单边悬挂的长度86m，重量为：0.23×86×9.8=194N。

限速器绳张力
$$T_z=194+350/2=369\text{N}$$

限速器绳提拉力
$$T_1=T_z e^{f\alpha}=369\times e^{0.249\times3.14}=806\text{N}>2\times300\text{N}$$

（2）限速器绳强度计算

当量摩擦系数
$$f=\frac{0.2}{\sin\frac{\gamma}{2}}=\frac{0.2}{\sin20^{\circ}}=0.585$$

限速器绳打滑时提拉力
$$T_1=T_z e^{f\alpha}=369\times e^{0.585\times3.14}=2316\text{N}$$

限速器绳的安全系数
$$n_s=\frac{\sigma_b}{T_1}=\frac{29800}{2316}=12.9>8$$

所以该型号的限速器的提拉力及安全系数满足设计要求。

## 第四节　缓冲器的选型设计

缓冲器是电梯极限位置的最后一道安全装置，它设在井道底坑的地面上。在轿厢和对重装置下方的井道底坑地面上均设有缓冲器。在轿厢下方，对应桥架下梁缓冲板的缓冲器称轿厢缓冲器，对应对重架缓冲板的缓冲器称为对重缓冲器。同一台电梯的轿厢和对重缓冲器其结构规格是相同的。

若由于某种原因，当轿厢或对重装置超越极限位置，发生蹾底冲击缓冲器时，缓冲器将吸收或消耗电梯蹾底冲击的能量，使轿厢或对重安全减速直至停止。所以缓冲器是一种用来吸收或消耗轿厢或对重装置动能的制动装置。

电梯用缓冲器有两种主要形式：蓄能型缓冲器和耗能型缓冲器。常见的缓冲器有弹簧缓冲器、液压缓冲器和聚氨酯缓冲器三种。

### 一、缓冲器结构形式及种类

#### 1. 弹簧缓冲器

弹簧缓冲器也称蓄能型缓冲器，由缓冲橡胶、缓冲座、压缩弹簧和缓冲弹簧座等部分组成，其结构如图 2-5 所示。由于弹簧缓冲器受到撞击后需要释放弹性形变能，产生反弹，造成缓冲不平衡，因此只适用于额定速度 1m/s 以下的低速电梯。

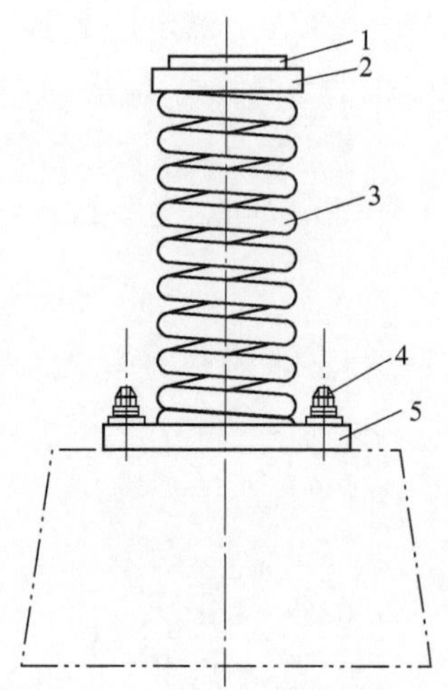


图 2-5　弹簧缓冲器的结构

1—缓冲橡皮；2—缓冲头；3—缓冲弹簧；4—地脚螺栓；5—缓冲弹簧座

**2. 液压缓冲器**

液压缓冲器也称耗能型缓冲器，其组成部分主要有缓冲垫、复位弹簧、柱塞、环形节流孔、变量棒及缸体等。其结构如图 2-6 所示。

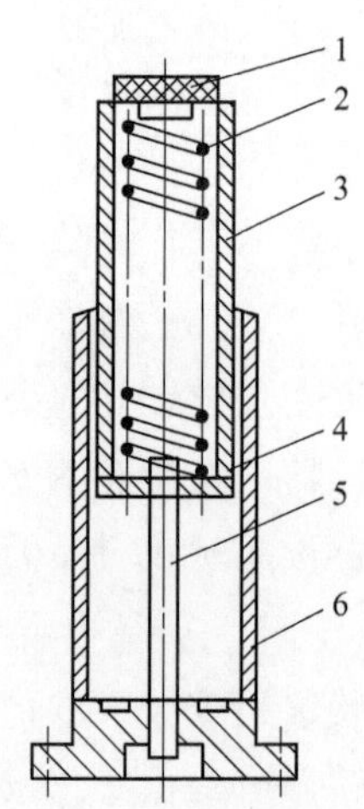


图 2-6　液压缓冲器的结构

1—缓冲垫；2—复位弹簧；3—柱塞；4—环形节流孔；5—变量棒；6—缸体

液压缓冲器是以油作为介质来吸收轿厢或对重装置动能的缓冲器。这种缓冲器比弹簧缓冲器要复杂得多，在它的液压缸内有液压油。当柱塞受压时，由于液压缸内的油压增大，使油通过油孔立柱、油孔座和油嘴向柱塞喷流。在油因受压而产生流动和通过油嘴向柱塞喷流过程中的阻力，缓冲了柱塞上的压力，起缓冲作用，是一种耗能式缓冲器。由于液压缓冲器的缓冲过程是缓慢、连续而且均匀的，因此效果比较好。耗能式缓冲器动作之后，柱塞应在120s内恢复到全伸长位置，如果复位弹簧或柱塞发生故障，不能按时恢复到位，或不能回到原来位置。下次缓冲器动作时就起不到缓冲作用。为了保证缓冲器柱塞处于全伸长位置，应装设缓冲复位开关以检查缓冲器的正常复位。

**3. 聚氨酯缓冲器**

它是一种新型缓冲器，具有体积小、重量轻、软碰撞、无噪声、防水、耐油、安装方便、易保养、好维护、可减小底坑深度等特点，近年来开始速度小于或等于1.0m/s在中低速电梯中应用。

## 二、缓冲器选型设计的标准要求

① GB 7588—2003《电梯制造与安装安全规范》中10.3.3条规定：蓄能型缓冲器（包括线性和非线性）只能用于额定速度1.0m/s的电梯。GB 7588—2003中10.3.5条规定：耗能型缓冲器可用于任何速度的电梯。

② GB 7588—2003《电梯制造与安装安全规范》中10.4.1.1.1条规定：蓄能型缓冲器可能的总行程至少等于相应于115%额定速度的重力制停距离的2倍，即$0.135v^2$(m)。此行程不应小于65mm。GB 7588—2003中10.4.1.1.2条规定，缓冲器的设计应能在静载荷为轿厢质量与额定载重量之和的2.5～4倍时达到10.4.1.1.1规定的行程。GB 7588—2003中10.4.3.1条规定：耗能型缓冲器可能的总行程应至少等于相应于115%额定速度的重力制停距离，即$0.674v^2$(m)。

③ GB 7588—2003《电梯制造与安装安全规范》中5.3.2.2条规定：轿厢缓冲器支座下的底坑地面应能承受满载轿厢载4倍载荷的作用力。

④ GB 7588—2003《电梯制造与安装安全规范》中10.4.3.3条规定：耗能型缓冲器应符合下列要求：

a. 当装有额定载重量的轿厢自由落体并以115%额定速度撞击轿厢缓冲器时，缓冲器作用期间的平均减速度不应大于1$g$；

b. 2.5$g$以上的减速度时间不应大于0.04s；

c. 缓冲器动作后，应无永久变形。

## 三、缓冲器的选型设计

**1. 安全部件生产厂家提供的选型参数**

一般安全部件生产厂家提供的缓冲器设计参数有：

① $H$ 行程；

② $H_1$ 自由高度（mm）；

③ 额定速度 $V$（m/s）；

④ 总容许质量$(P+Q)_1$，kg。

**2. 蓄能型缓冲器的选型设计**

首先计算出设计产品的$(P+Q)_1$值，判断计算值是否在缓冲器提供的总容许质量之间，即：

$$(P+Q)_{1\min} \leqslant (P+Q)_1 \leqslant (P+Q)_{1\max} \tag{2-34}$$

将计算出的$(P+Q)_1$值乘以$4g_n$，求出底坑地面承受的最大冲击力$F_{\max}$，用于底坑设计：

$$F_{\max}=4g_n(P+Q)_1 \tag{2-35}$$

然后根据蓄能型缓冲器提供的尺寸，计算缓冲器弹簧的刚度系数$K$：

$$K=\frac{4C-1}{4C-4}+\frac{0.615}{C} \tag{2-36}$$

$$C=\frac{D}{d}$$

式中　$D$——弹簧中心距直径；

$d$——弹簧丝直径。

计算最大撞击力作用时产生的位移：

$$X_{\max}=\frac{F_{\max}}{K} \tag{2-37}$$

判断最大撞击力作用时产生的位移是否小于标准要求的$0.135V^2$，即：

$$X_{\max} \leqslant 0.135V^2 \tag{2-38}$$

自由高度$H_1$用于井道底坑结构尺寸设计。

**3. 耗能型缓冲器的选型设计**

与蓄能型缓冲器的选型设计同理，首先计算出设计产品的$(P+Q)_1$值，判断计算值是否在缓冲器提供的总容许质量之间，即：

$$(P+Q)_{1\min} \leqslant (P+Q)_1 \leqslant (P+Q)_{1\max} \tag{2-34}$$

将计算出的$(P+Q)_1$值乘以$4g_n$，求出底坑地面承受的最大冲击力$F_{\max}$，用于底坑设计：

$$F_{\max}=4g_n(P+Q)_1 \tag{2-35}$$

根据速度要求，计算缓冲器行程是否满足标准要求：

$$0.0674v^2 \leqslant H\text{(耗能型缓冲器缓冲行程)} \tag{2-39}$$

计算平均减速度并判断是否在标准要求之内：

$$0.2g_n \leqslant \frac{(1.15v)^2}{2H} \leqslant 1.0g_n \tag{2-40}$$

若减速度不符合要求，则需另行选择缓冲器。

## 第五节　钢丝绳的选型设计

钢丝绳是电梯重要部件之一，钢丝绳本身就是一部复杂的机器（一位钢丝绳制造专家名言）。钢丝绳的性能是决定该电梯是否满足标准要求和性能优越的关键。专用强制性国家标准 GB 8903—2005《电梯用钢丝绳》对钢丝绳的结构、材料、制造方法、试验验证方法和各规格型号钢丝绳的强度极限等，都有详细的规定。GB 7588—2003《电梯制造与安装安全规范》对钢丝绳的使用条件和强度计算方法，在试验的基础上进行了准确详细的规定。因此，各生产厂在电梯定型设计过程，必须对钢丝绳的选型设计足够重视，甚至可以在允许的条件下做一些试验进行验证。

## 一、标准要求

GB 8903—2005《电梯用钢丝绳》主要针对钢丝绳制造厂对钢丝绳制作方面提出要求，GB 7588—2003《电梯制造与安装安全规范》则是对钢丝绳用于电梯设计或应用提出的要求。因此，这里主要引用 GB 7588—2003 标准要求。

(1) 钢丝绳应符合的要求

① 钢丝绳的公称直径应不小于 8mm。

② 钢丝的抗拉强度：

a. 对于单强度钢丝绳，宜为 1570MPa 或 1770MPa。

b. 对于双强度钢丝绳，外层钢丝宜为 1370MPa，内层钢丝宜为 1770MPa。

③ 钢丝绳的其他特性（延伸率、圆度、柔性、试验等）应符合 GB 8903—2005 的规定。

(2) 不论钢丝绳的股数多少，曳引轮、滑轮或滚筒的节圆直径与悬挂绳的公称直径之比不应小于 40。

(3) 悬挂绳的安全系数应按附录 N（标准的附录）计算。在任何情况下，其安全系数不应小于下列值：

① 对于 3 根或 3 根以上钢丝绳的曳引驱动电梯为 12；

② 对于用 2 根钢丝绳的曳引驱动电梯为 16；

③ 对于滚筒驱动电梯为 12。

安全系数是指装有额定载荷的轿厢停靠在最低层站时，一根钢丝绳的最小破断负荷（N）与这根钢丝绳所受的最大力之间的比值。

## 二、钢丝绳结构形式及相关参数

### 1. 钢丝绳结构形式及标注

钢丝绳是由中碳钢经多次拉丝，捻成小股，再由多股小股配以绳芯捻制而成。拉伸捻制过程，需经多次淬火、回火，捻制成型后，最后还需预拉并退火处理以消除残留应力。绳芯有麻芯、合成芯和钢芯等三种，因亚麻价格昂贵，现多用合成芯。电梯用钢丝绳为 6 股或 8 股，捻法为右交互捻、光面。抗拉强度有单强度和双强度两种。标注示例如下。

结构为 8×19 西鲁式，绳芯为纤维芯，公称直径为 13，钢丝绳公称抗拉强度为 1370/1770（1500）MPa，表面状态为光面，双强度配置，捻制方法为右交互捻的电梯用钢丝绳，标记为：

电梯用钢丝绳：13NAT8×19S+FC-1500（双）ZS-GB 8903—2005。

几种典型结构股钢丝绳的特点见表 2-3。

表 2-3 钢丝绳典型结构股的特点

| 类型 | 断面图 | 特点 | 缺点 |
| --- | --- | --- | --- |
| S<br>西鲁式<br>(SEALE) | 1×19S | •电梯普遍使用的结构<br>•外层粗的钢丝截面积大<br>•能经受更长时间的磨损才会断裂 | •柔韧性较差<br>•弯曲疲劳寿命不如瓦林吞式 |
| W<br>瓦林吞式<br>(WARRINGTON) | 1×19W | •用在带有圆形槽绳轮上，疲劳寿命比西鲁式结构钢丝绳的寿命高出 20%～40%<br>•每股中具有较多直径相近的较细钢丝，柔韧性较好<br>•钢丝绳疲劳弯曲寿命好<br>•尤其是多轮绕绳曳引传动电梯或液压电梯中疲劳弯曲性能更突出<br>• UK GERMANY 电梯钢丝绳用西鲁式和瓦林吞式两种结构 | •制造管理麻烦<br>•对工人操作要求较高<br>•耐磨性不如西鲁式 |
| FI<br>填充式<br>(FILLER WIRE) | 1×25Fi | •是一种特别的抗弯曲的钢丝排列结构<br>•对于外层具有 6～9 股，直径大，16mm 悬挂钢丝绳，应当使用此结构<br>•提高钢丝绳柔韧性<br>• CANADIAN 电梯绳标准推荐使用较多 | •股的实际几何缺陷将降低钢丝绳的使用寿命，尤其是填充丝直径不正确，支撑力不足时，情况更为严重<br>•建议 10mm 直径以下的钢丝绳不采用这种结构 |
| WS<br>瓦-西式<br>(WARRINGTON-SEALER) | 1×36WS | •直径超过 24mm 的补偿绳和直径超过 22mm 的悬挂绳推荐使用每股钢丝数量超过 25 根的瓦林吞-西鲁式股<br>•柔软度优于其他三种结构的股 | •不适于作悬挂绳和限速器绳<br>•制造管理麻烦<br>•对工人操作要求较高 |

**2. 钢丝绳选配参数**

钢丝绳生产厂家提供的钢丝绳样本一般以表格形式提供下列参数供使用者选用，以天津高盛钢丝绳有限公司（选用部分）为例，见表 2-4。

**表 2-4　钢丝绳部分选取参数**

| 产品型号 | 绳径/mm | 绳径公差/% | 强度等级/MPa | 最小破断载荷/kN | 参考重量/(kg/1000) | 其他性能 |
|---|---|---|---|---|---|---|
| BT812 | 6.0 | 0～+6 | 2160 | 27.7 | 15.0 | 表面硬度 HV0.5=440±20 |
| BT230 | 8.0 | +2～+6 | 1620/1770 | 30.8 | 21.8 | |
| BT790 | 8.0 | 0～+6 | 1770 | 37.4 | 23.0 | |
| BT852 | 8.0 | 0～+3 | 1570/1770 | 42.0 | 27.4 | |
| BT230 | 10.0 | +2～+6 | 1620/1770 | 48.1 | 34.5 | |
| BT633 | 10.0 | 0～+3 | 1570/1770 | 57.6 | 38.5 | |
| BT532 | 10.0 | −1～+4 | 1570/1770 | 59.5 | 40.7 | |

## 三、钢丝绳的强度校核

除载荷因素外，钢丝绳的强度和寿命与钢丝绳在曳引轮和导向轮上的反复弯曲次数，并与曳引轮绳槽的形状有关。因此 GB 7588—2003 中要求在钢丝绳的强度计算中，必须先计算悬挂绳的安全系数，而计算悬挂绳的安全系数则必须根据曳引轮绳槽的形状、导向轮的个数及弯曲情况，折算出滑轮的等效数量 $N_{eq}$，再根据曳引轮和钢丝绳直径比 $K_p$ 求得本次设计条件下钢丝绳允许的安全系数。计算方法可按附录 N 提供的公式计算或最小安全系数的计算曲线图查找。

**1. 滑轮的等效数量 $N_{eq}$**

弯曲次数以及每次弯曲的严重弯折程度不同，导致钢丝绳的破坏程度不同。同时绳槽的形状及是否有反向弯折也有影响。为便于试验分析，标准附录 N 定义，钢丝绳运行于一个半径比钢丝绳名义半径大 5%～6%的半圆槽为简单弯折。由曳引轮和导向轮分别折算出简单弯折数量，以此来确定钢丝绳安全系数的参数之一：

$$N_{eq}=N_{eq1}+N_{eq2} \tag{2-41}$$

式中　$N_{eq1}$——根据曳引轮绳槽形状确定的等效滑轮数量；

$N_{eq2}$——根据导向轮个数和弯曲方向确定的等效滑轮数量。

(1) 求曳引轮的等效滑轮数量 $N_{eq1}$。对曳引轮绳槽形状不带切口的 U 形槽 $N_{eq1}=1$，其余 V 形槽和切口槽可由 GB 7588 附录 N 中表 $N_1$ 查取。将表 $N_1$ 摘录如表 2-5。

表 2-5 $N_1$

| | | | | | | | | |
|---|---|---|---|---|---|---|---|---|
| V 形槽 | V 形槽角度值 $\gamma$ | — | 35° | 36° | 38° | 40° | 42° | 45° |
| | $N_{eq1}$ | — | 18.5 | 15.2 | 10.5 | 7.1 | 5.6 | 4.0 |
| U形/V形带切口槽 | 切口槽角度值 $\beta$ | 75° | 80° | 85° | 90° | 95° | 100° | 105° |
| | $N_{eq1}$ | 2.5 | 3.0 | 3.8 | 5.0 | 6.7 | 10.0 | 15.2 |

(2) 求导向轮的等效滑轮数量 $N_{eq2}$：

$$N_{eq2}=K_p(N_{ps}+N_{pr}) \tag{2-42}$$

式中 $N_{ps}$——引起简单折弯的滑轮数量；

$N_{pr}$——引起反向折弯的滑轮数量；

$K_p$——跟曳引轮和滑轮有关的系数。

而：

$$K_p=\left(\frac{D_t}{D_p}\right)^4 \tag{2-43}$$

式中 $D_t$——曳引轮直径；

$D_p$——除曳引轮外所有滑轮的平均直径。

要注意的是，反向折弯只有在钢丝绳与两个连续的静滑轮的接触点之间的距离不超过200倍时才考虑。

**2. 钢丝绳允许的安全系数**

钢丝绳允许的安全系数可由公式计算，或从 GB 7588 附录 N 中的图 $N_1$ 查取：

$$S_f=10^{\left(2.6834-\frac{x}{y}\right)} \tag{2-44}$$

式中：

$$x=\lg\left[\frac{695.85\times10^6N_{eq}}{\left(\frac{D_t}{d_t}\right)^{8.567}}\right] \tag{2-45}$$

$$y=\lg\left[77.09\left(\frac{D_t}{d_t}\right)^{-2.894}\right] \tag{2-46}$$

式中，$d_t$ 为钢丝绳直径。

若不想计算，而采用 $D_t/d_t$ 与等效滑轮数去附录 N 中的图 $N_1$ 查取，当有关数据不在对应曲线上时，可采用插值法处理。

**3. 钢丝绳的强度校核**

在前面的整体设计和计算分析中，已确定采用钢丝绳的直径和根数 $d_t$、$n_s$，并已求得轿厢满载位于底层时的 $(P+Q)_1$，再从选用钢丝绳生产厂家的样本中查出相应钢丝绳的最小破断载荷 $F_b$，令：

$$S_{ff}=\frac{n_sF_b}{(P+Q)_1} \tag{2-47}$$

判别：

$$S_{ff}\geqslant S_F \tag{2-48}$$

若不想进行如此繁复的计算，至少也应该满足 GB 7588—2003 中 9.2.2 条的最低要求。

## 四、如何选择合适的电梯钢丝绳

### 1. 选用钢丝绳一般需要确定的 10 项内容

① 结构类型、绳芯类型及规格尺寸

② 抗拉强度等级

③ 绳股捻制方向

④ 最小破断负荷

⑤ 润滑要求

⑥ 表面要求

⑦ 包装要求

⑧ 用途

⑨ 检验基本标准

⑩ 其他约定服务

### 2. 选用电梯钢丝绳类型的依据

① 根据长期实践的基础提供一些建议。

② 使电梯具有最佳的性能价格比。

③ 最终选择钢丝绳的型号主要根据实际经验予以确定。

### 3. 不同类型不同使用条件的电梯适用的钢丝绳类型

（1）曳引电梯的钢丝绳类型

参见表 2-6。

**表 2-6　曳引电梯的钢丝绳类型**

| 绳长度 | 钢丝绳结构类型 | | | | |
|---|---|---|---|---|---|
| | 使用频率 | | | 对电梯的舒适性要求高 | 经绕多绳轮 |
| | 极低/低 | 一般 | 高 | | |
| 40m 以下 | A | A | A | B | C |
| 40～100m | A | B | C | C | C |
| 100m 以上 | C | C | C | C | C |

注：A——一般配置钢丝绳；B—中等配置钢丝绳；C—高级配置钢丝绳。

对曳引电梯钢丝绳的要求：

a. 加入润滑剂量适量，能够保证驱动所需的摩擦力；

b. 直径公差较小；

c. 在允许范围内，外层钢丝的抗拉强度尽可能与绳轮硬度相匹配。

（2）液压电梯的钢丝绳类型

参见表 2-7。

表 2-7　液压电梯的钢丝绳类型

| 对使用寿命和维护的要求 | 钢丝绳结构类型 | | |
|---|---|---|---|
| | 使用频率 | | |
| | 低 | 一般 | 高 |
| 高 | D | D | E |
| 很高 | — | E | E |

注：D—中档配置钢丝绳；E—高档配置钢丝绳。

对液压梯用钢丝绳的特殊要求：

a. 润滑油多于曳引电梯钢丝绳，但不能过量；

b. 需要选择高抗拉强度等级的钢丝绳；

c. 钢丝绳直径公差和普通钢丝绳相同，即－0～＋5％。

（3）电梯平衡（补偿）钢丝绳类型

参见表 2-8。

表 2-8　电梯平衡（补偿）钢丝绳类型

| 绳直径 | 钢丝绳结构类型 |
|---|---|
| 20mm 以下 | F |
| 20mm 以上 | G |

注：F—一般配置钢丝绳；G—中高档配置钢丝绳。

对电梯平衡（补偿）钢丝绳的特殊要求：

a. 润滑剂用量高于曳引钢丝绳，但也不可过多；

b. 不需要高的抗拉强度，补偿绳的总抗拉强度低于牵引绳的总抗拉强度；

c. 钢丝绳直径公差要求和普通钢丝绳相同，即－0～＋5％；

d. 由于补偿绳会发生转动，必须使用纤维芯；

e. 由于植物纤维芯在潮湿环境中长度会缩短，必须采用人造纤维芯；

f. 不能使用同向捻钢丝绳。

**4. 电梯限速器钢丝绳类型**

① 通常选用 6×19S＋SFC、8×19S＋SFC 结构。

② 由于植物纤维芯在潮湿环境中长度会缩短，必须采用人造纤维芯。

**5. 电梯门机控制钢丝绳类型**

① 通常选用 6×19＋IWSC（金属股芯）。

② 对疲劳寿命要求较高。

③ 通常选用表面镀锌。

# 第三章　结构分析与计算

## 第一节　导向系统

### 一、导向系统概述

**1. 导向系统的组成**

不论是轿厢导向和对重导向，均由导轨、导靴和导轨支架组成（图 3-1、图 3-2）。

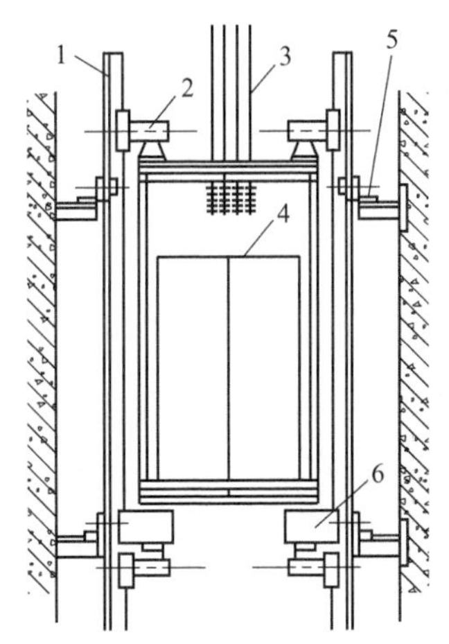


图 3-1　轿厢导轨系统

1—导轨；2—导靴；3—曳引绳；4—轿厢；5—导轨支架；6—安全钳

轿厢的两根导轨和对重的两根导轨限定了轿厢与对重在井道中的相互位置。导轨支架作为导轨的支撑件，被固定在井道壁。导靴安装在轿厢和对重架的两侧（轿厢和对重各装有 4 个导靴），导靴里的靴衬（或滚轮）与导轨工作面配合，使一部电梯在曳引绳的牵引下，一边为轿厢，另一边为对重，分别沿着各自的导轨做上、下运行，如图 3-1 和图 3-2 所示。

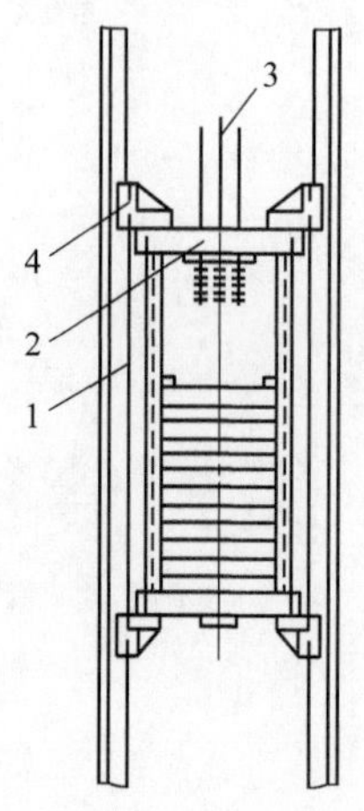


图 3-2 对重导向系统

1—导轨；2—对重；3—曳引绳；4—导靴

**2. 导向系统的功能**

导向系统的功能是限制轿厢和对重活动的自由度，使轿厢和对重只沿着各自的导轨做升降运动，使两者在运行中平稳。有了导向系统，轿厢只能沿着在轿厢左右两侧竖直方向的导轨上下运行。

**3. 导轨**

导轨对电梯的升降运动起导向作用，它限制轿厢和对重在水平方向的移动，保证轿厢与对重在井道中的相互位置，并防止由于轿厢偏载而产生倾斜。当安全钳动作时，导轨作为被夹持的支撑件，支撑轿厢或对重。

轿厢或对重各自应至少由两根刚性导轨进行导向。导轨是确保电梯轿厢和对重装置在预定位置做上下垂直运行的重要机件。导轨加工生产和安装质量的好坏，直接影响着电梯的运行效果和乘坐舒适感。国内电梯产品使用的导轨分 T 形导轨和空心导轨两种，空心导轨只限用于对重系统。两种导轨的横截面形状如图 3-3 所示。

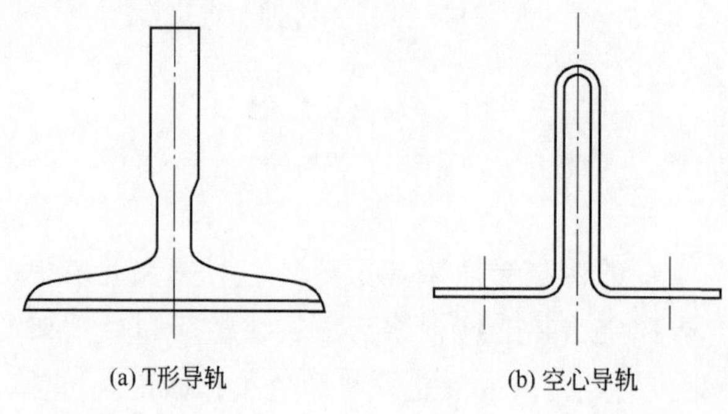


图 3-3 导轨结构截面图

国家标准GB/T 22562—2008中，对电梯T形导轨的几何形状、主要参数尺寸、加工方法、形位公差、检验规则等都做了明确规定。T形导轨是目前我国电梯中使用最多的导轨。表3-1是我国T形导轨的主要规格参数。

**表3-1　标准T形导轨规格** mm

| 规格标志 | $B$ | $H$ | $K$ |
|---|---|---|---|
| T45/A | 45 | 45 | 5 |
| T50/A | 50 | 50 | 5 |
| T70-1/A | 70 | 65 | 9 |
| T70-2/A | 70 | 70 | 8 |
| T75-1/A | 75 | 55 | 9 |
| T75-2/A(B) | 75 | 62 | 10 |
| T82/A(B) | 82.5 | 68.25 | 9 |
| T89/A(B) | 89 | 62 | 15.88 |
| T90/A(B) | 90 | 75 | 16 |
| T125/A(B) | 125 | 82 | 16 |
| T127-1/B | 127 | 88.9 | 15.88 |
| T127-2/A(B) | 127 | 88.9 | 15.88 |

注：A—冷拉导轨；B—机加工导轨。

每根导轨的长度一般为3～5m。对导轨进行连接时不允许采用焊接或用螺栓连接，而是将导轨接头处的两个端面分别加工成凹凸样槽，互相对接好，背后再附设一根加工过的连接板（长约250mm，厚为10mm以上，宽与导轨相适应），每根导轨至少用4个螺栓与连接板固定。

导轨在井道底坑的稳固方式和导轨接头的连接方式一般如图3-4所示。

**4. 导轨支架**

导轨支架是固定导轨的机件，按电梯安装平面布置图的要求，固定在电梯井道内的墙壁上。每根导轨上至少应设置两个导轨支架，各导轨支架之间的间隔距离应不大于2.5m。

导轨支架在井道墙壁上的固定方式有埋入式、焊接式、预埋螺栓固定式、涨管螺栓固定式和对穿螺栓固定式五种。固定导轨用的导轨支架应用金属制作，不但应有足够的强度，而且可以针对电梯井道建筑误差进行弥补性的调整。较常见的轿厢导轨用可调支架，如图3-5所示。

导轨和导轨支架与电梯井道建筑之间的固定，应具有自动的或调节简便的功能，以利于解决由于建筑物正常沉降、混凝土收缩以及建筑偏差等问题。一般采用压道板把导轨固定在导轨支架上，如图3-6所示。两压道板与导轨之间为点接触，使导轨能够在混凝土收缩或建筑沉降时比较容易地在压道板之间滑动。

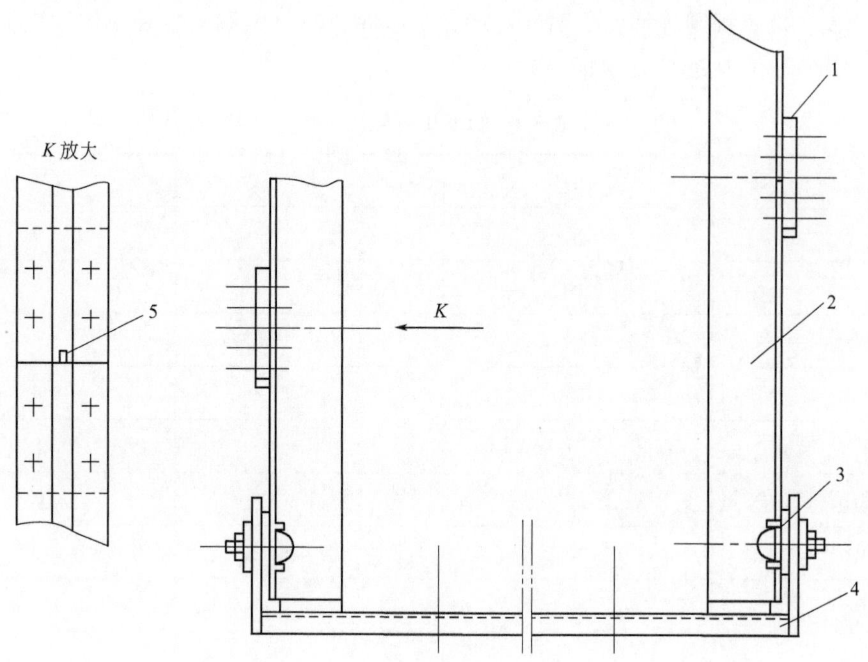


图 3-4 导轨稳固和导轨接头连接方式

1—导轨连接板；2—导轨；3—导轨压码；4—导轨固定座；5—导轨接头

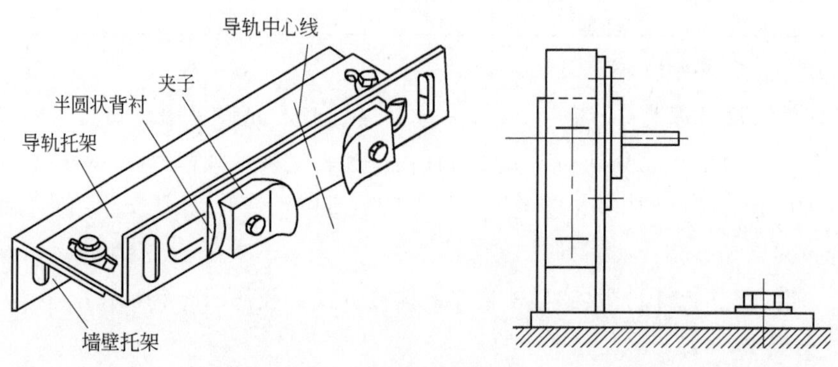


图 3-5 导轨支架图

导轨及其附件应能保证轿厢与对重（平衡重）间的导向，并将导轨的变形限制在一定的范围内。不应出现由于导轨变形过大导致门的意外开锁、安全装置动作及移动部件与其他部件碰撞等隐患，确保电梯安全运行。

## 二、导向系统及导轨相关国家标准规定

### 1. 导轨的作用力

假定安全装置在导轨上的作用力是同时的，并且制动力平均分配。

G2.1（GB 7588—2003 附录 G，下同）空载轿厢及其支承的部件，如柱塞、部分随行

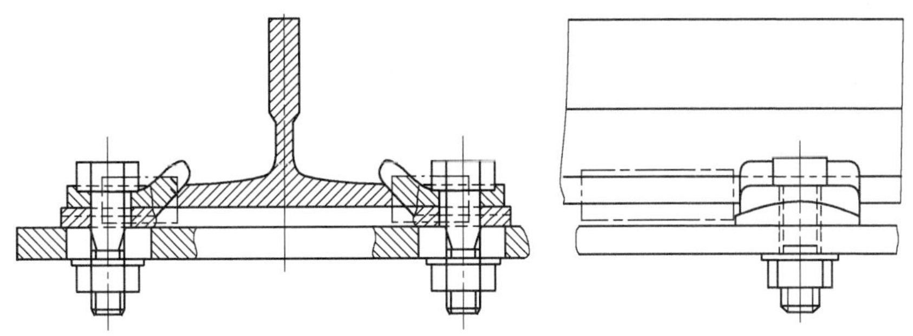

图 3-6　导轨与导轨支架连接示意图

电缆、补偿绳或链（如有），其重量作用于本身的重心 $P$。

G2.2 在“正常使用”和“安全装置作用”的工况，根据 8.2 的内容如 G7 的例子那样按最不利的情况均匀分布在 3/4 的轿厢面积上。

安全装置作用时按 G2 和 G3 及表 2 的规定验算。

G2.5 轿厢装卸载时，作用于地坎的力 $F_s$ 假设作用于轿厢入口的中心，力的大小如下。

对于额定载重量小于 2500kg 的私人住宅电梯、办公楼、宾馆、医院等处使用的电梯：

$$F_s=0.4g_nQ$$

对于额定载重量小于 2500kg 的电梯：

$$F_s=0.6g_nQ$$

叉车装载的对于额定载重量不小于 2500kg 的电梯：

$$F_s=0.85g_nQ$$

施加该力时，认为轿厢是空载。当轿厢有多个出口时，只按照最不利的情况计算地坎受力。

**2. 导轨的许用应力及许用变形**

许用应力按 GB 7588 中 10.1.2.1 规定对照相应导轨材料选用，如表 3-2 和表 3-3 所示。

符合 JG/T 5072.1S 要求的导轨，许用应力值 [σ] 可使用表 3-3 的规定值。

**表 3-2　导轨材料性能表**

| 载荷情况 | 延伸率($A_s$) | 安全系数 |
|---|---|---|
| 正常使用 | $A_s\geqslant12\%$ | 2.25 |
|  | $8\%\leqslant A_s<12\%$ | 3.75 |
| 安全钳动作 | $A_s\geqslant12\%$ | 1.8 |
|  | $8\%\leqslant A_s<12\%$ | 3.0 |

表 3-3　导轨许用应力表

| 载荷情况 | $R_m$/MPa | | |
|---|---|---|---|
| | 370 | 440 | 520 |
| 正常使用 | 165 | 195 | 230 |
| 安全钳动作 | 205 | 244 | 290 |

## 三、导轨验算

标准对导轨各工作工况、受力情况、力学分析和计算方法、许用应力和挠度等进行了详细规定，正常套用标准提供的方法进行验算即可。因标准的严谨和规范，涉及面广，可能导致初学者无从入手的感觉。下面先从主导轨入手，根据可能的导轨受力最严重工况分析，问题变得十分简单。

### 1. 工作工况及对应受力情况

根据标准附录表 G1 规定的工况，液压电梯设计另行考虑：$G$ 为对重系统上附着件因安装不在对重系统重心而对副导轨产生的偏心矩，因此设计时尽量考虑对中重心，设计计算时在对副导轨的分析中处理，不对主导轨产生作用；作用力 $M$ 是曳引机或其他受力部件安装在导轨上的作用力，标准定型设计也暂不考虑；风荷载 $W_L$ 在中、低速电梯设计时也可忽略。这样得到三种工况及对应受力情况如下：

① 正常运行工况，作用力只有 $P$、$Q$，只有 $Q$ 分布轿厢 3/4 面积的偏载产生偏载弯矩对导轨产生弯曲应力；

② 装卸载工况，只有装载力作用于轿厢地坎入口中心的力 $F_s$ 产生的偏载弯矩对导轨产生弯曲应力；

③ 安全钳制动工况，既有 $Q$ 分布轿厢 3/4 面积的偏载产生偏载弯矩对导轨产生弯曲应力，也有安全钳制动时对导轨产生的正压力作用。

工况①和②都是正常使用工况，因为偏载的作用对导轨产生弯曲应力和变形，只需判断哪种工况导靴对导轨的作用力大，就可以对导轨进行强度和刚度验算。所以只要分正常使用和安全装置动作两种情况进行验算即可。

### 2. 正常使用工况

（1）轿厢前后偏载导靴作用在导轨上的力

如图 3-7 所示。

图中　$x_{03}$——轿厢地坎至轿架中心的距离，已在偏载分析中求得；

$h_a$——上下导靴之间的距离；

$b_1$——地坎加前围板的尺寸。

根据图 3-7 前后偏载情况，求得：

$$F_{by1}=Q_0\left(x_{03}-b_1-\frac{3}{8}B\right)/(2h_a) \tag{3-1}$$

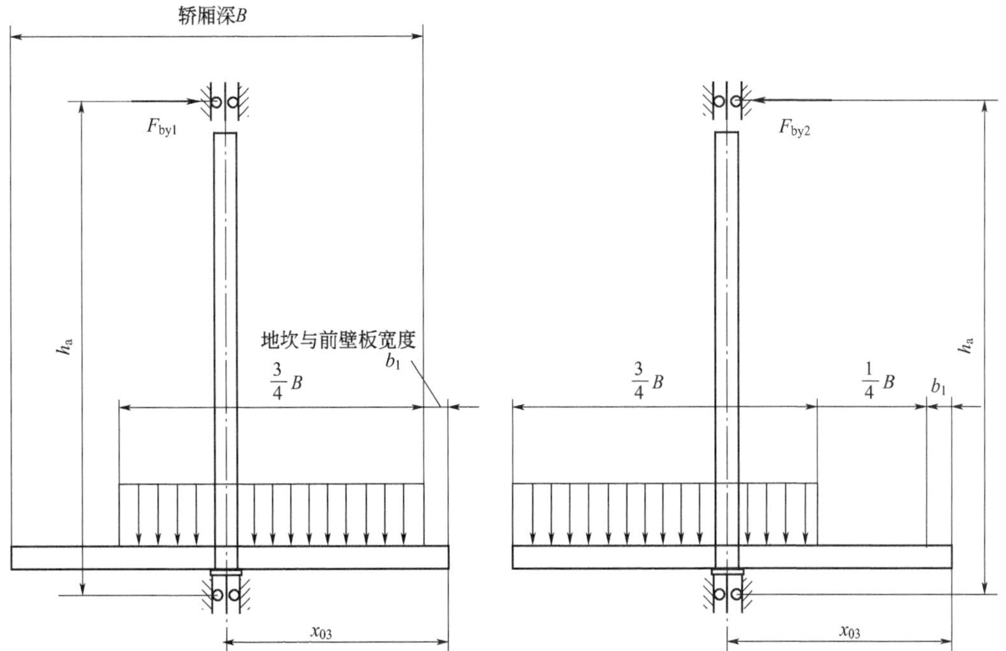


图 3-7　轿厢前后偏载受力分析图

$$F_{by2}=Q_0\left(\frac{5}{8}B+b_1-x_{03}\right)/(2h_a) \tag{3-2}$$

(2) 轿厢左右偏载导靴作用在导轨上的力

如图 3-8 所示。

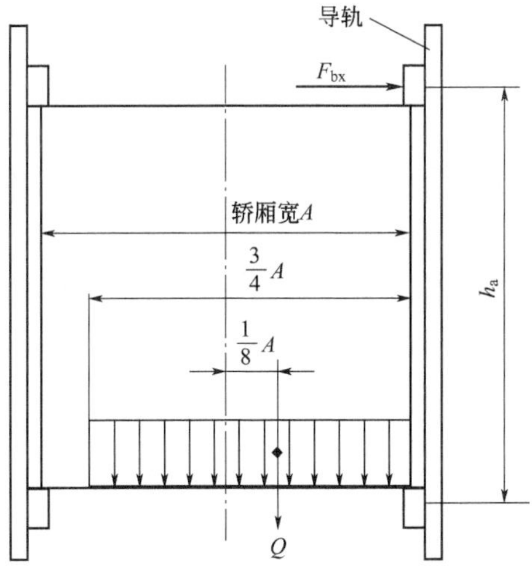


图 3-8　轿厢左右偏载受力分析图

根据图 3-8 前后偏载情况，求得：

$$F_{bx}=\frac{AQ_0}{16h_a} \tag{3-3}$$

(3) 轿厢装卸载荷导靴作用在导轨上的力

如图 3-9 所示。

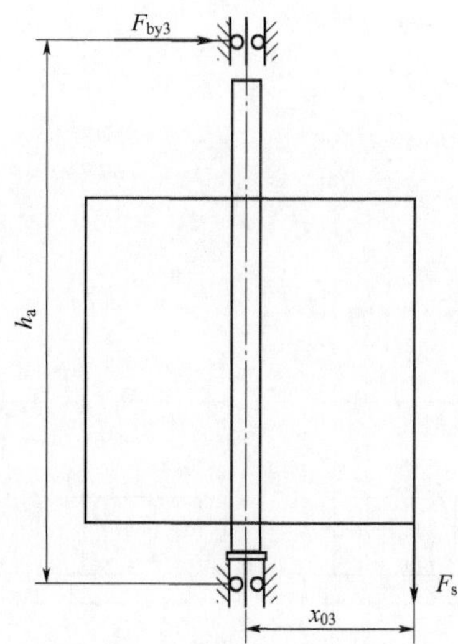


图 3-9　轿厢装卸载荷受力分析图

图中，$F_s$ 为装卸时产生的偏载力。乘客电梯 $F=0.4g_nQ_0$；载货电梯 $F=0.6g_nQ_0$；汽车电梯 $F=0.85g_nQ_0$。

根据图 3-9 前后偏载情况，求得：

$$F_{by3}=\frac{F_s x_{03}}{2h_a} \tag{3-4}$$

（4）强度和刚度分析

在正常使用工况下，前面分析的各种作用力不叠加作用，因此，将（1）和（3）分析的作用力 $F_{by1}$、$F_{by2}$ 和 $F_{by3}$ 比较，得出最大值 $F_{by}$，验算导轨 $y$ 方向的强度与刚度；用（2）分析的作用力 $F_{bx}$ 验算导轨 $x$ 方向的强度与刚度即可。

① 导轨 $x$ 方向的强度和刚度验算　该工况下要验算的有导轨强度、翼缘弯曲应力和 $x$ 方向的刚度。现在的导轨均为 Q235A 钢制作，标准已列出强度限为 370MPa，安全系数为 2.25，许用应力$[\sigma]=165$MPa。标准同时规定许用应力挠度$[\delta]=5$mm。导轨强度、翼缘弯曲应力和 $x$ 方向的刚度如下。

导轨强度：

$$\sigma_{mx}=\frac{M_m}{W_x} \qquad M_m=\frac{3F_{bx}l}{16} \tag{3-5}$$

式中　$\sigma_{mx}$——弯曲应力，N/mm²；

$M_m$——弯矩，N·mm；

$W_x$——导轨 $x$ 方向的截面抗弯模量，mm³；

$F_{bx}$——由（2）计算出的导靴作用在导轨上 $x$ 方向的作用力；

$l$——导轨支架间距；

$\frac{3}{16}$——按连续梁考虑载荷分配系数，简支为$\frac{1}{4}$。

翼缘弯曲应力：

$$\sigma_{p}=\frac{1.85F_{bx}}{c^{2}} \tag{3-6}$$

式中 $\sigma_p$——局部翼缘弯曲应力，$N/mm^2$；

$c$——导轨导向部分与底部连接部分的宽度，mm。

$y$ 方向的挠度：

$$\delta_{y}=0.7\frac{F_{bx}l^{3}}{48EI_{x}} \tag{3-7}$$

式中 $\delta_y$——$y$ 轴上的挠度；

$I_x$——$x$ 轴上的截面惯性矩，$mm^4$；

$E$——弹性模量，$E=2.06\times10^9$MPa。

② 导轨 $y$ 方向的强度和刚度验算

导轨强度：

$$\sigma_{my}=\frac{M_{m}}{W_{y}} \quad 而 \quad M_{my}=\frac{3F_{by}l}{16} \tag{3-8}$$

$x$ 方向的挠度：

$$\delta_{x}=0.7\frac{F_{by}l^{3}}{48EI_{y}} \tag{3-9}$$

③ 强度和刚度校核

强度校核：

$$\sigma_{mx}或\sigma_{my}或\sigma_{p}\leqslant[\sigma]=165\text{MPa} \tag{3-10}$$

刚度校核：

$$\delta_{x}或\delta_{y}\leqslant[\delta]=5\text{mm} \tag{3-11}$$

**3. 安全钳制动工况**

安全钳制动工况条件是：在“正常使用、运行”的工况下，轿厢垂直方向的移动质量 $P+Q$ 乘以冲击系数 $k_2$，由于电气安全装置动作或突然断电引起的制动器紧急制动。此时，作用于导轨的载荷有额定载荷在 3/4 面积分布引起的偏载和 $P+Q$ 突然制动引起的冲击力，两者叠加作用。额定载荷在 3/4 面积分布引起的偏载所产生的作用力和挠度在正常使用工况中已经分析和计算；冲击载荷为正压力，计算中 $\omega$（压弯稳定系数）已考虑稳定作用，对导轨的挠度不再产生影响，因此，只需将分析计算冲击力产生的正应力 $\sigma_k$ 分别与 $\sigma_{mx}$和 $\sigma_{my}$叠加，判断是否满足强度要求即可。此时导轨材料的安全系数为 1.8，$[\sigma]=205$MPa。

制动时产生的冲击力为：

$$F_{k}=\frac{k_{1}g_{n}(P+Q)_{1}}{n} \tag{3-12}$$

式中 $k_1$——根据 GB 7588—2003《电梯制造与安装安全规范》附录 G 中表 G2 选取；

$n$——导轨的根数。

冲击载荷引起的压应力为：

$$\sigma_k=\omega\frac{F_k}{A} \tag{3-13}$$

式中　$A$——导轨的横截面积；

$\omega$——压弯稳定系数。

这里要注意的是，$\omega$ 值对导轨 $x$ 轴及 $y$ 轴方向由于 $x$ 轴及 $y$ 轴方向的回转半径值不同而不一样，导轨 $x$ 轴及 $y$ 轴方向 $\omega$ 值由导轨 $x$ 轴及 $y$ 轴方向的 $\lambda_x$ 和 $\lambda_y$ 柔度系数确定：

$$\lambda_x=\frac{l}{i_{x-x}} \qquad \lambda_y=\frac{l}{i_{y-y}} \tag{3-14}$$

式中　$i_{x-x}$和 $i_{y-y}$——分别为导轨 $x$ 轴和 $y$ 轴方向回转半径。

对应的 $\omega_x$ 和 $\omega_y$ 分别由 $\lambda_x$ 和 $\lambda_y$ 从 GB 7588 附录 G 中表 G3 查取。因此有：

$$\sigma_{kx}=\omega_x\frac{F_k}{A} \qquad \sigma_{ky}=\omega_y\frac{F_k}{A} \tag{3-15}$$

强度校核：

$$\sigma_{mx}+\sigma_{kx}\leqslant[\sigma]=205\text{MPa} \tag{3-16}$$

$$\sigma_{my}+\sigma_{ky}\leqslant[\sigma]=205\text{MPa} \tag{3-17}$$

式中，$\sigma_{mx}$已在式（3-5）计算得知；$\sigma_{my}$ 按式（3-8）计算。要注意的是，按式（3-8）计算 $\sigma_{my}$ 时，$F_{by}$ 只取 $F_{by1}$ 和 $F_{by2}$ 之间的最大值，不考虑 $F_{by3}$ 的作用。式（3-16）和式（3-17）计算结果，支架均满足要求，则表示该工况导轨强度满足要求。

**4. 导轨支架的强度和刚度校核**

前面已经计算出导轨两导向面的最大受力为 $F_{bx}$ 和 $F_{by}$，安全钳制动力作用在垂直方向，分析中已考虑稳定问题，所以不再考虑对导轨支架的作用。按最不利导靴对导轨作用力的位置，设导靴对导轨的作用力作用在导轨支架位置，因此有：

$$F_x=F_{bx} \qquad F_y=F_{by} \tag{3-18}$$

导轨的受力如图 3-10 所示。

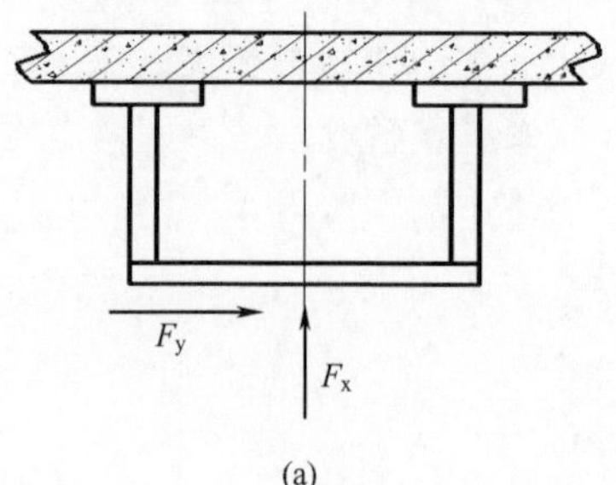

(a)

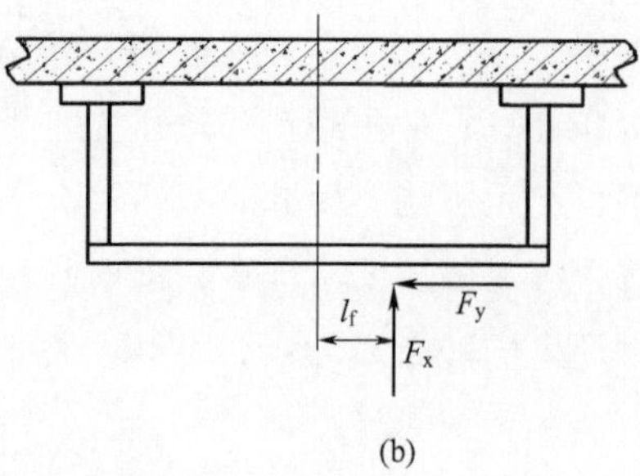

(b)

图 3-10　导轨支架受力图

图 3-10(b) 为对重侧置时的支架受力情况，$l_f$ 为轿架中心与对重中心之间的距离。根据图 3-10 受力情况，设计导轨支架，并校核焊缝强度及与墙体的连接强度。支架两根立柱与横梁之间的支承形式根据连接方式可考虑为固支或简支。简支为静定问题，固支为超静定问题，是最常见的力学结构，读者可自行分析，不再在这里叙述。

## 四、导轨及支架等的优化设计

上面只是在已选定导轨和设定导轨支架间距的情况下，被动地对导轨的强度和刚度进行了校核。如果已知受力条件的情况，可通过计算来选择导轨规格和确定导轨支架间距，而且要使其在满足标准要求的前提下，原材料成本最省，需要用优化设计的手段来解决。

式 (3-10)、式 (3-11)、式 (3-16) 和式 (3-17) 在选定导轨和导轨支架间距的情况下，对导轨可能的最严重工况的强度和刚度进行了计算。如果不选定导轨和设定导轨支架间距，设式 (3-10)、式 (3-11)、式 (3-16) 和式 (3-17) 所计算的应力或挠度都达到满应力或最大挠度，即使：

$$\left.\begin{array}{l}\sigma_{mx}\text{或}\sigma_{my}\text{或}\sigma_{p}=165\text{MPa}\\ \delta_{x}\text{或}\delta_{y}=5\text{mm}\\ \sigma_{mx}+\sigma_{kx}=205\text{MPa}\\ \sigma_{my}+\sigma_{ky}=205\text{MPa}\end{array}\right\} \tag{3-19}$$

由 4 个公式表示的式 (3-19) 得知，每个公式中都只有两个未知数，即导轨截面参数和导轨支架间距。设定某一个参数，例如确定导轨支架间距为 2500mm，即可求得另一个未知数导轨截面参数，从而查得其对应的导轨型号。表达形式为：

$$l=f(A,J_x,J_y,W_x,W_y,i_x,i_y) \tag{3-20}$$

要注意的是，导轨支架间距 $l$ 对导轨截面参数的表达式不是 1 个，而是 7 个。对应一个导轨支架间距 $l_i$ 值，就可以求得一组 $A_i$、$J_{xi}$、$J_{yi}$、$W_{xi}$、$W_{yi}$、$i_{xi}$、$i_{yi}$ 值，从而确定相应采用的导轨规格。

作用于导轨支架的作用力是由各种可能工况的偏载产生的，当设计产品的基本参数确定后，作用于导轨支架的作用力 $F_{bx}$、$F_{by}$是一定的，不受导轨支架间距大小的影响。导轨支架按 $F_{bx}$、$F_{by}$受力情况设计后不再变化。设成本最低为优化目标，每当支架成本为 $s_1$ (元/挡)，导轨成本为 $s_2$ (元/米)，按一边计算，则有导轨及支架总成本：

$$s_0=\left(\frac{H}{l_i}+1\right)s_1+Hs_2 \tag{3-21}$$

式中 $H$——井道总高；

$l_i$——对应 $i$ 计算步骤的导轨支架间距。

求 $s_0$ 最小，即得最低成本的导轨规格和支架挡数。

按标准要求，导轨支架间距不得大于 2500mm。让导轨支架间距 $l_i$=1500～2500mm 之间变化，步长 5mm，编制一简单的程序，即可求得成本最低的导轨支架间距和对应导轨规格。简单程序框图如图 3-11 所示。

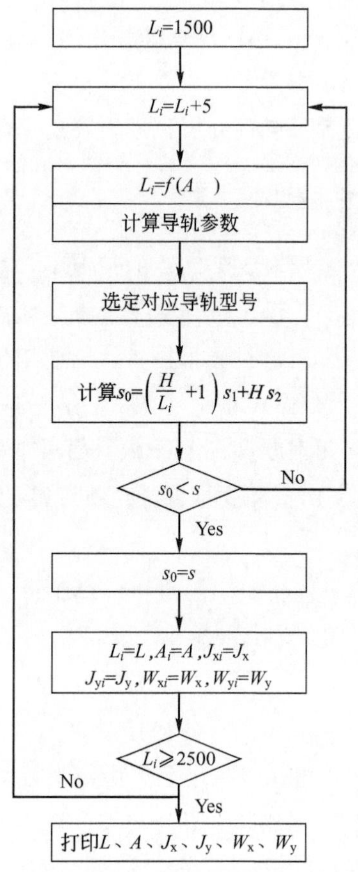


图 3-11　求最低成本的导轨支架和导轨规格的程序框图

## 五、导轨连接板的优化

贯穿整个井道高度的导轨，在前面的分析中，一直是作为连续梁考虑的。在导轨连接处导轨是断裂的，并由导轨连接板进行连接。连接处是否和导轨等强度和等刚度，因为连接板的宽度与导轨底面宽度一致，因此连接板的厚度是决定导轨等强度和等刚度的唯一因素。

设导轨底面宽度为 $b_t$、连接板厚度为 $\delta$，则导轨连接板相对于导轨 $x$ 方向和 $y$ 方向的截面惯性矩分别为：

$$J_{\delta x}=\frac{b_t\delta^3}{12} \qquad J_{\delta y}=\frac{b_t^3\delta}{12} \tag{3-22}$$

导轨 $x$ 方向和 $y$ 方向的截面惯性矩分别为 $J_x$ 和 $J_y$，让导轨连接板 $x$ 方向和 $y$ 方向的截面惯性矩分别等于导轨 $x$ 方向和 $y$ 方向的截面惯性矩，则表示导轨与连接板等强度和等刚度。因此有：

$$\delta=\sqrt[3]{\frac{12J_x}{b_t}} \qquad \delta=\frac{12J_y}{b_t^3} \tag{3-23}$$

式（3-23）中求得两个 $\delta$ 值，选大的一个值，即为求得的连接板厚度。

大多数中小厂家为降低成本，盲目减小连接板的厚度，不符合设计要求，而井道整根导轨也达不到等强度和等刚度要求。

▲ 以某厂 $Q=1000\text{kg}$、$V=1.75\text{m/s}$ 、轿厢净空尺寸 $A\times B=1600\text{mm}\times1480\text{mm}$、型号 HWZ/K 的常用电梯为例。

本电梯轿厢导轨使用 T89/B 导轨：

a. 按材料抗拉强度 370MPa 的导轨；

b. 许用应力值（安全钳动作）$\sigma_{\text{perm}}=205\text{MPa}$；

c. 导轨截面积 $A=15.70\text{cm}^2$；

d. 导向部分与底部连接的宽度 $c=10\text{mm}$；

e. 横截面的惯性半径 $i_x=1.98\text{cm}$，$i_y=1.84\text{cm}$；

f. 横的截面模量 $W_x=14.50\text{cm}^3$，$W_y=11.9\text{cm}^3$；

g. 横截面的惯性矩 $I_x=59.70\text{cm}^4$，$I_y=53.00\text{cm}^4$；

h. 导轨支架最大间距（压弯长度）$l=l_k\leqslant240\text{cm}$；

i. 细长比 $\lambda=\dfrac{l_k}{i_x}=\dfrac{240}{1.98}=121$，得 $\omega=0.00016887\times\lambda^{2.00}=2.47$；

j. 导轨的两个方向上最大允许变形是 $\delta_{\text{perm}}=5\text{mm}$；

k. 轿厢导靴之间距离 $h_a=3900\text{mm}$；

l. 冲击系数 $k_1=2.0$；（渐进式安全钳）；

m. 导轨数量 $n=2$；

n. 轿厢地坎至轿架中心的距离 $x_{03}=773\text{mm}$；

o. 地坎加前围板的尺寸 $b_1=140\text{mm}$。

轿厢前后偏载导靴作用在导轨上的力根据图 3-7 求得：

$$F_{\text{by1}}=Q_0\left(x_{03}-b_1-\frac{3}{8}B\right)/(2h_a)$$

$$=1000\times9.8\times\left(773-140-\frac{3}{8}\times1600\right)\Big/(2\times3900)=41\text{N}$$

$$F_{\text{by2}}=Q_0\left(\frac{5}{8}B+b_1-x_{03}\right)\Big/(2h_a)$$

$$=1000\times9.8\times\left(\frac{5}{8}\times1600+140-773\right)\Big/(2\times3900)=461\text{N}$$

轿厢左右偏载导靴作用在导轨上的力，根据图 3-8 求得：

$$F_{\text{bx}}=\frac{AQ_0}{16h_a}=\frac{1480\times1000\times9.8}{16\times3900}=232\text{N}$$

轿厢装卸载荷导靴作用在导轨上的力 $F_s=0.4g_nQ_0=3920\text{N}$，根据图 3-9 前后偏载情况，求得：

$$F_{\text{by3}}=\frac{F_s x_{03}}{2h_a}=\frac{3920\times773}{2\times3900}=388\text{N}$$

① 导轨 $x$ 方向的强度和刚度验算

导轨弯矩：

$$M_{m}=\frac{3F_{bx}l}{16}=\frac{3\times232\times2400}{16}=104400\text{N}\cdot\text{mm}$$

导轨强度：

$$\sigma_{mx}=\frac{M_{m}}{W_{x}}=\frac{104400}{14500}=7.2\text{MPa}$$

导轨 $x$ 方向翼缘弯曲应力：

$$\sigma_{p}=\frac{1.85F_{bx}}{c^{2}}=\frac{1.85\times232}{100}=4.3\text{N/mm}^{2}$$

导轨 $x$ 方向挠度：

$$\delta_{y}=0.7\frac{F_{bx}l^{3}}{48EI_{x}}=0.7\frac{232\times2400^{3}}{48\times2.06\times10^{5}\times597000}=0.37\text{mm}$$

② 导轨 $y$ 方向的强度和刚度验算

导轨弯矩：

$$M_{my}=\frac{3F_{by}l}{16}=\frac{3\times461\times2400}{16}=207450\text{N}\cdot\text{mm}$$

$x$ 方向的挠度：

$$\delta_{x}=0.7\frac{F_{by}l^{3}}{48EI_{y}}=0.7\frac{461\times2400^{3}}{48\times2.06\times10^{5}\times530000}=0.85\text{mm}$$

③ 强度和刚度校核

强度校核：$\sigma_{mx}$、$\sigma_{my}$、$\sigma_{p}\leqslant[\sigma]=165\text{MPa}$

刚度校核：$\delta_{x}$、$\delta_{y}\leqslant[\delta]=5\text{mm}$

## 第二节　轿厢轿架的结构及受力分析

### 一、轿厢轿架的结构关系

轿厢轿架结构如图 3-12 所示，乘客类电梯和载货类电梯（包括杂物电梯）结构上有所不同。乘客类电梯结构上分三层，第一层为轿厢，由轿底、轿壁和轿顶等部件组成，通过 4～6 个缓冲弹簧垫支撑在轿底托架上；第二层为轿底托架，轿底托架为一方形框架，上置 4～6 个弹簧，承载轿厢的重量，下面与轿架底梁连接，两侧外端通过拉杆与轿架六柱连接，用来承载轿厢重量及载荷；第三层为轿架，轿架为一方形门架，钢丝绳通过导向轮（或直接 1∶1）连接轿架上梁，起吊轿厢轿架整体载荷，轿架上、下梁两侧顶和底各置一导靴，通过导轨保证轿厢和载荷在垂直方向运行。载货类电梯一般不设轿底托架，拉杆直接与轿底两侧

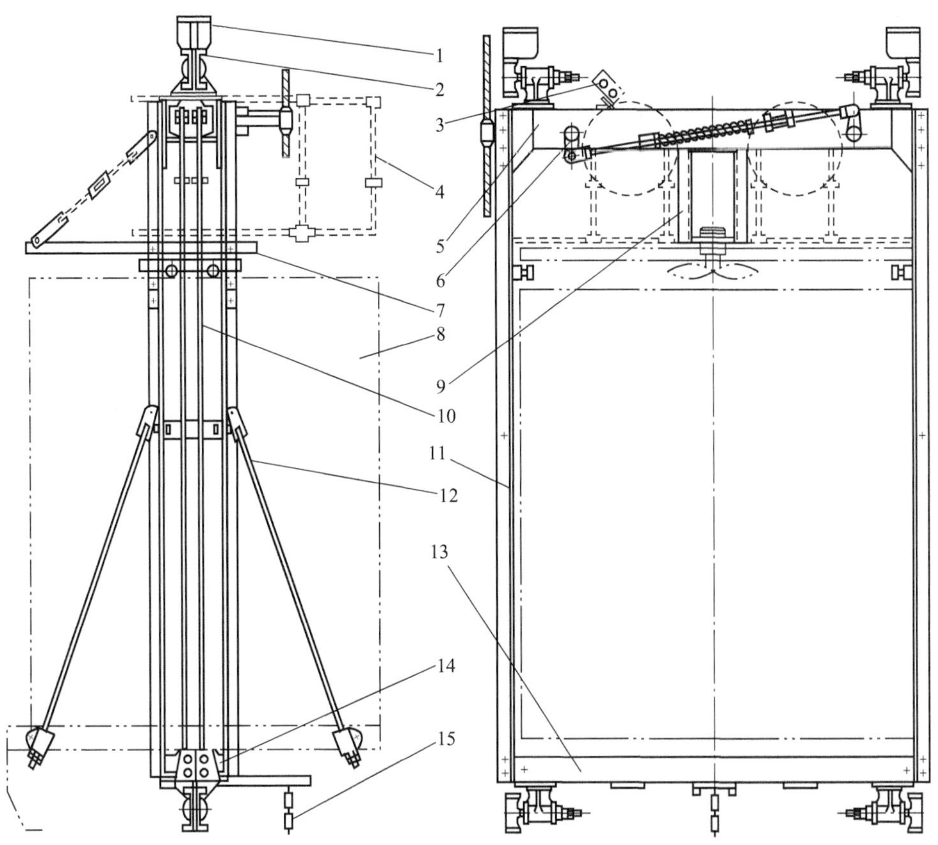


图 3-12　轿厢结构示意图

1—导轨加油盒；2—导靴；3—轿顶检修厢；4—轿厢安全栅栏；5—桥架下梁；
6—安全钳传动机构；7—开门机架；8—轿厢；9—风扇架；10—安全钳拉条；
11—桥架直梁；12—轿厢拉条；13—轿架下梁；14—安全嘴；15—补偿装置

外端连接。

## 二、标准及结构件强度和刚度要求

### 1. 标准要求

① GB 7588—2003《电梯制造与安装安全规范》中 8.3.2 标准要求：轿壁、轿厢地板和轿顶应具有足够的机械强度，包括轿厢架、导靴、轿壁、轿厢地板和轿顶总成，也须有足够的机械强度，以承受在电梯正常运行、安全钳动作或轿厢撞击缓冲器的作用力。

② GB 7588—2003《电梯制造与安装安全规范》中 8.3.2.1 标准要求：轿壁应具有这样的强度，即用 300N 的力，均匀地分布在 $5cm^2$ 的圆形或方形面积上，沿轿厢内向轿厢外垂直作用于壁板的任何位置上，轿壁应：

a. 无永久变形；

b. 弹性变形不大于 15mm。

③ GB 7588—2003《电梯制造与安装安全规范》附录 G4.1 安全装置动作要求：安全装置动作时的冲击系数 $k_1$ 取决于安全装置的类型。

④ GB 7588—2003《电梯制造与安装安全规范》附录 G4.2 在“正常使用，运行”的工况下，轿厢垂直方向的移动质量 $P+Q$ 应乘以冲击系数 $k_2$，以便考虑由于电气安全装置的动作或由电源突然中断而引起的制动器紧急制动。

⑤ GB 7588 附录 G4.4 冲击系数的数值，见表 G2。

**表 G2 安全钳冲击系数表**

| 冲击工况 | 冲击系数 | 数值 |
|---|---|---|
| 带非不可脱落滚子的瞬时式安全钳夹紧装置的动作 | $k_1$ | 5.0 |
| 带不可脱落滚子的瞬时式安全钳夹紧装置的动作 | | 3.0 |
| 渐近式安全钳或渐近式夹紧装置 | | 2.0 |
| 安全阀 | | 2.0 |
| 运行 | $k_2$ | 1.2 |
| 附加部件 | $k_3$ | (……)① |

① 根据实际安装情况由制造者确定。

**2. 工况及强度和刚度**

(1) 工况

根据 GB 7588—2003《电梯制造与安装安全规范》中 8.3.2 条款的要求，将轿厢轿架各部件的强度和刚度计算需要确定的工况列于表 3-4 中。

**表 3-4 轿厢轿架各部件计算工况**

| 工况 | | $k_1$ | $k_2$ | $k_3$ |
|---|---|---|---|---|
| 正常使用 | 运行 | 1.2 | | 1.1 |
| | 装卸载 | 0 | | |
| 安全钳动作 | | | 2.0(3.0) | |
| 轿厢撞底 | | | 2.0 | |

说明：

a. $k_3=1.1$ 是 GB/T 10060 中 4.6.8 条规定，超载运行试验推荐“断开超载控制电路，电梯在 110%额定载荷，通电持续率 40%情况下，到达全行程范围，起、制动运行 30 次，电梯应能可靠地起动、运行和停止（平层不计），曳引机正常。”

b. $k_2$ 是当使用渐进式安全钳时取 2.0，瞬时式安全钳夹紧装置取值 3.0。

(2) 许用应力和许用挠度

电梯轿厢轿架各受力部件均为 Q235 钢材制作。我国电梯标准体系中除导轨外，并未对电梯结构件采用多大的许用应力和许用挠度及相应的安全系数做出明确规定。各厂家和各种电梯设计的书籍采用许用应力和许用挠度及相应的安全系数也各不相同，不过都将安全系数取得比较大，偏于保守。这里认为，各严重工况的动态系数、冲击系数对载荷标准都给予了充分的考虑，不宜再将结构件受力的安全系数无理由地放大。

参照美国标准，建议许用应力和许用挠度的取值如表 3-5 所示。

**表 3-5　许用应力、许用挠度及安全系数**

| 结构件 | 许用应力/MPa | 许用挠度 | 安全系数($n$) |
| --- | --- | --- | --- |
| 拉力构件 | 103.5 | | 3.57 |
| 弯压构件 | 87.2 | 1/1000 | 4.24 |
| 剪力构件 | 61.5 | | 6.0 |

## 三、轿厢轿架各部件的受力分析

乘客类电梯根据图 3-12 结构情况，按部件层次拆开，分成轿底、轿底托架和轿架 3 个部件进行分析。

**1. 轿底**

乘客类电梯轿底拆开后的受力情况如图 3-13 所示，上平面四周有围壁和轿顶，及安装在轿顶上一些部件垂直作用线性分布载荷，轿底上平面有由装载载荷形成的均布垂直载荷，下平面由 4～6 弹簧缓冲垫支撑在轿底托架上，1000kg（含 1000kg）以内乘客类电梯为 4 个，大吨位客梯和医用电梯为 6 个。载货类电梯轿底直接支撑在轿架下梁上，两侧由拉杆支撑。这里只分析乘客类电梯，载货类电梯相对比较简单，读者自行分析。

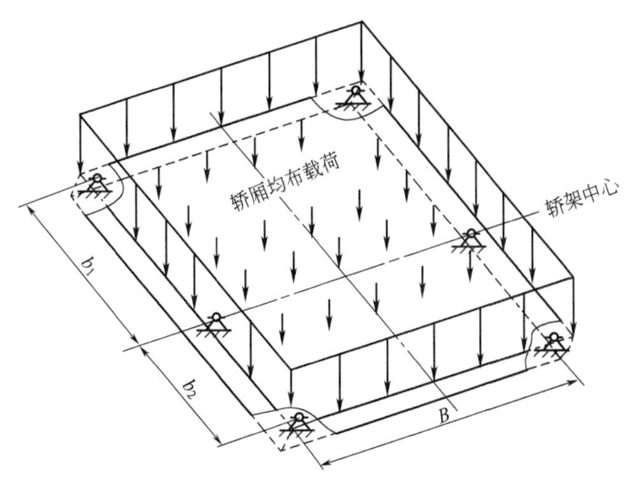


图 3-13　轿底受力图

轿底的受力根据工况的不同而不同，图 3-13 为大多数工况下的受力关系。当装卸载重工况时，轿厢内为空载，根据梯种或载重量的大小有一个标准规定的 $F_s$ 作用在轿厢入口处。

轿底结构为一方形框架，上平面覆盖一块钢板，钢板下面由一组以一定间隔分布的加强筋前后布置，两端和轿底前后横梁焊接，上面与钢板点焊连接，用来支撑轿底上的载荷。如图 3-14 所示。

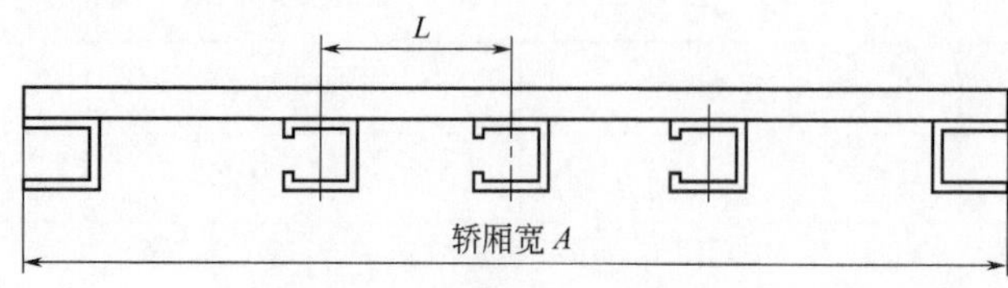


图 3-14　轿底结构正剖面图

轿底受力为弹性力学平面板受力问题，用有限元求解既准确又简单；也可以用弹性力学中的变分原理，通过建立板的平面位移方程，并合理地确定支撑条件和边界条件来求解。但这些方法对大多数中小厂来说都过于复杂，不太容易求解。这里对该力学模型进行合理并偏于安全的简化，便于采用常规的力学方法求解轿底各零件的应力和变形。结构简化如下：

a. 方形框架简化为 4 个简支梁，若轿底 6 个橡胶弹簧支撑两侧面梁，为一次超静定梁；

b. 中间板取一宽度 $b$（内含一筋条），支撑长度为轿厢深度的简支梁；

c. 筋条与筋条之间上盖板的局部强度和刚度，取一单位为 1 板条。

(1) 方形框架简化为 4 个简支梁后的力学模型及强度刚度分析

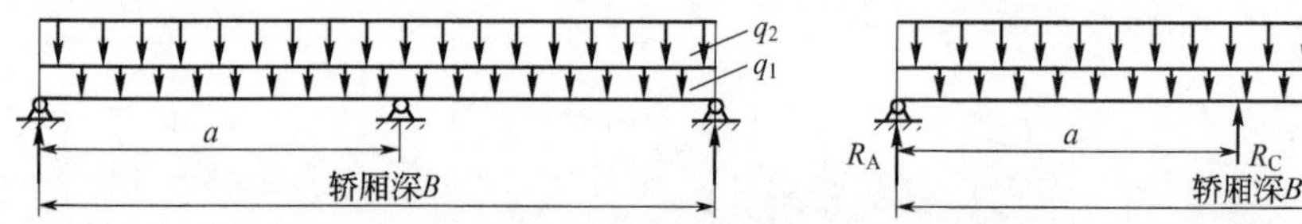

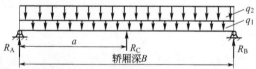

图 3-15　轿底侧梁受力图

① 两侧面梁　如图 3-15 所示，这里按 6 个橡胶弹簧支撑、一次超静定梁分析。若为 4 个橡胶弹簧支撑，则为简支梁，读者可自行分析。侧梁上作用有两个均匀分布的线性荷载，一是轿壁及轿顶等部件折算到侧梁上均匀分布的线性荷载 $q_1$，二是额定载荷 $Q_0$ 的一半按均匀分布折算到侧梁上的线性荷载 $q_2$。拆除中间支撑 $C$，代以支反力 $R_c$，侧梁的弯矩为：

$$x=0\rightarrow a:M(x)_1=\frac{k}{8}(q_1+q_2)x^2$$

$$x=a\rightarrow l:M(x)_2=\frac{k}{8}(q_1+q_2)x^2-R_c(x-a)$$

整条梁的弯矩方程：

$$M(x)=M(x)_1+M(x)_2 \tag{3-24}$$

式中，$k$ 为动载（冲击）系数，正常计算取 $k=k_2=2.0$（3.0），轿厢蹲底取 $k=k_2=4.0$；$q_2=\frac{Q_0}{2l}$为额定载荷折算到侧梁上的线性分布荷载。

侧面梁的变形为：

$$\frac{d^2y}{dx^2}=\frac{1}{EI}[M(x)_1+M(x)_2]$$

$$y(x)=\frac{1}{EI}\int_0^l\int_0^l[M(x)_1+M(x)_2]dx=\frac{1}{EI}\int_0^a\int_0^a M(x)_1dx^2+\frac{1}{EI}\int_{l-a}^l\int_{l-a}^l M(x)_2dx^2 \quad (3\text{-}25)$$

完成积分后，由变形协调条件 $y(a)=0$ 要求得 $R_c$，再将 $R_c$ 代入式（3-24）和式（3-25），利用平衡条件再求得支反力 $R_a$、$R_b$ 和侧梁的弯矩方程 $M(x)$ 和位移方程 $y(x)$。然后对弯矩方程 $M(x)$ 和位移方程 $y(x)$ 求导，求侧梁上的最大弯矩和最大位移：

$$\frac{dM(x)}{dx}=0\rightarrow\text{求取最大弯矩 }M(x)_{max}$$

$$\frac{dy(x)}{dx}=0\rightarrow\text{求取最大位移 }y(x)_{max} \quad (3\text{-}26)$$

求得最大弯矩 $M(x)_{max}$和最大位移 $y(x)_{max}$后，用最大弯矩 $M(x)_{max}$除以侧梁的抗弯截面模量 $W$，最大位移 $y(x)_{max}$除以侧梁长度 $l$，判断侧梁是否满足强度和刚度要求：

$$\left.\begin{aligned}&\frac{M(x)_{max}}{W}\leqslant[\sigma]\\&\frac{Y(x)_{max}}{l}\leqslant\frac{1}{1000}\end{aligned}\right\} \quad (3\text{-}27)$$

要对不同工况验算，只需取不同动载系数和对应的许用应力和许用变形即可。

② 前梁　前梁最严重工况为装卸载工况，支撑情况简化为一简支梁，作用在上面的载荷有前壁板和轿顶轿门等产生的线性载荷及装卸载荷 $F_s$，如图 3-16 所示。

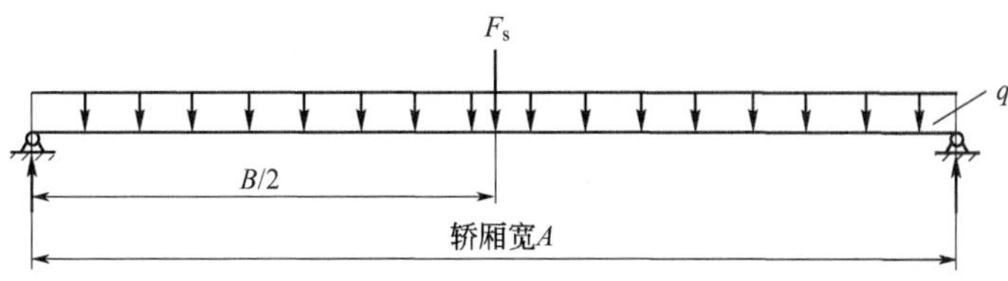


图 3-16　轿底前梁受力图

$$\left.\begin{aligned}&M_{max}=k\left(\frac{1}{8}ql^2+\frac{1}{4}F_sl\right)\\&y_{max}=k\left(\frac{5ql^4}{384EI}+\frac{F_sl^3}{48EI}\right)\end{aligned}\right\} \quad (3\text{-}28)$$

因为是空载装卸，动载系数 $k=1$。计算并校核前梁的强度和刚度：

$$\left.\begin{aligned} &\frac{M_{\max}}{W} \leqslant [\sigma] \\ &\frac{y_{\max}}{l} \leqslant \frac{1}{1000} \end{aligned}\right\} \tag{3-29}$$

③ 后梁　按简支梁简化后，作用在上面的载荷有围壁等部件重量产生的线性载荷 $q_1$，还有将额定载荷一半线性分布作用的 $q_2\left(=\frac{Q_0}{2l}\right)$ 到整条梁的长度上，如图 3-17 所示。

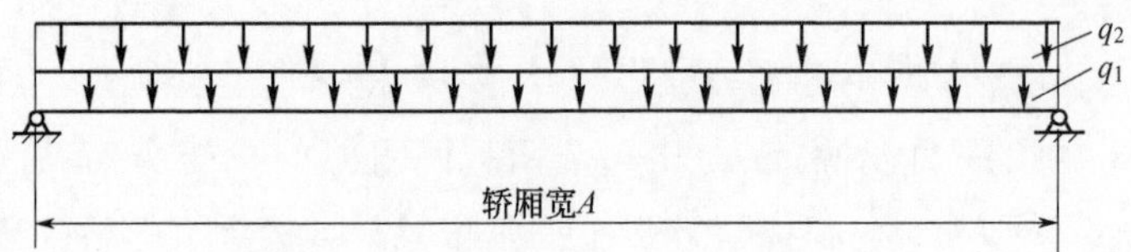


图 3-17　轿底后梁受力图

$$\begin{aligned} &M_{\max} = k\ \frac{1}{8}(q_1 + q_2)l^2 \\ &y_{\max} = k\ \frac{5(q_1 + q_2)l^4}{384EI} \end{aligned} \tag{3-30}$$

因为是空载装卸，动载系数 $k=1$。计算并校核前梁的强度和刚度：

$$\left.\begin{aligned} &\frac{M_{\max}}{W} \leqslant [\sigma] \\ &\frac{y_{\max}}{l} \leqslant \frac{1}{1000} \end{aligned}\right\} \tag{3-31}$$

要对不同工况验算，只需取不同动载系数和对应的许用应力和许用变形量即可。

(2) 中间板

截取一宽度为 $b$，中间含一条筋条的板条梁，前后两端简化为简支。如图 3-18 所示。

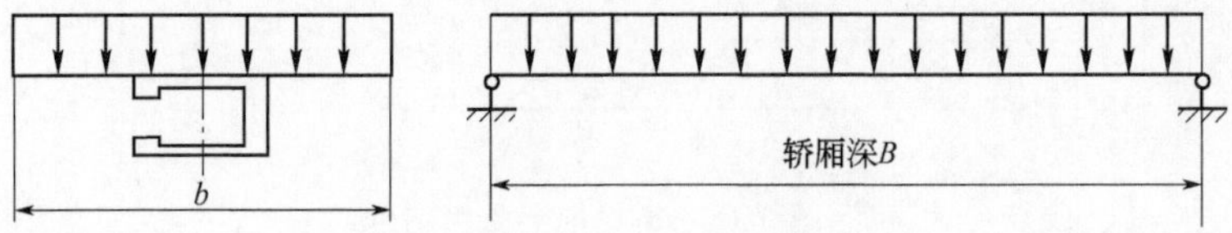


图 3-18　轿底板结构受力图

板条梁的极惯性矩 $I$ 和截面抗弯模量 $W$ 很容易求得，梁上载荷的线密度 $q=\frac{Q_0 b}{S}$，$S$ 为轿厢承载面积，因此求得：

$$\left.\begin{aligned} M_{\max} &= k\ \frac{1}{8}qB^2 \\ y_{\max} &= k\ \frac{5qB^4}{384EI} \end{aligned}\right\} \tag{3-32}$$

计算并校核板条梁的强度和刚度：

$$\left.\begin{aligned} &\frac{M_{\max}}{W} \leqslant [\sigma] \\ &\frac{Y_{\max}}{l} \leqslant \frac{1}{1000} \end{aligned}\right\} \tag{3-33}$$

式中　$k$——动载系数，按安全钳动作工况取值即可；

$I$、$W$——筋条和上盖板加在一起折算的截面极惯性矩和截面抗弯模量。

(3) 筋条之间薄板

筋条如何布置，筋条之间的间距为多少合适，薄板是否满足强度和刚度要求，取一宽度单位为 1、长度为筋条间距的板条，简化为一简支梁进行分析。如图 3-19 所示。

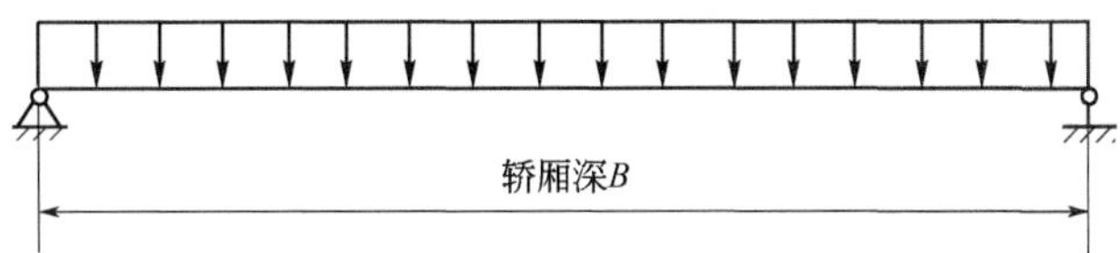


图 3-19　薄板板条的受力图

$$M_{\max} = k\ \frac{1}{8}qB^2$$

$$\sigma = \frac{M_{\max}}{W} \leqslant [\sigma] \tag{3-34}$$

$$y_{\max} = k\ \frac{5qB^4}{384EI} \leqslant \frac{l}{1000} \tag{3-35}$$

式中，$q=\frac{Q_0}{S}$，$S$ 为轿厢承载面积；$I$、$W$ 分别为薄板极惯性矩和截面抗弯模量，$I=\frac{l\delta^3}{12}$，$W=\frac{2I}{\delta}$。

在式 (3-34)、式 (3-35) 中，使$\frac{M_{\max}}{W}=[\sigma]$，$k\ \frac{5ql^4}{384EI}=\frac{l}{1000}$，作用力已知，即可求得最大间距 $l$ 为多少。

**2. 轿底托架**

轿底托架上面通过 4～6 个橡胶弹簧缓冲垫支撑轿厢及载荷，底面支撑在轿架下梁上，两侧分别由两根拉杆连接到轿架立柱上，用以承载轿厢重量和载荷，如图 3-20 所示。

轿底托架的受力主要为两侧横梁承受，前面轿底分析时的支反力 $R_A$ 和 $R_B$ 作为荷载作用在横梁两端。考虑结构两侧近似对称关系，不考虑立柱变形的影响，将其简化为图 3-21

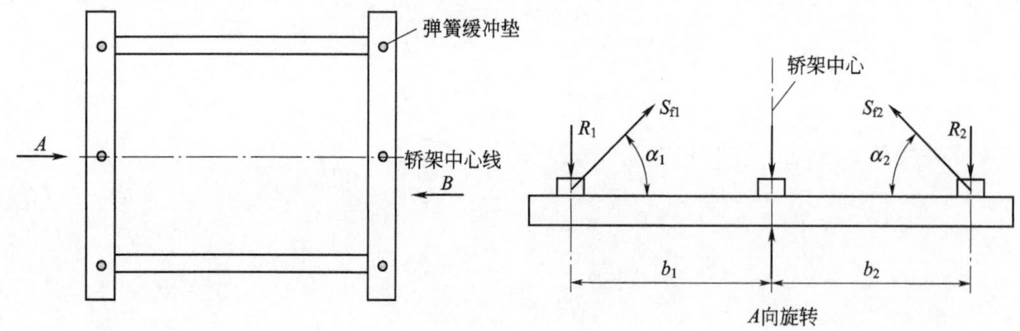


图 3-20 轿底托架受力图

所示的一次超静定问题。

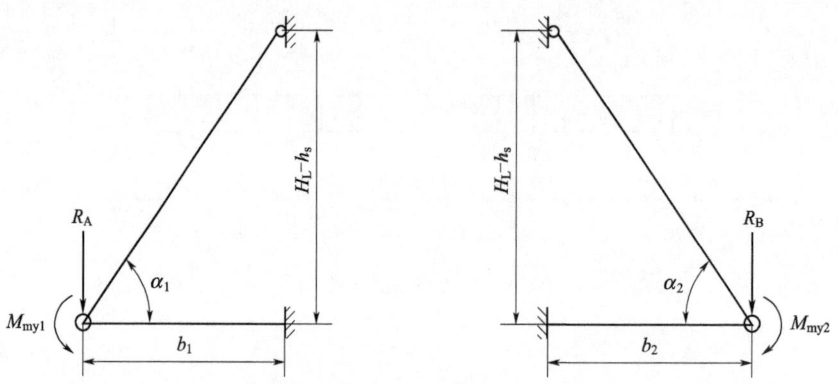


图 3-21 轿底托架与拉杆受力图

要注意的是，左、右拉杆相对于轿架立柱只是两侧的结构尺寸近似对称，并不完全一样，而且由于载荷前偏 3/4 与后偏 3/4 所产生的偏载弯矩 $M_{my2}$ 与 $M_{my1}$ 也不一样。另外前拉杆还必须验算装卸工况，而后拉杆只需考虑运行工况乘以不同动载系数即可。去除后拉杆，代以拉力 $S_1$，则有轿底托架横梁向下的变形为：

$$\delta_1=\frac{M_{my1}b_1^2}{2EI}+\frac{3(R_A-S_1\sin\alpha_1)b_1^3}{3EI} \tag{3-36}$$

式中 $M_{my1}=\frac{3F_{by2}l}{16}$，在导轨后偏载时已求得，$l$ 为导轨支架间距；

$R_A$——轿底受力分析时已求得的轿底侧梁后端支反力；

$I$——轿底托架侧梁的极惯性矩。

在拉力 $S_1$ 的作用下拉杆的拉伸长度为：

$$\delta_s=\frac{S_1\sqrt{b_1^2+(H_L-h_s)^2}}{EA}$$

式中，$A$ 为拉杆横截面面积。

拉杆垂直方向的位移为：

$$\delta_{s1}=\delta_s \sin\alpha_1=\sin\alpha_1 \frac{S_1\sqrt{b_1^2+(H_L-h_s)^2}}{EA} \tag{3-37}$$

由于变形协调条件，轿底托架横梁与拉杆伸长在垂直方向的分量必然相等，令：

$$\delta_1=\delta_{s1} \tag{3-38}$$

式（3-38）中只有 $S_1$ 一个未知数，解之可得拉杆的拉力 $S_1$。已知拉杆拉力 $S_1$，求轿底托架横梁的最大弯矩和最大位移：

$$M_{max}=M_{my1}+(R_A-S_1\sin\alpha_1)b_1$$

$$\delta_1=\frac{M_{my1}b_1^2}{2EI}+\frac{3(R_A-S_1\sin\alpha_1)b_1^3}{3EI} \tag{3-39}$$

已知轿底托架横梁的最大弯矩和最大位移，判断是否满足强度和刚度要求：

$$\left.\begin{aligned}\frac{M_{max}}{W}\leqslant[\sigma]\\ \delta_1\leqslant\frac{1}{b_1}\end{aligned}\right\} \tag{3-40}$$

同理，可以求得右边轿底托架横梁和拉杆的受力，及相应的强度和刚度是否满足要求。

**3. 轿架**

轿架正面为一方形门架，上梁由钢丝绳（曳引比 1∶1）或通过钢丝绳绕过导向轮（曳引比 2∶1）起吊整个轿厢重量。两侧面分别有两根拉杆，拉杆上端连接在立柱侧面，下端连接到轿底托架外端，用以承载和平衡轿厢自重及载荷。和轿底托架拆开后的轿架受力如图 3-22 所示。

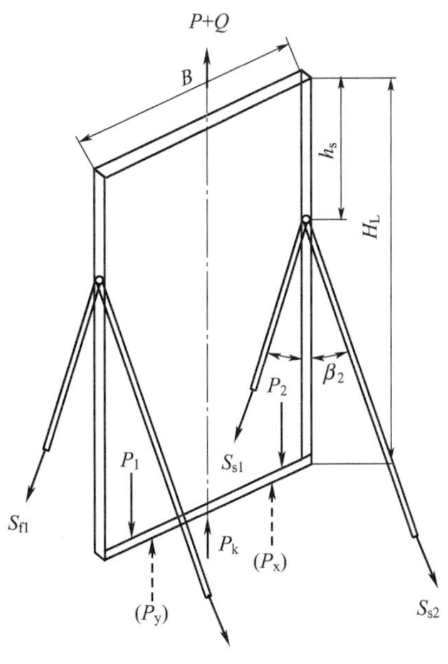


图 3-22　轿架受力图

轿架的受力是一空间结构力学问题，这里将其转化为正平面和侧平面两个平面来求解。轿架上、下梁不受侧平面作用力的影响；立柱受正面弯矩和拉力的作用，同时有侧面弯矩和横向剪力的作用。分析完两个平面问题后，采用第四强度理论将其合成即可。将图 3-22 的轿架折成正平面和侧平面后的平面受力关系如图 3-23 所示。

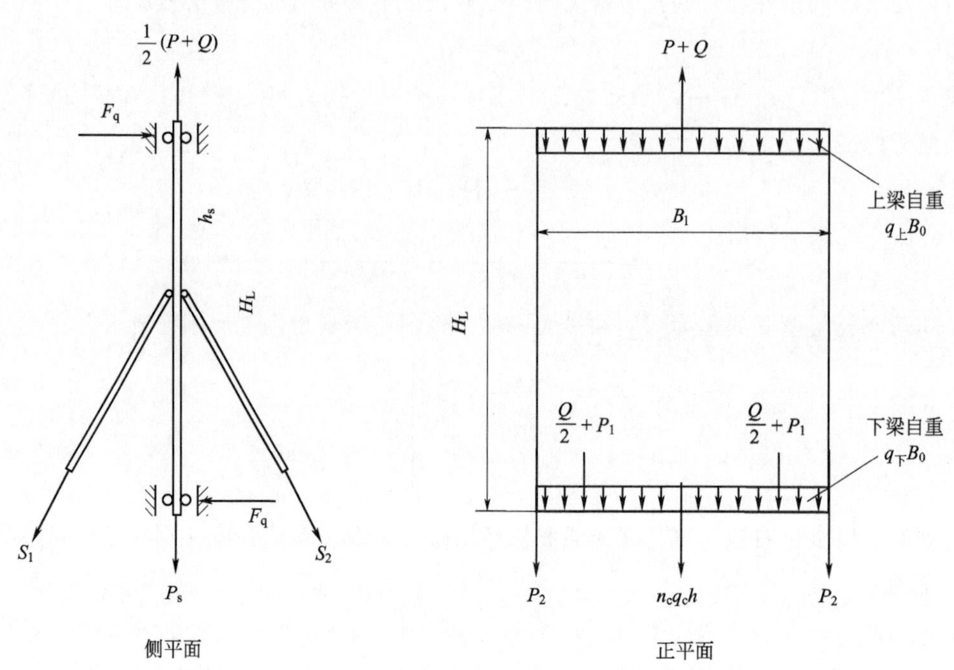


图 3-23　轿架侧平面及正平面受力图

（1）轿架正平面受力分析

轿架正平面结构为一平衡体、六次超静定门架结构。不考虑左右偏载作用影响，正平面为轿架中心对称结构，上梁拉力 $P+Q$ 应与所有结构自重和载荷平衡。六次超静定门架结构可采用结构力学中的力法或位移法求解，但都比较复杂，因为没有横向剪力的作用，上下作用力平衡，立柱变形的拐点应在轿架高度 1/2 处。轿架变形应如图 3-24 所示。

从图中看出，1/2 高度处为立柱变形拐点，此处转角为零。如果忽略二次变形的影响，从中间切断，转化为两个支撑为固支的门架结构，这样就从六阶超静定问题转化为两个三阶超静定问题。这样的转化有 3 个条件：

a. 固支点一定要是变形曲线的拐点；

b. 结构对称；

c. 没有横向力作用。

简化后的门架结构如图 3-25 所示。

为了适应门架基本结构图的求解，图 3-25 中的相应代号做了调整，部分符号只在本图中使用。

图中　$P+Q$——钢丝绳拉力；

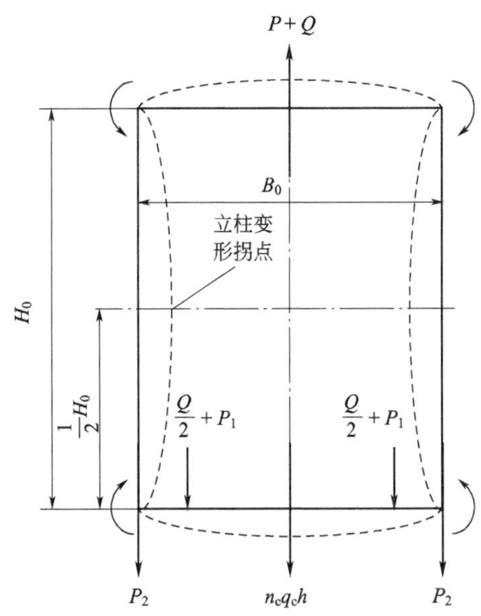


图 3-24　轿架变形图

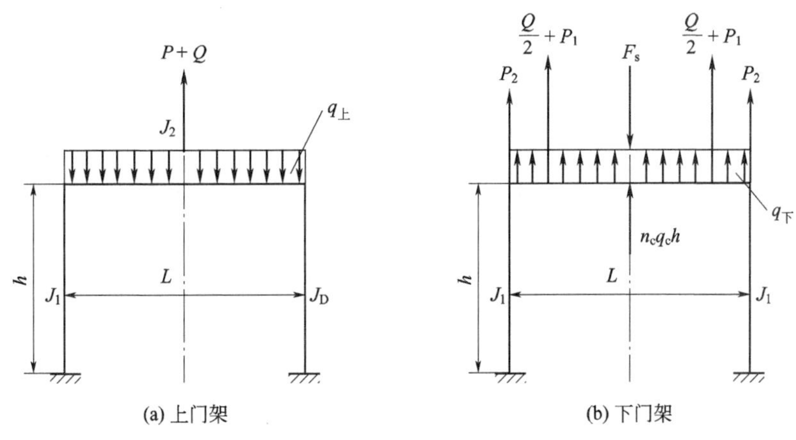


图 3-25　简化后门架结构的受力与变形

$J_1$、$J_2$——分别为立柱和上梁的极惯性矩；

$q_上$、$q_下$——上、下梁自重线密度；

$P_1$——除架外等轿厢部件重量的 1/2；

$P_2$——立柱自重；

$F_s$——轿厢载重（$P+Q$）时撞击缓冲器时的撞击力，不与安全钳同时作用。

简化后的门架结构为三次超静定结构，是结构力学中的基本结构，结构力学书籍中作为力学基本结构求解。各种机械设计手册对固支门架结构的各种受力情况都已给予详细分析，只需拿来应用即可。

① 上门架　上门架上梁作用有钢丝绳的起吊力（$P+Q$），还有轿架上梁自重产生的线性分布载荷。因为变形都在线性范围内，将两载荷分别求解，然后线性相加即可。

$P+Q$ 作用时上门架各结点的弯矩：

$$\begin{aligned}M_{A1}&=-\frac{k(P+Q)l}{8}\times\frac{J_1l}{J_2h+2J_1l}\\M_{D1}&=-\frac{k(P+Q)l}{8}\times\frac{J_1l}{J_2h+2J_1l}\\M_{B1}&=k\,\frac{(P+Q)l}{4}\times\frac{J_1l}{J_2h+2J_1l}\\M_{C1}&=k\,\frac{(P+Q)l}{4}\times\frac{J_1l}{J_2h+2J_1l}\end{aligned}\tag{3-41}$$

② 轿架上梁自重线性分布载荷各结点的弯矩：

$$\begin{aligned}M_{A2}&=M_{D2}=k\,\frac{ql^2}{12}\times\frac{J_1l}{J_2h+2J_1l}\\M_{B2}&=M_{C2}=-k\,\frac{ql^2}{6}\times\frac{J_1l}{J_2h+2J_1l}\end{aligned}\tag{3-42}$$

③ 轿架上梁的强度、刚度分析　求出各外力作用下结点弯矩后，将上梁从门架结构中拆开。轿架上梁的受力情况如图 3-26 所示。

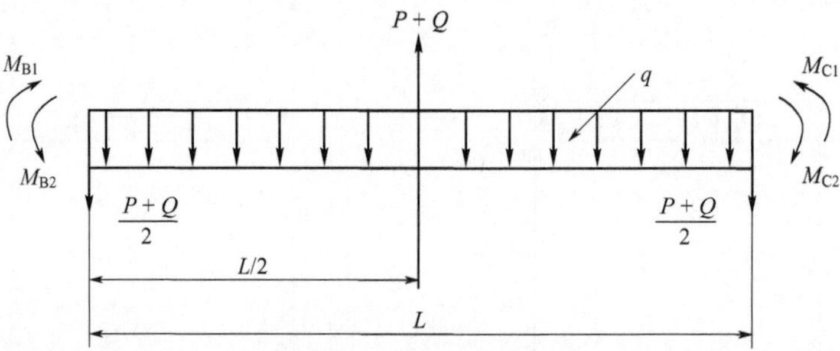


图 3-26　轿架上梁受力图

从轿架上梁的受力情况，得到轿架上梁的最大弯矩和最大变形为：

$$\begin{aligned}M_{max}&=k\,\frac{(P+Q)l}{4}+M_{B2}-M_{B1}-k\,\frac{ql^4}{8}\\\delta_{max}&=k\,\frac{(P+Q)l^3}{48EJ_1}+\frac{M_{B2}l^2}{2EJ_1}-\frac{M_{B1}l^2}{2EJ_1}-\frac{5kql^4}{384EJ_1}\end{aligned}\tag{3-43}$$

校核轿架上梁的强度和刚度：

$$\left.\begin{aligned}&\frac{M_{max}}{W_1}\leqslant[\sigma]\\&\frac{\delta_{max}}{l}\leqslant\frac{1}{1000}\end{aligned}\right\}\tag{3-44}$$

④ 正平面轿架立柱强度和刚度分析　前面已将轿架正平面切成两半，分为上、下门架，

通过求解上门架三次超静定问题，已经求得轿架上梁和立柱交界处的弯矩与剪力（对立柱而言为拉力）。在正平面，立柱除了在上、下梁结点有力的作用外，中间没有剪力和弯矩的作用，立柱从上、下梁拆开后，在与上、下梁连接处结点力的作用下，应为一平衡体。因此知道立柱下端与轿架下梁连接处的受力，必然与上端和上梁连接处受力大小相等，方向相反。上梁连接处的受力前面已经求解，可得立柱的受力如图 3-27 所示。

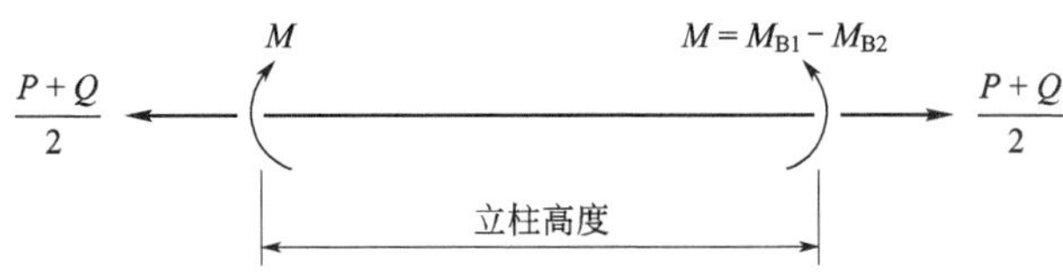


图 3-27　立柱受力图

图 3-27 中立柱受力未考虑上梁自重和立柱自重（沿高度线性分布）对立柱拉力的影响，这样简化误差不大，且偏于安全。不考虑二次变形的影响，立柱正平面最大变形为：

$$\delta_{xmax}=\frac{Ml^2}{2EI} \tag{3-45}$$

式中　$l$——立柱高度；

$I$——立柱正平面方向的截惯性矩。

立柱的弯曲应力正平面向内为拉应力，向外为压应力，轴拉力$\frac{P+Q}{2}$为拉应力。因此，立柱内侧为弯应力和拉应力之和，外侧为弯应力和拉应力之差：

$$\sigma_x=\frac{M}{W}\pm\frac{k(P+Q)}{2A} \tag{3-46}$$

式中　$W$——立柱的截面抗弯模量；

$A$——立柱的截面面积。

要注意的是，这里已经求出立柱最大的变形和应力都在立柱长度的 1/2 处，可以再进行一下校核，判断立柱的强度和刚度是否满足要求，但这只是立柱正平面的受力情况分析。前面已经分析，轿厢、轿架结构系统的受力问题是一个空间结构力学问题，侧平面的受力情况还未进行分析。最后应该是立柱侧平面受力分析完成后，将求得的最大位移和最大应力应用第四强度理论进行叠加，才是立柱最后的受力结果。还有就是立柱的弯曲应力在整根梁上为不变值，但变形是在整根梁上、下两端为零的二次分布曲线。侧平面的受力分析的最大位移不一定是在一等高度上，到时采用线性插值即可。

⑤ 下门架及轿架下梁的受力分析　在上部分立柱的分析中已经叙述，由于立柱正平面受力中没有剪力的作用，立柱下端与轿架下梁连接处的受力必然与上端和上梁连接处受力大小相等，方向相反。立柱正平面受力分析已在上面完成。因此下门架不必再进行三次超静定结构问题求解，只需将下门架中与下梁连接的立柱拆开，代以支反力 $M=M_{B1}-M_{B2}$ 即可。下梁的受力如图 3-28 所示。

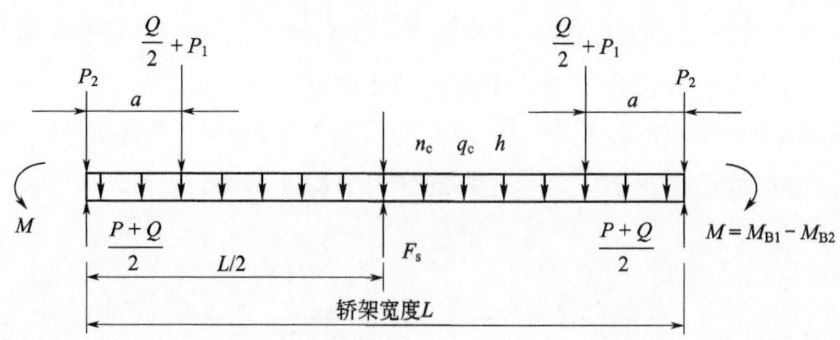


图 3-28　下梁受力图

安全钳动作工况轿架下梁的最大弯矩和最大变形为：

$$M_{\max}=k\left(\frac{P+Q}{2}-P_2\right)\times\frac{l}{2}-k\left(\frac{Q}{2}+P_1\right)\left(\frac{l}{2}-a\right)-\frac{kql^4}{8}-M$$

$$\delta_{\max}=\frac{k(Q/2+P_1)l^3}{12EI}\left[3a\ \frac{(l-a)}{l^2}-\frac{1}{4}\right]+\frac{k(n_s g_s h)l^3}{48EI}+\frac{5kq_2 l^4}{384EI}-\frac{Ml^2}{2EI} \tag{3-47}$$

式中，$k$ 为安全钳动作时的载荷冲击系数，根据安全钳的不同形式按 G2 表选择。

⑥ 轿厢满载撞底时轿架下梁的受力分析　轿厢满载撞底时，GB 7588—2003《电梯制造与安装安全规范》中 5.3.2.2 条规定：轿厢缓冲器支座下的底坑地面应能承受满载轿厢 4 倍载荷的作用力，即 $4g_n(P+Q)$。按牛顿力学第二定律原理，轿架下梁承受反方向作用的冲击力，此时钢丝绳已经释放，在偏于安全的情况下为便于计算分析，不再考虑整个门架结构，将下梁独立取出，作为一简支梁分析更为方便快捷。此时轿架下梁受力情况如图 3-29 所示。

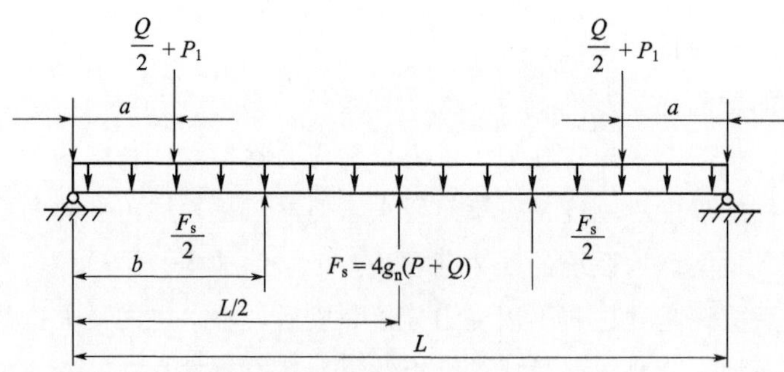


图 3-29　轿厢撞底时轿架下梁受力图

图中，$F_s=4g_n(P+Q)$。考虑到缓冲器有安装两个的可能，在图 3-29 中 $F_s/2$ 为安装两个缓冲器的情况，$F_s=4g_n(P+Q)$ 为只安装一个缓冲器的情况。$F_s=4g_n(P+Q)$ 与 $F_s/2$ 不同时作用，设计者根据实际情况采用一个 $F_s$ 作用在下梁正中或两个 $F_s/2$ 作用对应点 $b$ 处。

通常只有高速度、大吨位的电梯才使用两个缓冲器，这里分析只考虑一个缓冲器的作用，即不考虑作用力 $F_s/2$ 的作用。两个缓冲器的计算分析读者可自行分析。分别对左、右两边支点取矩，求得左、右两支点的支反力 $R_A$ 和 $R_B$，进而求得轿架下梁的最大弯矩：

$$M_{max}=kg_n\left(\frac{Q}{2}+P_1\right)a+\frac{k}{8}g_nql^2-\frac{k}{4}g_n(P+Q)l \tag{3-48}$$

式中，$k$ 为轿厢撞底时，缓冲器允许最大加速度为 $0.2g_n \sim 1.0g_n$，取最大值 $1.0g_n$，加上自身重量有作用，取 $k=2.0$。

验算轿架下梁强度：

$$\frac{M_{max}}{W}\leqslant[\sigma] \tag{3-49}$$

式中，$W$ 为轿架下梁截面抗弯模量。

(2) 轿架侧平面受力分析

在轿架正平面，已经分析了正平面内所有的受力情况，包括轿架立柱的轴向拉力在内，因此，在侧平面的受力分析中，只考虑轿架立柱侧平面所受的弯矩和剪力的作用。在前面的导轨和托架分析中，已知轿厢载荷后偏 3/4 分布为最严重工况并对其进行了计算和分析，所以在立柱的侧平面受力分析中，也按此工况计算分析，如图 3-30 所示。

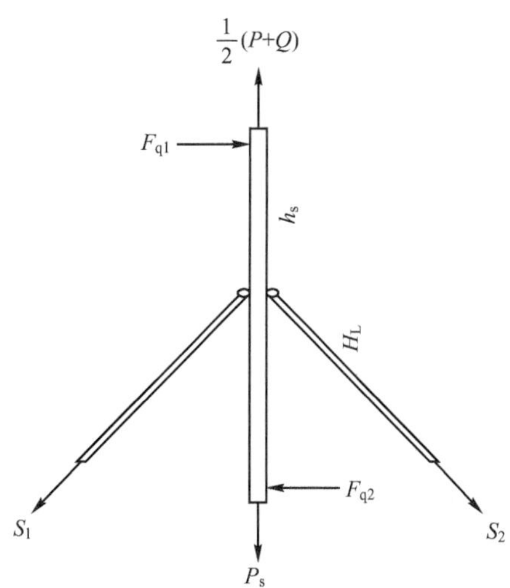


图 3-30　轿架侧平面受力图

拆去上、下两端支座，平面平衡体受力平衡的原则有：

$$\left.\begin{aligned}&\sum P_x=0,\ F_{q1}+S_2\cos\alpha_2-S_1\cos\alpha_1-F_{q2}=0\\&\sum P_y=0,\ \frac{1}{2}(P+Q)-(S_1\sin\alpha_1+S_2\sin\alpha_2)-P_s=0\\&\sum M=0,\ F_{q1}H_L-(S_1\cos\alpha_1-S_2\cos\alpha_2)(H_L-h_s)=0\end{aligned}\right\} \tag{3-50}$$

$y$ 方向的受力已在轿架正平面受力分析中叙述，$F_{q1}$ 和 $S_1$ 已分别在导轨受力和轿底托架受力分析中求得，由式 (3-50) 中第一式和第三式，求得 $S_2$ 和 $E_{q2}$，进而求得轿架侧平面最大侧向弯矩和最大侧向变形：

$$M_{\mathrm{ymax}}=(S_1\cos\alpha_1-S_2\cos\alpha_2)\frac{h_{\mathrm{t}}^2}{H_{\mathrm{L}}} \tag{3-51a}$$

$$\delta_{\mathrm{ymac}}=\frac{(S_1\cos\alpha_1-S_2\cos\alpha_2)h_{\mathrm{s}}}{9EIH_{\mathrm{L}}}\sqrt{\frac{[h_{\mathrm{s}}^2+2h_{\mathrm{s}}(H_{\mathrm{L}}-h_{\mathrm{s}})]^3}{3}} \tag{3-51b}$$

已知轿架侧向截面抗弯模量为 $W_{\mathrm{y}}$，轿架立柱侧平面应力为：

$$\sigma_{\mathrm{y}}=\pm\frac{M_{\mathrm{ymax}}}{W_{\mathrm{y}}} \tag{3-52}$$

前面已经求得轿架正平面（$x$ 平面）的应力 $\sigma$ 和变形 $\delta_{\max}$ 为式（3-45）和式（3-46），要求出轿架的最大应力和最大变形，必须将轿架正平面（$x$ 平面）和侧平面（$y$ 平面）的应力和变形采用第四强度理论合成。合成前要注意的是，轿架正平面（$x$ 平面）最大应力和变形在轿架高度 1/2 处，而侧平面（$y$ 平面）的最大应力和变形在拉杆结点 $h_{\mathrm{s}}$ 处，不在一等高平面上。采用线性插值方法，求得轿架正平面（$x$ 平面最大应力和变形，然后再与侧平面 $y$ 平面）的最大应力和变形合成，即可求得轿架立柱最大应力和变形：

$$\sigma_{\max}=\sqrt{\left(\sigma\ \frac{2h_{\mathrm{s}}}{H_{\mathrm{L}}}\right)^2+\sigma_{\mathrm{y}}^2} \tag{3-53a}$$

$$\delta_{\max}=\sqrt{\left(\delta_{\mathrm{xmax}}\frac{2h_{\mathrm{s}}}{H_{\mathrm{L}}}\right)^2+\delta_{\mathrm{y}}^2} \tag{3-53b}$$

在采用式（3-53a）计算立柱的应力时，应考虑轿架立柱承受弯矩截面最外端的应力有正负之分，因此应分别校核立柱的最大拉应力和最大压应力。如拉杆连接处没有加强，还应考虑连接处的局部强度。校核轿架立柱的强度和刚度：

$$\begin{aligned}\sigma_{\max}&\leqslant[\sigma]\\ \delta_{\max}&\leqslant\frac{H_{\mathrm{L}}}{1000}\end{aligned} \tag{3-54}$$

## 第三节　机房承重梁受力分析

电梯的驱动有曳引驱动、卷筒驱动（强制驱动）、液压驱动等，使用最广泛的是曳引驱动。电梯的支撑有机房上置式，如图 3-31 所示；也有机房下置式，如图 3-32 所示，有小机房、有机房和无机房等多种形式，最常用的是上置有机房支撑形式。不管是哪一种支撑方式，电梯运动过程所有的载荷、自重及由运动过程引发的动态载荷，绝大部分的载荷都是由承重梁承受。因此，机房承重梁的设计至关重要。

以最常用的曳引比 2∶1、对重后置的上置式机房为例分析承重梁的强度和刚度。承重梁结构形式如图 3-33 所示。

从图 3-34 对应承重梁的受力情况，整个电梯为悬挂系统，除曳引装置直接安装在承重梁上以外，其余部件及载荷都是通过钢丝绳悬挂作用在承重梁上。承重梁主梁为两根大号工字钢，副承重梁为两根小号工字钢（或槽钢）。图 3-34 所示情况，钢丝绳左边结点（作用力

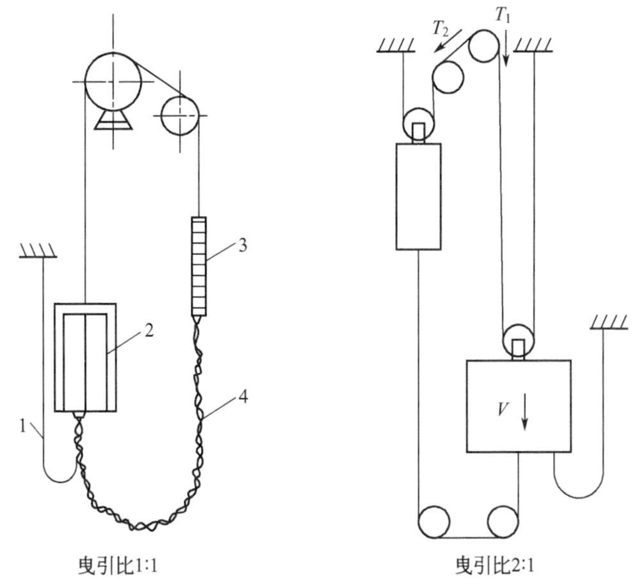


图 3-31　机房上置支撑情况

1—随行电缆；2—轿厢；3—对重装置；4—补偿链

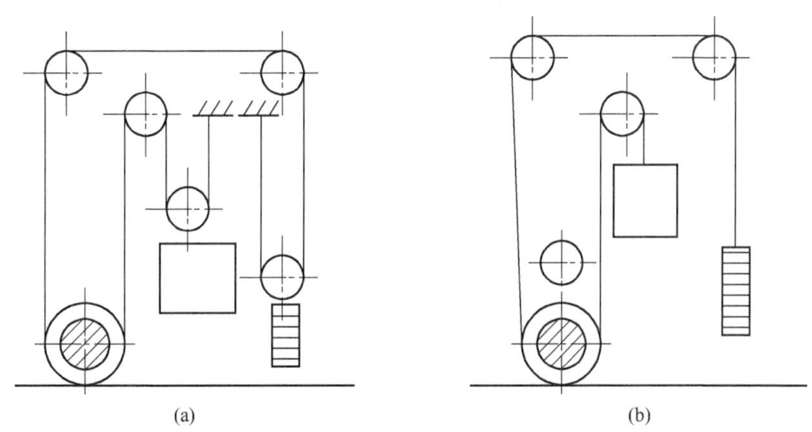


图 3-32　机房下置支撑情况

$S_1$）连接在图 3-33 最左边位置，钢丝绳作用 $S_1$ 和 $S_2$ 通过小机架作用在承重梁主梁中间靠右位置，最右边钢丝绳结点（作用力 $S_2$）作用在副承重梁上。

## 一、副承重梁强度、刚度校核

副承重梁一端承搁在井道壁，另一端焊接在承重梁主梁侧面。考虑两端支撑情况，将其简化为一简支梁，如图 3-35 所示。

图中：$D_3$——导向轮直径；

$b_2$——承重梁主梁翼缘宽度，令 $a=D_3-b_2$。

求得左、右两边的支反力：

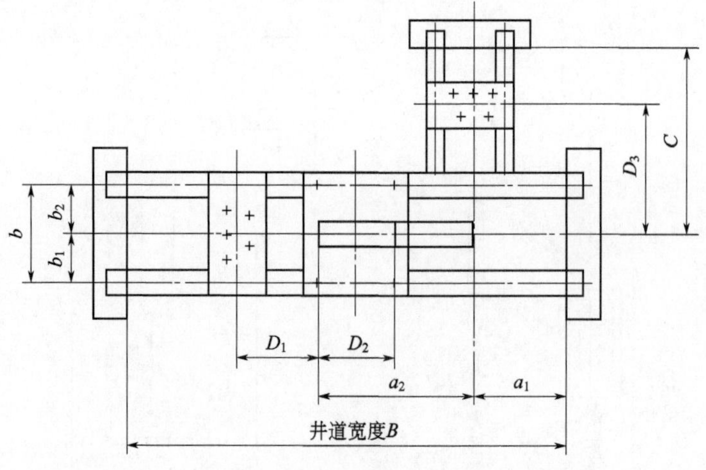


图 3-33　承重梁结构图

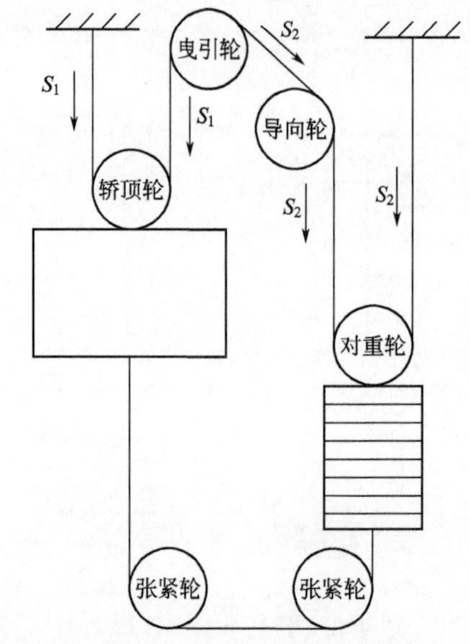


图 3-34　电梯对应承重梁受力图

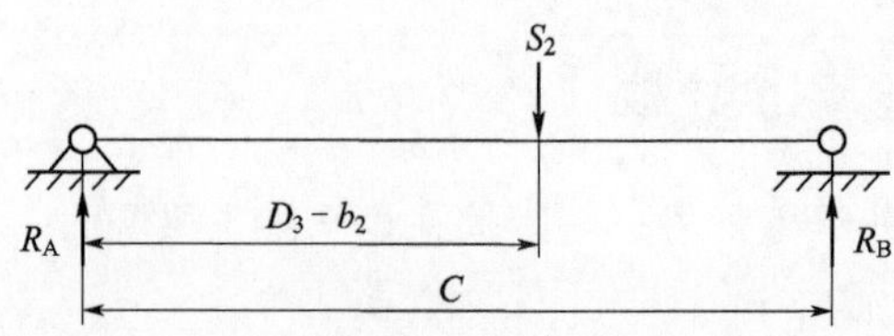


图 3-35　副承重梁受力图

$$R_A=\frac{C-a}{C}S_2 \qquad R_B=\frac{a}{C}S_2 \tag{3-55}$$

左边支反力 $R_A$ 作用主承重梁翼缘上，右边支反力作用在井道壁上。副承重梁的最大弯矩和应力及最大变形分别为：

$$M_{max}=R_A(D_3-b_2) \qquad \frac{M_{max}}{W}\leqslant[\sigma] \tag{3-56a}$$

$$\delta_{max}=\frac{S_2a^2(C-a)}{3EI} \tag{3-56b}$$

## 二、主承重梁强度、刚度校核

主承重梁有两根，其上有多个垂直作用力的作用，后主梁还有一个副承重梁支反力 $R_A$ 作用。要对主承重梁进行校核，必须先将作用在两根主承重梁中间的多个垂直作用力折算到单个主承重梁上，才能分别对其进行计算校核。中间作用力和前后主承重梁之间如图 3-36 所示。

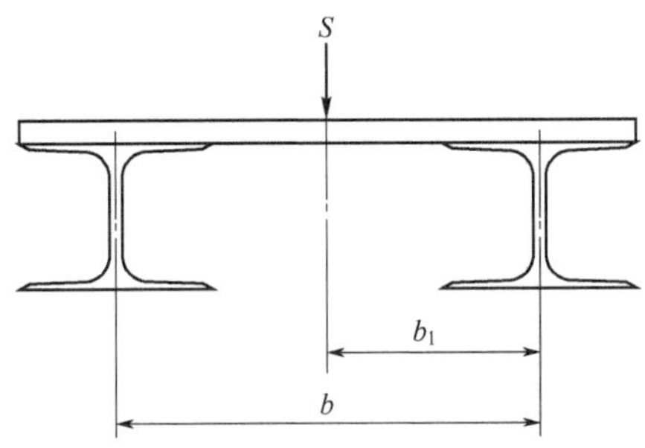


图 3-36　前后主承重梁受力关系图

多个作用力作用在两承重梁横截面的位置是一致的，统一用 $S$ 表示，这样分配到前后承重梁的作用力分别为：

$$S_{01}=\frac{b-b_1}{b}S \qquad S_{02}=\frac{b_1}{b}S \tag{3-57}$$

令 $k_1=\frac{b-b_1}{b}$，$k_2=\frac{b_1}{b}$ 得：

$$S_{01}=k_1S \qquad S_{02}=k_2S \tag{3-58}$$

由此求得前后主承重梁的受力如图 3-37 所示。

前后主承重梁上有多个垂直力作用。由于多个垂直力的作用，又由于承重梁的应力和变形都在线性范围内，考虑承重梁的最大弯矩和最大变形都在梁长度的 1/2 处。取标准模型简支梁上有单个垂直力的作用，然后将各作用力在梁的 1/2 处的弯矩和变形线性相加，即可求得承重梁的最大弯矩和最大变形。

解简支梁，求得：

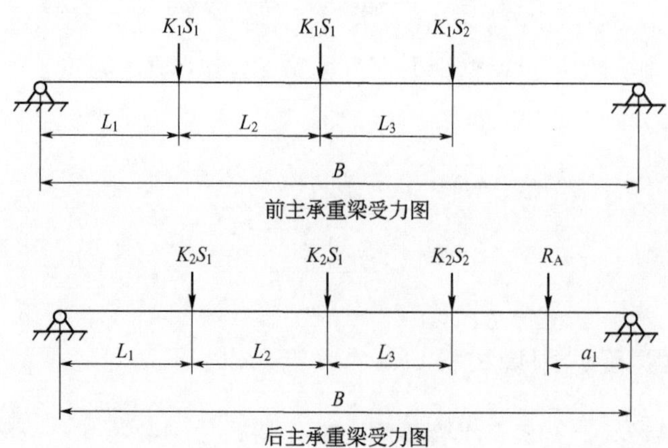


图 3-37 前后主承重梁受力图

0～$a$ 段：

$$M(x)=\frac{bP}{l}x \tag{3-59a}$$

$$y(x)=\frac{1}{EI}\left(\frac{A}{6}x^3-\frac{A}{6}l^2x\right) \tag{3-59b}$$

式中，$A=\frac{bP}{l}$。

$a$～$l$ 段：

$$M(x)=\left(\frac{b}{l}-1\right)Px-Pa \tag{3-60a}$$

$$y(x)=\frac{1}{EI}\left[\frac{A_1}{6}x^3+\frac{B_1}{2}x^2-\left(\frac{A_1}{6}l^2+\frac{B_1}{2}l\right)x\right] \tag{3-60b}$$

式中，$A_1=\left(\frac{b}{l}-1\right)P$；$B_1=aP$。

当 $a\geqslant\frac{l}{2}$时，用式（3-59a）和式（3-59b）分别求得 $M\left(\frac{l}{2}\right)$和 $y\left(\frac{l}{2}\right)$；当 $a>\frac{l}{2}$时，用式（3-60a）和式（3-60b）分别求得 $M\left(\frac{l}{2}\right)$和 $y\left(\frac{l}{2}\right)$。

主承重梁上单个受力作用的最大弯矩和最大变形求出以后，将各作用力下的 $M\left(\frac{l}{2}\right)$和 $y\left(\frac{l}{2}\right)$线性相加，即可求得主梁最大弯矩和最大变形：

$$M\left(\frac{l}{2}\right)_{\max}=\sum_{i=1}^{n}M\left(\frac{l}{2}\right)_i \tag{3-61a}$$

$$y\left(\frac{l}{2}\right)_{\max}=\sum_{i=1}^{n}y\left(\frac{l}{2}\right)_i \tag{3-61b}$$

式中，$n$ 为主承重梁上作用力的个数。

校核主承重梁的强度和刚度：

$$\sigma=\frac{M\left(\frac{l}{2}\right)_{\max}}{W}\leqslant[\sigma] \tag{3-62}$$

$$y\left(\frac{l}{2}\right)_{\max}\leqslant\frac{l}{1000} \tag{3-63}$$

# 第四节　结构计算软件介绍

## 一、SolidWorks 软件概述

SolidWorks 软件是世界上第一个基于 Windows 开发的三维 CAD 系统，由于技术创新符合 CAD 技术的发展潮流和趋势，遵循易用、稳定和创新三大原则，大大缩短了设计时间。SolidWorks 是一个在 Windows 环境下进行机械设计的软件，是一个以设计功能为主的 CAD/CAE/CAM 软件，其界面操作完全使用 Windows 风格，具有人性化的操作界面，从而具备使用简单、操作方便的特点。SolidWorks 是一个基于特征、参数化的实体造型系统，具有强大的实体建模功能，添加各种插件后，可实现产品的三维建模、装配校验、运动仿真、有限元分析、加工仿真、数控加工及加工工艺的制定，以保证产品从设计、工程分析、工艺分析、加工模拟、产品制造过程中的数据的一致性，从而真正实现产品的数字化设计和制造，并大幅度提高产品的设计效率和质量。

SolidWorks 软件 2010 版 Simulation 分析模块增加了部分新功能。

线性静力结构分析（Linear Static）：包含最常用的设计验证工具，提供了对零部件和装配体的应力、应变和位移分析的功能。

基于事件的运动仿真分析（Solidworks Motion）：使工程师能够调整电机/驱动器的尺寸、确定能量消耗情况、设计联动布局、模拟凸轮运动、了解齿轮传动、调整弹簧/减震器的尺寸、确定接触零件的动作方式等。此外，特别增加了基于时间的仿真分析。基于事件的运动需要一组任务。这组任务在时间上可以是连续的，也可以是重叠的。每项任务都是通过触发事件以及控制或定义任务中运动的相关任务操作来定义。任务触发器是促使任务执行运动操作的事件。可以基于时间、上一个任务或感应到的值（如零部件的位置）来定义任务触发器。

扭曲分析（Buckling）：细长模型在轴载荷下趋向于扭曲。扭曲是指当存储的膜片（轴）能量转换为折弯能量而外部应用的载荷没有变化时，所发生的突然变形。扭曲分析可以计算结构的安全程度。

热力分析（Thermal）：热分析计算物体中由于传导、对流、辐射的部分或全部因素所引起的温度分布，并能与结构分析耦合，计算由于温度变化引起的温度应力。

跌落测试分析（Drop Test）：掉落测试研究会评估对具有硬或软平面的零件或装配体的冲击效应。程序会自动计算冲击和引力载荷。

优化分析（Optimization）：根据指定设计目标（比如减少重量），以及指定限制条件（如应力、变形、频率要求等），软件自动搜索最合适的设计方案，给出符合要求的模型尺寸。

疲劳分析（Fatigue）：疲劳是许多物体失效的主要原因，特别是金属物体，可以计算疲劳相关的参数。计算使用寿命等关心的结果。

## 二、基于 SolidWorks 软件电梯部件结构实例分析

轿底结构的受力分析中，按有限元方法求解或弹性力学求解，对大多数中小厂来说都过于复杂，不太容易；按常规力学方法求解，轿底部件的变形及应力计算公式出现二次积分，计算过程复杂。现在以额定载重 1000kg、轿厢内宽 1600mm×内深 1480mm 的电梯轿底结构计算为例，运用 SolidWorks 软件的三维建模、仿真分析功能，进行轿底应力及变形的计算。

### 1. 三维实体建模

运用 SolidWorks 软件强大的三维实体建模功能，建立轿底的实体模型。具体的建模过程在此不做过多介绍，建立轿底三维实体模型如图 3-38 所示。

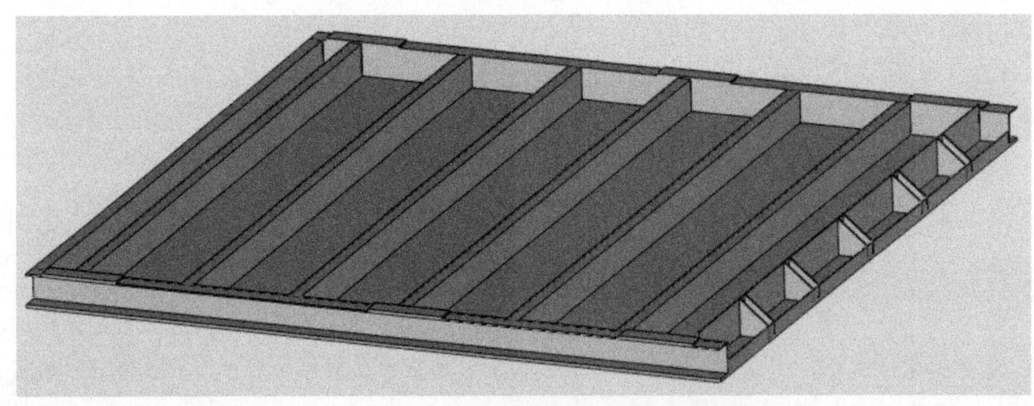

图 3-38　轿底结构三维实体模型图

### 2. 仿真分析

（1）添加夹具

轿底与轿底架之间由 6 个减振橡胶进行支撑。在做轿底应力及变形分析时，可以将 6 个减振橡胶视为固定点，限制轿底水平方向自由度，对轿底结构在垂直方向载荷的作用下产生变形及应力作用。轿底添加夹具如图 3-39 所示。

（2）施加载荷

轿底承受的载荷分为两部分：一部分为轿厢壁板、轿顶的重量均匀分布在轿底的前梁、

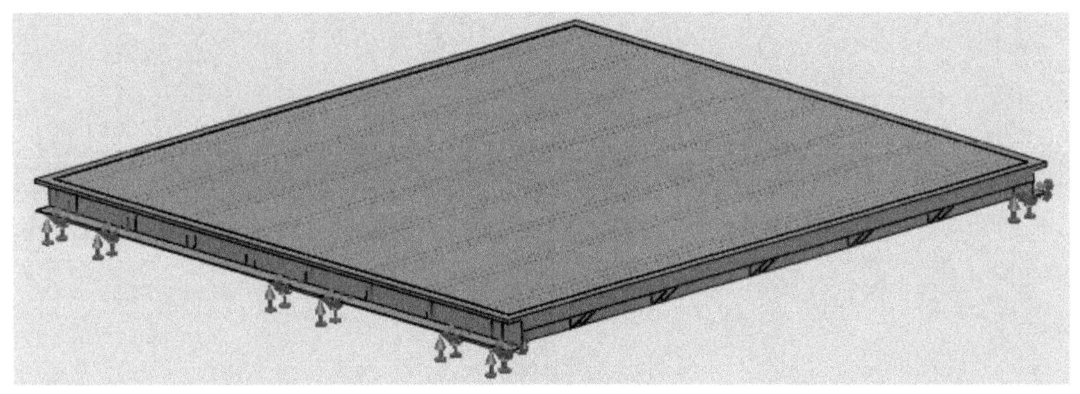

图 3-39　轿底添加夹具图

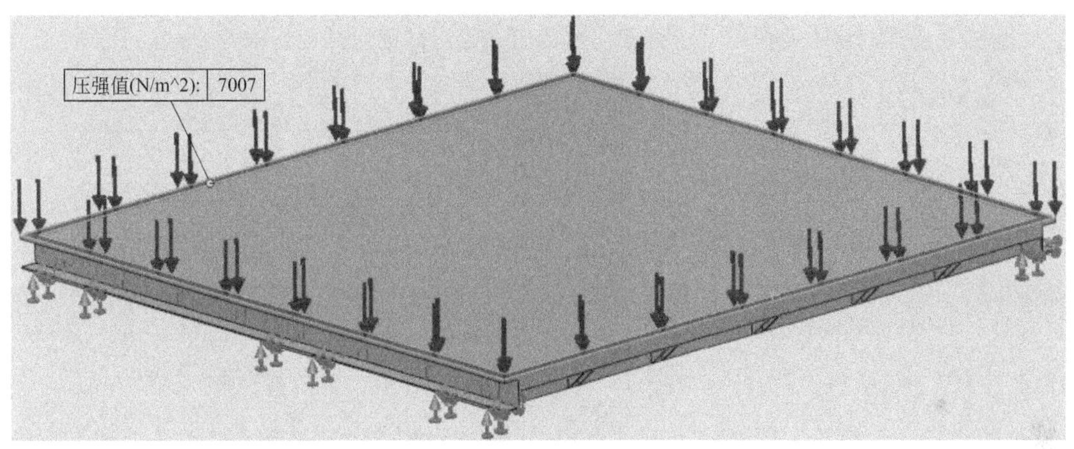


图 3-40　轿底边框载荷受力图

后梁及侧梁上；另一部分为额定载重均匀分布在轿底板内平面上。

轿厢壁板及轿顶的重量按 200kg 计算，轿底前梁、后梁及侧梁组成的边框承重面积为 0.2797$m^2$，均布线性压力为 200×9.8/0.2797＝7007N/$m^2$，载荷图如图 3-40 所示。电梯额定载重 1000kg，取动载荷安全系数为 2，轿底动载荷冲击重量 1000×2×9.8＝19600N，轿底板承重面积为 1.6×1.48＝2.368$m^2$，均布线性压力为 19600/2.368＝8277N/$m^2$，载荷图如图 3-41 所示。

（3）定义材料

SolidWorks 软件自带一个参数齐全的材料库，包括钢、铁、铝合金、红铜合金、钛合金、锌合金、其他合金、塑料、其他金属、其他非金属、普通玻璃纤维、碳纤维、硅、橡胶、木材等多种材料。轿底一般多由冷轧钢板制作而成，从材料库中选择相应的钢材型号，为模型设定杨氏模量 2.05e＋001 N/$m^2$，屈服强度 3.5e＋008N/$m^2$。模型材料定义如图

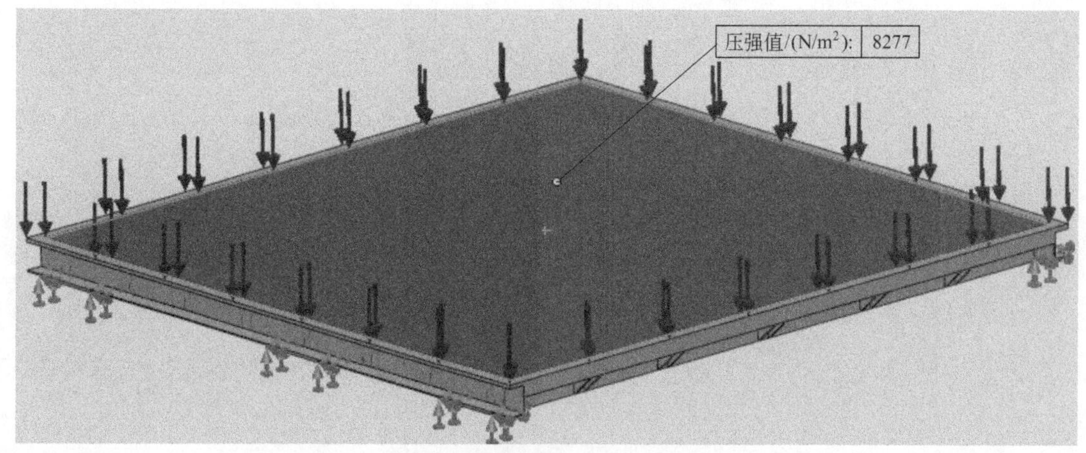


图 3-41　轿底板载荷受力图

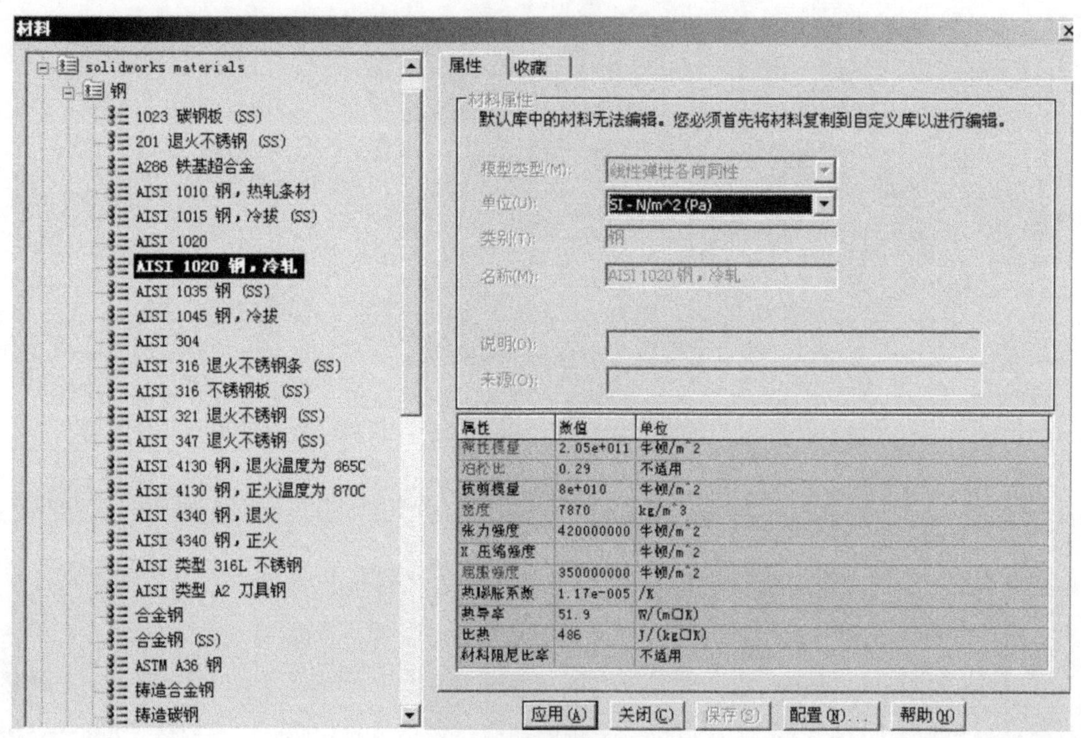


图 3-42　材料参数定义图

3-42所示。

（4）网格化

有限元网格划分是进行有限元数值模拟分析至关重要的一步，它直接影响着后续数值计算分析结果的精确性。网格划分涉及单元的形状及其拓扑类型、单元类型、网格生成器的选择、网格的密度、单元的编号以及几何体素。从几何表达上讲，梁和杆是相同的，从物理和数值求解上讲则是有区别的。同理，平面应力和平面应变情况设计的单元求解方程也不相同。在有限元数值求解中，单元的等效节点力、刚度矩阵、质量矩阵等均用数值积分生成，连续体单元以及壳、板、梁单元的面内均采用高斯（Gauss）积分，而壳、板、梁单元的厚度方向采用辛普生（Simpson）积分。辛普生积分点的间隔是一定的，沿厚度分成奇数积分点。由于不同单元的刚度矩阵不同，采用数值积分的求解方式不同，因此实际应用中，一定要采用合理的单元来模拟求解。利用 Solidworks 默认参数对模型进行网格化，如图 3-43 所示。

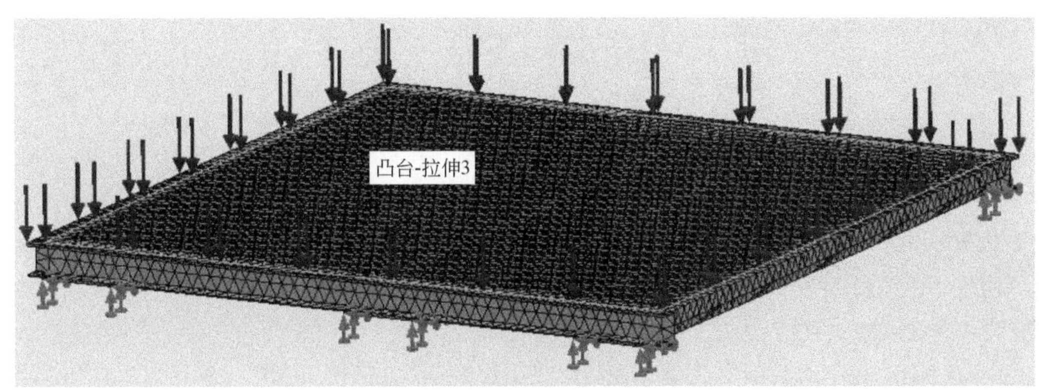


图 3-43　模型网格化图

（5）仿真模拟

在完成以上步骤后，直接进行仿真模拟，经过系统求解及仿真模拟后，得到轿底应力图及挠度图如图 3-44、图 3-45 所示。

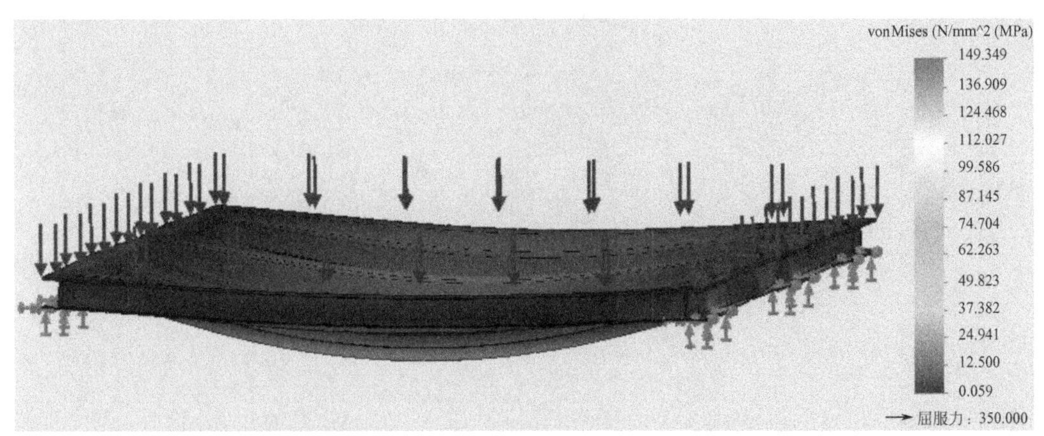


图 3-44　轿底应力图

由仿真结果图可以直观地观察每个部件的最大应力及最大挠度，轿底最大应力、最大挠

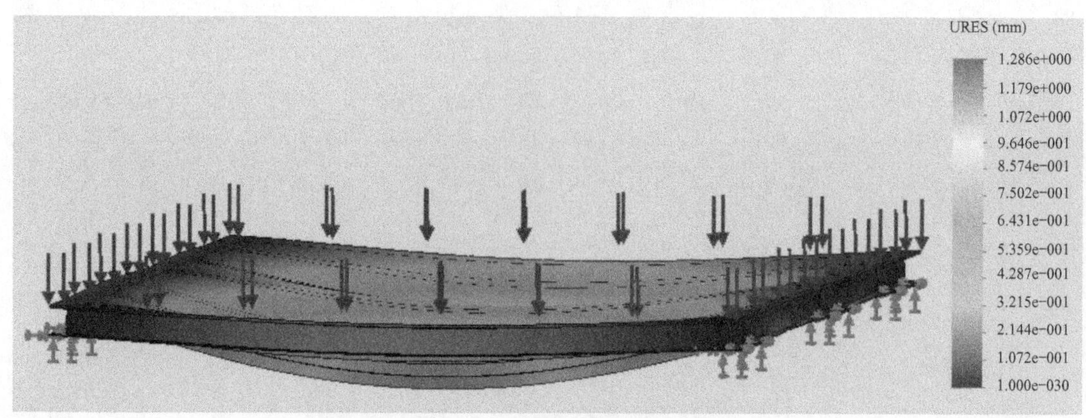


图 3-45 轿底变形图

度发生在轿底中心位置。表 3-3 许用应力、许用挠度中，对于弯压构件，许用应力为 87.2MPa、许用挠度为 1/1000。仿真结果中，轿底最大应力为 149MPa＞87.2MPa，最大应力不符合设计要求；最大挠度为 1.286mm，1.286/1600＜1/1000，符合要求。因此需要对模型进行优化设计，满足最大应力要求。

（6）优化设计

原轿底结构中轿底加强筋数量为 5 条，间隔为 250mm，现在以加强筋数量及间隔进行调整，数量增加为 6 条，间隔缩短为 200mm；重新添加夹具、添加载荷、定义材料、网格化，得到优化后的仿真结果如图 3-46、图 3-47 所示。

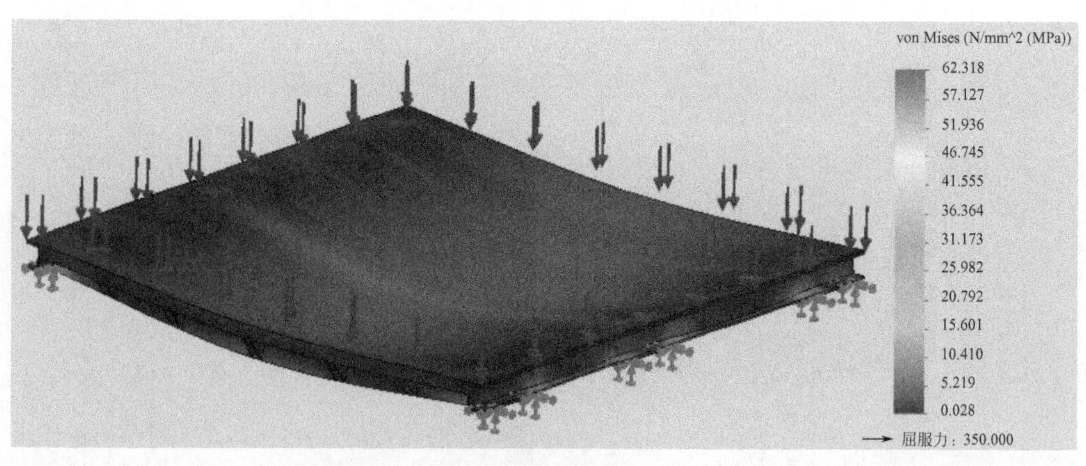


图 3-46 轿底优化后应力图

由仿真结果可知，轿底优化后的最大应力为 62.318MPa，最大挠度为 0.423mm，均符合设计要求。

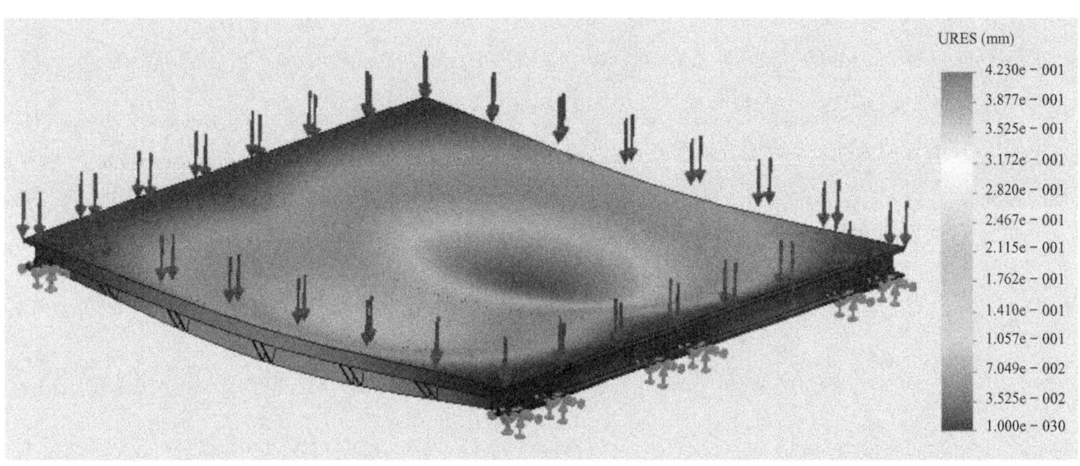


图 3-47　轿底优化后挠度图

# 第四章　电梯拖动系统

## 第一节　电梯拖动系统的特点和设计要求

交流（直流）电气拖动系统是以交流（直流）电动机为动力拖动各种生产机械系统，称之为交流（直流）电气传动系统。电梯的电力拖动系统为电梯提供动力，实施电梯的速度控制，完成电梯运行的速度曲线。它由曳引电动机、供电系统、速度反馈装置和电动机调速装置组成。

电梯拖动系统主要是实现轿厢的升降运动。轿厢的运动由曳引电动机产生动力，经曳引传动系统进行减速，改变运动形式（将旋转运动改变为直线运动），来实现驱动，其功率在几千瓦到几十千瓦，是电梯的主驱动。为防止轿厢停止时由于重力而溜车，还必须装设制动器（俗称抱闸）。

电梯拖动控制系统应具有以下功能：

① 有足够的驱动力和制动力，能够驱动轿厢，完成必要的运动并可靠地静止；

② 在运动中有正确的速度控制，有良好的舒适性和平层准确度；

③ 动作灵活，反应迅速，在特殊情况下能迅速制停；

④ 系统工作效率高，节省能量；

⑤ 运行平稳、安静，噪声小于国家标准要求；

⑥ 动作可靠，维修量小，寿命长。

电梯的电力拖动系统对电梯的起动加速、稳定速度运行、制动减速起控制作用，拖动系统也就是电梯的驱动系统，不仅需给电梯提供动力，而且控制着电梯的起动、运行和停止，所以驱动系统的优劣直接决定了电梯平层的准确性和乘坐的舒适性。目前常用的电力拖动系统有普通交流电力拖动系统（交流单速、交流双速、交流多速）和变压变频（VVVF）电力拖动系统。

电梯拖动控制系统的性能指标分为技术指标和经济指标，选择调速方式是在满足技术指标要求的前提下考虑经济指标。

**1. 技术指标**

分为静态性能指标和动态性能指标。

（1）静态性能指标

指系统稳定运行时的性能指标，对电梯系统来说比较重要的静态指标有静态率、调速范围、平滑性和调速时的输出等。

① 静差率（转速变化率）　电动机由理想空载转速到额定负载转速的变化率。静差率与电动机机械特性曲线硬度及理想空载转速有关。理想空载转速一定时，机械特性越硬，静差率越小，表明电动机相对稳定性能就越高；机械特性硬度相同，理想空载转速越高，静差率越小。

② 调速范围　在额定负载时，电动机能运行的最高转速和最低转速之比。不同拖动系统对调速范围 $D$ 要求不同，但都要求调速范围 $D$ 大。对于电梯而言，最高转速 $n_{\max}$ 越大，意味着电梯运行速度越快；最低转速 $n_{\min}$ 越小，意味着电梯平层准确度越高。要想提高调速范围，必须设法提高 $n_{\max}$ 或降低 $n_{\min}$ 。$n_{\max}$ 受机械强度及人体承受能力等方面的限制，$n_{\min}$ 受低速时相对稳定性和静差率限制。

静差率和调速范围这两个指标是互相制约的。

③ 平滑性　用平滑系数 $\varphi$ 来衡量，表示调速时相邻两级转速的接近程度，它等于相邻两级转速之比。平滑系数 $\varphi$ 越接近 1，相邻两级速度就越接近，调速的平滑性就越好，对于电梯来说表现为乘坐舒适感越好。无级调速时 $\varphi=1$，即表示转速连续可调，此时调速的平滑性最好。电动机调速的方法不同，得到的调速级数和平滑性就不同。

④ 调速时的输出　保证在额定电流的前提下调速是电动机允许的输出的功率和转矩。按电动机调速时输出的功率和转矩不同，调速可分为恒转矩调速和恒功率调速。电梯是恒转矩负载特性的机械，所以要选择恒转矩调速方案。

（2）动态性能指标

用来衡量系统调节过程中的性能，主要包括跟随性能指标和抗扰性能指标两种。跟随性能指标主要反映系统动态过渡的快速性和平稳性，常用上升时间、超调量和调节时间来衡量。

**2. 经济指标**

包括调速装置的初投资、维护保养费用和调速时的电能损耗等。

几种电梯拖动控制系统相比而言，直流调速拖动系统技术指标非常好，但是需要直流供电装置，初投资和维护费用远远高于交流电梯。交流变极和调压调速拖动系统的结构简单，造价低，便于维护，具有较好的经济指标，但技术指标相对较差。交流变压变频调速拖动系统拥有良好经济指标和调速性能，所以，目前变压变频调速拖动系统在电梯拖动系统中占主导地位。

# 第二节　电梯运动动力学分析

## 一、电梯运动方程式

电梯轿厢沿垂直的井道做升降运动，每一运动都包括起动、制动的工作状况，即经常工作在过渡状态，所以在设计电梯拖动系统之前必须对其动力学进行分析。

如图 4-1 所示，当电梯电动机在旋转运动时，原动力矩既需要用来克服机械系统所产生的阻转矩，又需克服其动态转矩。电动机电磁转矩 $T_M$ 是驱动转矩，正方向与转速 $n$ 正方向相同；静力矩 $T_L$ 是阻转矩，正方向与 $n$ 方向相反。

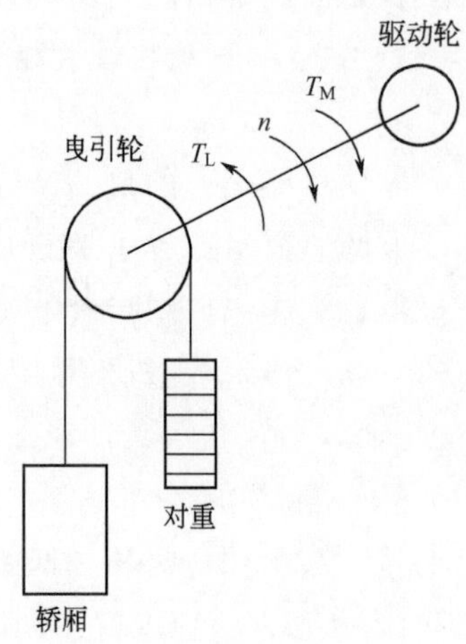


图 4-1　电梯拖动系统

根据旋转定律可写出该系统运动方程式如下：

$$T_M - T_L = J\frac{d\omega}{dt}$$

式中，$T_M$ 为原动力矩，N·m；$T_L$ 为静阻力矩，N·m；$J\frac{d\omega}{dt}$ 为动态转矩，N·m；$J$ 为系统惯性力矩，$N\cdot m/s^2$；$\frac{d\omega}{dt}$ 为角加速度，$rad/s^2$。

(1) $T_M - T_L > 0$ 时　角加速度为正值，驱动转矩超过静阻力矩的剩余力矩，用来克服系统的动态转矩，系统处于加速运动状态。

(2) $T_M - T_L < 0$ 时　角加速度为负值，即产生减速运动，其结果最终使系统的运动停止。

(3) $T_M - T_L = 0$ 时　角加速度等于零，系统处于静止或者匀速运动状态。若在起动时，系统不能启动。

## 二、电梯力矩分析

### 1. 电梯静阻力矩

在无齿轮传动装置的电梯中，因曳引电动机与曳引轮同轴，所以曳引轮轴上的静阻力矩就是曳引电动机轴上的静阻力矩。

当轿厢上升运动时，无齿轮减速传动的电梯曳引轮轴上的静阻力矩为

$$T_{Lu} = \frac{F_{Lu}D_W}{2} = \frac{D_W}{2}[(1+f_1)(G_c+G_l)-(1-f_2)G_b] \tag{4-1}$$

当轿厢下降运行时

$$T_{\mathrm{Ld}}=\frac{F_{\mathrm{Ld}}D_{\mathrm{W}}}{2}=\frac{D_{\mathrm{W}}}{2}[(1-f_2)G_{\mathrm{b}}-(1+f_1)(G_{\mathrm{c}}+G_1)] \tag{4-2}$$

式中，$F_{\mathrm{Lu}}$为轿厢上升时电梯曳引轮轴的静轴力；$F_{\mathrm{Ld}}$为轿厢下降时电梯曳引轮轴的静阻力矩；$D_{\mathrm{W}}$ 为电梯曳引轮轴直径；$f_1$ 为轿厢导靴与导轨的摩擦阻力系数；$f_2$ 为对重导靴与导轨的摩擦阻力系数；$G_{\mathrm{c}}$ 为轿厢自重；$G_1$ 为轿厢载重；$G_{\mathrm{b}}$ 为对重自重。

有齿轮传动电梯曳引电动机轴上的静阻力矩如下。

当变速器的蜗杆为主动，蜗轮为从动，轿厢上升或者下降时电动机轴上的静阻力矩分别为

$$T_{\mathrm{Lu'}}=T_{\mathrm{Lu}}\left(\frac{1}{i\eta}\right) \tag{4-3}$$

$$T_{\mathrm{Ld'}}=T_{\mathrm{Ld}}\left(\frac{1}{i\eta}\right) \tag{4-4}$$

式中，$i$ 为涡轮变速器的减速比；$\eta$ 为蜗杆为主动、蜗轮为从动时涡轮变速器的总传动效率。

当变速器的蜗轮为主动、蜗杆为从动，轿厢上升或下降运行时，电动机轴上的静阻力矩分别为

$$T_{\mathrm{Lu'}}=T_{\mathrm{Lu}}\left(\frac{\eta'}{i}\right) \tag{4-5}$$

$$T_{\mathrm{Ld'}}=T_{\mathrm{Ld}}\left(\frac{\eta'}{i}\right) \tag{4-6}$$

式中，$\eta'$ 为蜗轮为主动、蜗杆为从动时蜗轮变速器的总传动效率。

电梯在匀速运行中具有四种极限状态，即轿厢满载上升、满载下降、空载上升、空载下降。如果式(4-1)—式(4-6) 之值为正值，则曳引电动机处于电动运行状态；如果为负值，则由于势能负载的作用使曳引电动机处于发电制动状态。

**2. 电梯动阻力矩**

电梯的动态转矩为

$$T_{\mathrm{d}}=J\ \frac{\mathrm{d}\omega}{\mathrm{d}t}$$

$$\omega=\frac{2\pi pn}{60}\qquad \frac{\mathrm{d}\omega}{\mathrm{d}t}=\frac{\pi p}{30}\ \frac{\mathrm{d}n}{\mathrm{d}t}$$

$$J=mr^2=\left(\frac{G}{g}\right)\left(\frac{D}{2}\right)^2=\frac{GD^2}{4g}$$

$$T_{\mathrm{d}}=\left(\frac{GD^2}{375}\right)\frac{\mathrm{d}n}{\mathrm{d}t}$$

式中，$n$ 为电动机转速；$G$ 运行系统的重量。

设电梯轿厢的运行速度为 $v$，起动过程中的平均加速度为

$$a=\frac{v}{t}$$

而速度为

$$v=\frac{\pi D_W n_W}{60}=\frac{\pi D_W n}{60i}$$

式中，$D_W$ 为曳引轮直径；$n_W$ 为曳引轮转速，r/min；$n$ 为电动机转速，r/min；$i$ 为曳引比。

# 第三节　普通交流电梯电力拖动系统的设计

## 一、单速电梯电力拖动系统

交流单速电梯是通过三相异步电动机驱动。单速电梯只有一种速度，要保证电梯具有一定的平层准确度，要求电梯停车前的速度很低，即停车前的速度就是其正常运行的速度，因而单速电梯的额定速度很低，一般在 0.4m/s 以下。由于只有一种速度，单速电梯所用元件很少，造价低，使用简单，维修方便。由于不能变速，只能用于性能要求不高、载重量小和提升高度不大的小型载货电梯或杂物电梯上，现已很少使用。

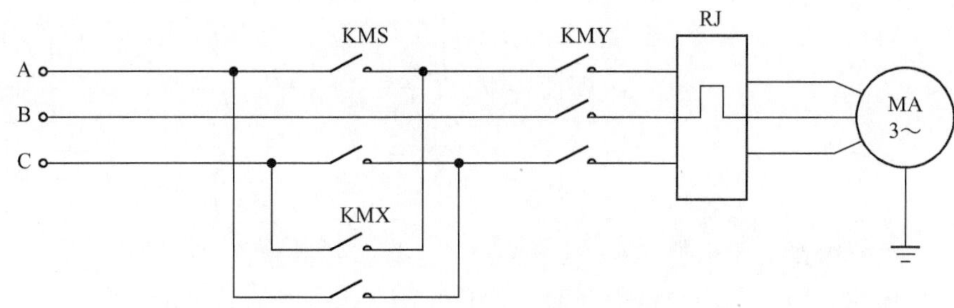


图 4-2　单速电梯主回路图

### 1. 单速电梯主回路电路工作原理

继电器控制系统主回路如图 4-2 所示。电梯开始向上起动运行时，运行接触器 KMY 吸合，向上方向 KMS 接触器吸合，电动机起动带动轿厢向上运行。电梯开始向下起动运行时，运行接触器 KMY 吸合，向下方向 KMX 接触器吸合，电动机起动带动轿厢向下运行。

### 2. 单速电梯主回路选型设计

(1) 电动机额定电流的计算

由三相电动机的功率公式

$$P_N=\eta\sqrt{3}U_L I_L\cos\varphi \tag{4-7}$$

式中　$P_N$ ——电动机额定功率；

$\eta$ ——电动机效率，一般选取为 0.9；

$U_L$，$I_L$ ——电动机额定电压和额定电流；

$\cos\varphi$ ——功率因数，一般选取为 0.85。

由式(4-7) 可计算出三相异步电动机正常工作时的额定电流。

(2) 交流接触器

交流接触器是一种电磁式开关，作用是作电力的开断合控制电路。交流接触器利用主触点来通断电路，用辅助触点来执行控制指令。交流接触器选用时应满足电梯主电路和控制电路的基本要求，如额定工作电压、电动机功率、操作频率、工作寿命等选型依据。

交流接触器的选型计算是根据电机功率选择合适的参数，接触器主触头的额定电流要大于或等于电机额定电流的 1.5～2.5 倍；接触器吸引线圈的额定电压、电流及辅助触头的数量、电流容量应满足控制回路接线要求；同时也应满足杂物电梯制造与安装安全规范 GB 25194—2010 条款 13.2 要求。

(3) 空气开关

空气开关是低压配电网络和电力拖动系统中非常重要的一种电器，它能对电路或电气设备发生的短路、过载等进行保护，能完成电路的接通和分断。

主电源开关（空气开关）选型计算要满足电压等级要求，开关额定电流要大于等于 1.5 倍线路负载电流的大小。同时应满足杂物电梯制造与安装安全规范 GB 25194—2010 条款 13.3.1、13.3.2、13.3.4 的要求。

(4) 漏电开关

漏电开关的主要作用是解决漏电保护问题，但相线流出多少电流，零线就要流回多少电流，一旦有电流缺失，比如人体触电、导体漏电等情况出现时，电流通过人体或导体流到地上，一般超过漏电动作电流值时漏电开关就会保护。漏电开关选型时需注意其容量的大小，漏电动作电流值一般小于 30mA。

(5) 热继电器

热继电器是利用流过继电器的电流所产生的热效应而反时限动作的自动保护装置，用作电动机的过载保护、断相保护、电流不平衡运行的保护。热继电器应满足电压等级要求，其整定电流调整为电机额定电流的 1～1.2 倍。同时应满足杂物电梯制造与安装安全规范 GB 25194—2010 条款 13.3.3 要求。

(6) 导线

导线应满足电压等级和防护等级要求，根据电机的额定电流选择合适载流量的电线。电梯起动频繁，所以可以适当选择相对大一个等级的导线。同时还要考虑供电距离，50m 范围外计算时应考虑放大系数。

## 二、双速电梯电力拖动系统

我国在 20 世纪 60～70 年代生产的电梯，绝大部分是交流双速电梯，80 年代生产的电梯也有相当数量的双速电梯，在当前运行的电梯中也有一定数量是属于这种拖动方式的。交流双速电梯的拖动系统结构简单，运行舒适感较差，额定速度一般在 1.0m/s 以下。这种电梯通常采用继电器-接触器控制，故障率较高，越来越不适应现代社会的需求。今后交流双速拖动方式将主要用于货梯和客梯两用的电梯中，控制部分也将由有触点控制改为无触点控制，提高其运行可靠性。

三相异步电动机的调速方法主要是通过改变极对数的不同而得到不同的速度。由电机学原理可知，三相异步电动机的转速公式如下：

$$n=\frac{60f_1}{p}(1-s)$$

式中 $n$ ——三相异步电动机的转速，r/min；

$f_1$ ——三相异步电动机定子供电频率，1/s；

$p$ ——三相异步电动机的极对数；

$s$ ——转差率。

由上式可知，改变三相异步电动机的磁极对数，就可以改变其转速。

**1. 交流双速电梯拖动系统工作原理**

交流双速电梯具有两种速度，使电梯在起动与稳定运行时具有较高的速度，可以大大提高电梯的输送能力；同时具有准确平层所需要的较低速度，保证了电梯的平层精度。交流双速电梯拖动系统运行性能良好，而驱动系统及其相应的控制系统又不太复杂，经济性较好，但调速性能较差。主要应用于提升高度不超过 45m 的低档乘客电梯、服务电梯、载货电梯、医用电梯和居民住宅电梯中，或用于要求不高的车站、码头等公共场所。

电梯在起动运行时采用快速绕组，在制动减速、平层、检修运行时采用慢速绕组，当电梯下行或上行接触器动作时，相序会发生改变，从而改变电动机的转向。电梯在起动和制动过程中要求乘客乘坐舒适，并且对电梯的机件不应有冲击，因此对于交流电动机拖动的电梯，在起动时串入电阻或电抗以限制起动电流，减小起动时的加速度。电梯在制动、平层过程中电动机由高速绕组转到低速绕组，为了限制其制动电流过大及降低减速时的负加速度，在电路中串入电阻或电抗，防止产生过大的冲击。

交流双速电梯主拖动电路如图 4-3 所示。电梯起动上行时，KMU 接触器接通，KMF 接触器接通，串入部分电抗 TK，电梯处于上行起动运行状态。经一段时间后，KMF1 接触器接通，电抗器 TK 切除，电动机转入固有特性运转，电梯处于快速运行状态。减速上行时，KMF、KMF1 断开，KMU、KML 闭合，电抗器 TK 全部接入，慢速绕组串电抗 TK 运行，电梯以速度 $V_1$ 运行于上行制动状态。一段时间后 KML1 接通，KML1 闭合，电抗器 TK1 切除，电梯以速度 $V_2$（$V_1>V_2$）运行，直至停车。

**2. 交流双速电梯速度的速度曲线**

交流双速电梯速度曲线如图 4-4 所示。在停车前有一个短时间的低速运行，这是为了提高平层准确度，因为在双速电梯中不采用速度闭环控制，如果由高速直接停车，轿厢将冲过一段较大的距离，而这段距离又因电梯的负载情况、运行方向等原因而差距很大，会造成平层准确度差。设置一个低速运行段后，停车前的运行速度大约是额定速度的 1/4，而运动部分的动能与速度的二次方成正比，速度减小到 1/4，动能将减少到 1/16，这时再抱闸停车，轿厢冲过的距离大大减小，不同工况的差别也将减小，可以保证需要的平层准确度。

**3. 交流双速电梯主回路中电抗器的选型计算**

起动电抗器与电动机串联，限制其起动电流，避免电梯起动时的冲击感、减速时的台阶

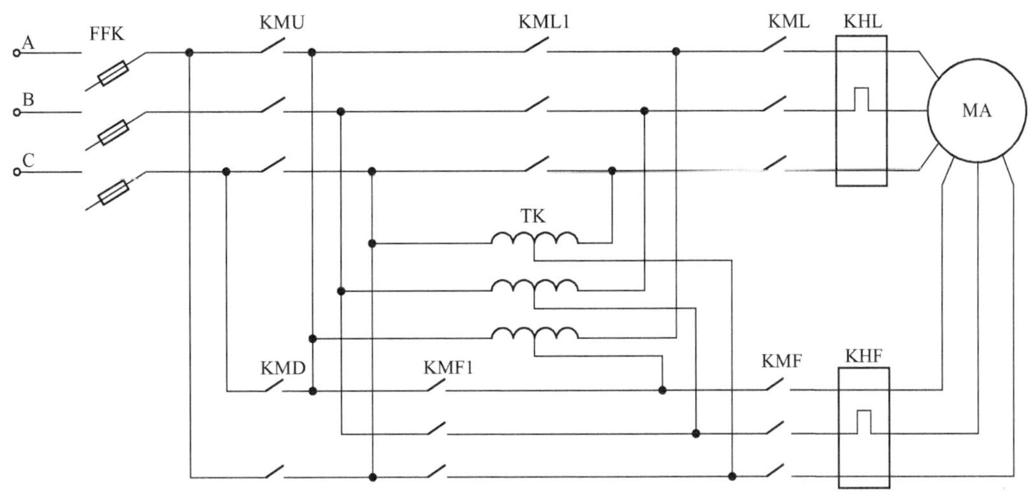


图 4-3　交流双速电梯主拖动电路

FFK—空气开关；KMU—上升接触器；KMD—下降接触器；KMF—快速接触器；
KML—慢速接触器；KMF1—快加速接触器；KML1—慢加速接触器；
TK—电抗器；KHF—快车热继电器；KHL—慢车热继电器；MA—电动机

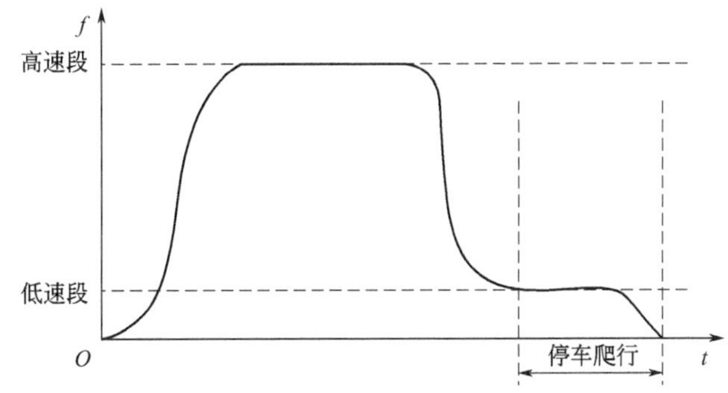


图 4-4　交流双速电梯速度曲线

感。电感与电压、电流的关系为

$$u=L\frac{\mathrm{d}i}{\mathrm{d}t} \tag{4-8}$$

由式(4-8)可知，电感两端的电压与电感量成正比，还与电流变化速度 $\frac{\mathrm{d}i}{\mathrm{d}t}$ 成正比。同时电感线圈也是一个储能元件，它以磁的形式储存电能，储存的电能大小可用下式表示：

$$W_{\mathrm{L}}=\frac{1}{2}Li^{2} \tag{4-9}$$

由式(4-9)可见，线圈电感量越大，流过的电流越大，储存的电能也就越多。

电梯电抗器的选型一般需满足以下要求：

$$P_{电抗} \geqslant 1.25P_{电机}$$

交流双速电梯主回路电路其他部件选型设计可参照交流单速电梯。

# 第四节　电梯变频变压调速系统的设计

## 一、电梯的速度曲线

电梯尽可能地以额定速度运行，可缩短行程时间并充分利用电机容量，提高加速度及加加速度，可缩短电梯加速过程，但是加速度及加加速度直接与系统受力相关，能够被轿厢内的乘客感知，当速度变化太快或者加速度变化过大时，将引起乘客的不舒适感。在综合权衡运行噪声、行程时间、电机功率等级及乘坐舒适度等因素后，产生了一定的速度曲线供电机控制跟随。国标 GB/T 10058—2009 规定，乘客电梯起动加速度和制动减速度最大值均不应大于 $1.5\mathrm{m/s^2}$，当 $1.0\mathrm{m/s}<v\leqslant 2.0\mathrm{m/s}$ 时，按 GB/T 24474—2009 加、减速度不应小于 $0.5\mathrm{m/s^2}$；当乘客电梯额定速度为 $2.0\mathrm{m/s}<v\leqslant 6.0\mathrm{m/s}$ 时，加、减速度不应小于 $0.7\mathrm{m/s^2}$。日本科研人员经过实验表明，在电梯运行加加速度超过 $2\mathrm{m/s^3}$ 时，人体将会感觉到不舒服，业内通常设置在 $1.3\mathrm{m/s^3}$ 以下。将上述对电梯速度曲线的要求用数学表达式总结如下：

$$-1.5\mathrm{m/s^2}\leqslant a(t)=\frac{\mathrm{d}v(t)}{\mathrm{d}t}\leqslant 1.5\mathrm{m/s^2},\forall t$$

$$-1.3\mathrm{m/s^3}\leqslant \rho(t)=\frac{\mathrm{d}v(t)}{\mathrm{d}t}=\frac{\mathrm{d}^2v(t)}{\mathrm{d}t}\leqslant 1.3\mathrm{m/s^3},\forall t$$

式中，$a$ 代表加速度，$\rho$ 代表加加速度。速度及加速度随时间的变化函数均可微分，因此必须是平滑无跳变的曲线。目前满足上述速度曲线要求的方案主要有两种：二次曲线与直线构成的 S 速度曲线和正弦速度曲线。S 速度曲线的加加速度为跳变量，而正弦曲线可任意次微分，其加加速度仍旧是连续变化曲线，因此正弦速度曲线比 S 速度曲线的轨迹更加符合人体工学。而 S 速度曲线相对正弦速度曲线更容易进行数字拟合，计算量小，且电机速度的跟随性能更优，因此应用最广泛。

电梯运行的一个行程包括起动、稳速、制动三个阶段，起动与制动过程均用 S 速度曲线实现，如图 4-5 所示。首先加速度按照指定加加速度 $\rho_m$ 增加至指定加速度 $a_m$，恒加速一段时间后加速度按照指定加加速度 $-\rho_m$ 减小至 0，则电梯进入稳速阶段。制动阶段与起动阶段相似。通常 $\rho_m$、$a_m$、$v_N$ 均为开放参数，用户可更改，但是并非所有的（$\rho_m$、$a_m$、$v_N$）组合都能构成三段速的 S 曲线，有些情况下可能不存在 $t_1\sim t_2$ 及 $t_5\sim t_6$ 的恒加速段。起动段各段关系具体如下：

当满足 $v_N>\dfrac{a_m^2}{\rho_m}$ 时，起动速度曲线为三段速，各段速度表达式为

$$\begin{cases} v(t)=\dfrac{1}{2}\rho_m t^2 & 0\leqslant t\leqslant t_1 \\ v(t)=a_m t-\dfrac{a_m^2}{2\rho_m} & t_1\leqslant t\leqslant t_2 \\ v(t)=v_N-\dfrac{1}{2}\rho_m\left(t-\dfrac{v_N}{a_m}-\dfrac{a_m}{\rho_m}\right)_2 & t_2\leqslant t\leqslant t_3 \end{cases}$$

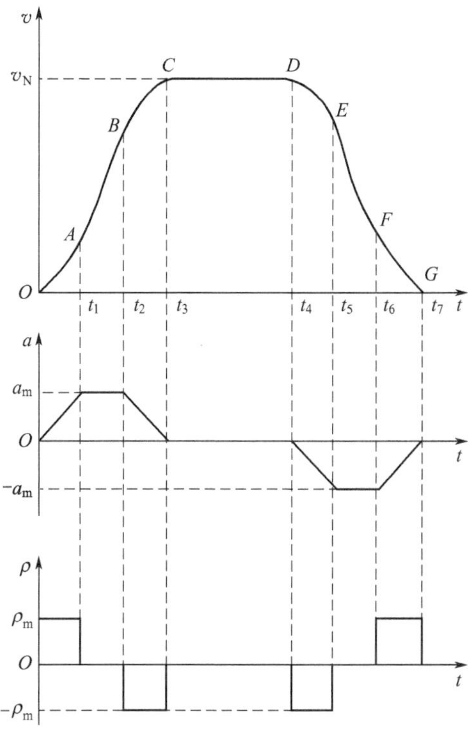


图 4-5　电梯的 S 速度曲线

式中，$t_1=\frac{a_m}{\rho_m}$，$t_2=\frac{v_N}{a_m}$，$t_3=\frac{v_N}{a_m}+\frac{a_m}{\rho_m}$。各段速转折点对应速度为：

$$\begin{cases} v_1=\dfrac{a_m^2}{2\rho_m} \\ v_2=v_N-\dfrac{a_m^2}{2\rho_m} \end{cases}$$

在确定了 $\rho_m$、$a_m$、$v_N$ 后，即可确定 S 速度曲线。该 S 速度曲线基准由主控制器生成，经数模转换后模拟传输到变频器，变频器一侧经模数转换后作为速度给定加入到控制环中，控制电机跟随基准速度曲线，而通过电梯变频调速拖动控制系统，能使得实际速度曲线较好地跟随基准速度曲线。

## 二、变频调速电梯拖动控制系统的设计

### 1. 三相异步电动机矢量变换 VVVF 电梯控制系统

(1) 矢量变换

矢量变换技术是一种新的控制技术。在 VVVF 电梯中，PWM 变换技术与矢量变换技术的应用，大大地改善了传动系统的动态品质，同时也明显地提高了运行指标。

在直流电动机中，只要控制了电动机电枢电流，那么电动机转矩就可以在恒励磁激励的情况下得到较好的控制。矢量变换的基本思想就是在普通的三相交流异步电动机上设法模拟

直流电动机转矩的控制规律，其具体方法是根据旋转磁场等效原则建立的。

从三相异步电动机的数学模型可知，对其特性和控制规律进行研究时，用两相比三相简单，用直流控制比交流控制方便。为了对三相系统进行简化，必须对电动机的参考坐标系进行变换，称为坐标变换。在研究矢量控制时，定义三种坐标系，即三相静止坐标系（3s）、两相静止坐标系（2s）和两相旋转坐标系（2r）。

交流电动机三相对称的静止绕组 A、B、C，通入三相平衡的正弦电流 $i_A$、$i_B$、$i_C$ 时，所产生的合成磁动势是旋转磁动势 $F$，它在空间呈正弦分布，并以同步转速 $\omega_1$ 按相序旋转，其等效模型如图 4-6(a) 所示。图 4-6(b) 中给出了两相静止绕组 $\alpha$ 和 $\beta$，它们在空间互差 90°，再通以时间上互差 90°的两相平衡交流电流，也能产生旋转磁动势 $F$，与三相等效。图 4-6(c) 则给出了两个匝数相等且相互垂直的绕组 M 和 T，在其中分别通以直流电流 $i_M$ 和 $i_T$，在空间产生合成磁动势 $F$。如果让包含两个绕组在内的铁芯（图中以圆表示）以同步转速 $\omega_1$ 旋转，则磁动势 $F$ 也随之旋转成为旋转磁动势。如果能把这个旋转磁动势的大小和转速也控制成 $A$、$B$、$C$ 和 $\alpha$、$\beta$ 坐标系中的磁动势一样，那么，这套旋转的直流绕组也就和这两套交流绕组等效了。当观察者站到铁芯上和绕组一起旋转时，就会看到 M 和 T 是两个通以直流而相互垂直的静止绕组。如果使磁通矢量 $\Phi$ 的方向在 $M$ 轴上，就和一台直流电动机模型没有本质上的区别了。可以认为：绕组 M 相当于直流电动机的励磁绕组，T 相当于电枢绕组。

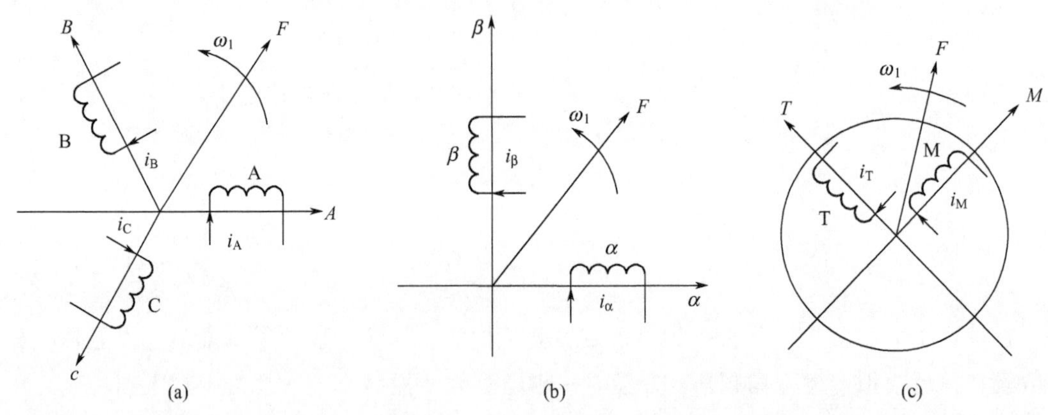


图 4-6 异步电动机的等效模型

（2）坐标变换

① 三相/两相（3s/2s）坐标变换 三相静止坐标系 $A$、$B$、$C$ 和两相静止坐标系 $\alpha$ 和 $\beta$ 之间的变换，称为 3s/2s 变换。变换原则是保持变换前后的功率不变。

设三相对称绕组（各相匝数相等、电阻相同、互差 120°空间角）内通入三相对称电流 $i_A$、$i_B$、$i_C$，形成定子磁动势，用 $F_3$ 表示，如图 4-7(a) 所示。两相对称绕组（匝数相等、电阻相同、互差 90°空间角）内通入两相电流后产生定子旋转磁动势，用 $F_2$ 表示，如图 4-7(b) 所示。适当选择和改变两套绕组的匝数和电流，即可使 $F_3$ 和 $F_2$ 的幅值相等。若将这两种绕组产生的磁动势置于同一图中比较，并使 $F_\alpha$ 与 $F_A$ 重合，如图 4-7(c) 所示，且令

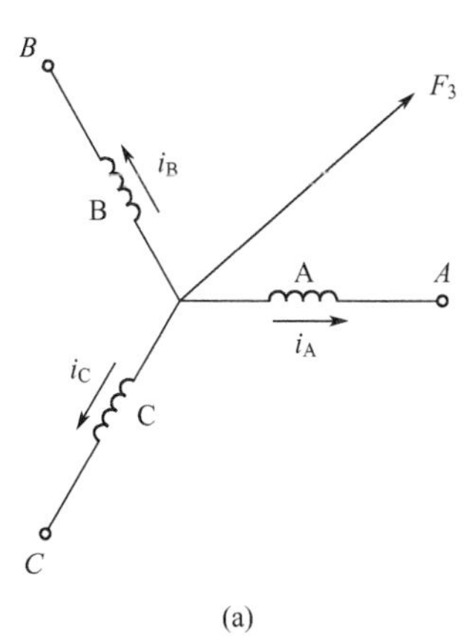

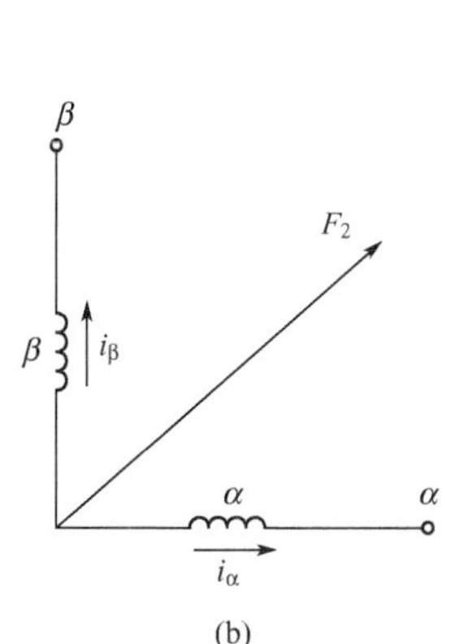

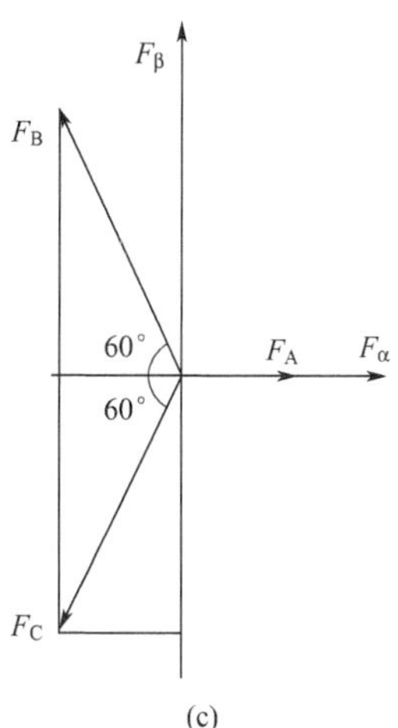


图 4-7　绕组磁动势的等效关系

$F \propto I$，则可得出如下等效关系：

$$i_\alpha = i_A - \frac{i_B}{2} - \frac{i_C}{2}$$

$$i_\beta = \frac{\sqrt{3}}{2} i_B - \frac{\sqrt{3}}{2} i_C$$

② 二相/二相旋转变换　二相/二相旋转变换又称为矢量旋转变换。因为 $\alpha$ 、$\beta$ 绕组在静止的直角坐标系（2s）上，而 M、T 绕组在旋转的直角坐标系（2r）上，所以变换的运算功能由矢量旋转变换来完成。

图 4-8 中，静止坐标系的两相交流电流 $i_\alpha$ 、$i_\beta$ 和旋转坐标系的两相直流电流 $i_M$ 、$i_T$ 均合成为 $i_1$，产生以 $\omega_1$ 转速旋转的磁动势 $F_1$。由于 $F_1 \propto i_1$，故在图上亦用 $i_1$ 代替 $F_1$。图中的 $i_\alpha$ 、$i_\beta$ 、$i_M$ 、$i_T$ 实际上是磁动势的空间矢量，而不是电流的时间向量。设磁通矢量为 $\Phi$ ，并定向于 $M$ 轴上，$\Phi$ 和 $\alpha$ 轴的夹角为 $\varphi$ ，$\varphi$ 是随时间变换的，这就表示 $i_1$ 的分量 $i_\alpha$ 、$i_\beta$ 长短也是随时间变换。$i_1$（$F_1$） 和 $\Phi$ 之间的夹角 $\theta$ 是表示空间的相位角，稳态运行时 $\theta$ 不变，因此 $i_M$ 、$i_T$ 大小不变，说明 $M$、$T$ 绕组只是产生直流磁动势。由图 4-8 可推导出

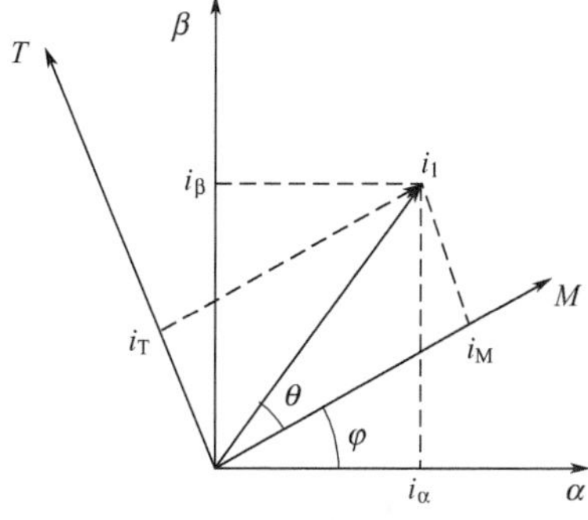


图 4-8　二相静止和旋转坐标变换图

下列关系：

$$i_\alpha = i_M\cos\varphi - i_T\sin\varphi \tag{4-10}$$

$$i_\beta = i_M\sin\varphi + i_T\cos\varphi \tag{4-11}$$

由式(4-10)、式(4-11) 可推导出

$$i_M = i_\alpha\cos\varphi + i_\beta\sin\varphi$$

$$i_T = -i_\alpha\sin\varphi + i_\beta\cos\varphi$$

在矢量控制系统中，由于旋转坐标轴 $M$ 是由磁通矢量的方向决定的，故旋转坐标 $M$、$T$ 又叫做磁场定向坐标，矢量控制系统又称为磁场定向控制系统。

③ 直角坐标/极坐标变换　在矢量控制系统中，有时需将直角坐标变换为极坐标，用矢量幅值和相位夹角表示矢量。图 4-8 中矢量 $i_1$ 和 $M$ 轴的夹角为 $\theta$，若由已知的 $i_M$、$i_T$ 来求 $i_1$ 和 $\theta$，则必须进行直角坐标/极坐标变换，其关系式为

$$i_1 = \sqrt{i_M^2 + i_T^2}$$

$$\theta = \arctan\left(\frac{i_T}{i_M}\right)$$

(3) 三相异步电动机矢量控制系统

矢量控制系统有电压源逆变器馈电矢量控制系统和电流可控电压源逆变器馈电矢量控制系统。前者中逆变器的控制信号是指令电压，而后者中逆变器的控制信号是指令电流。图 4-9 所示为电流可控电压源逆变器馈电矢量控制系统。

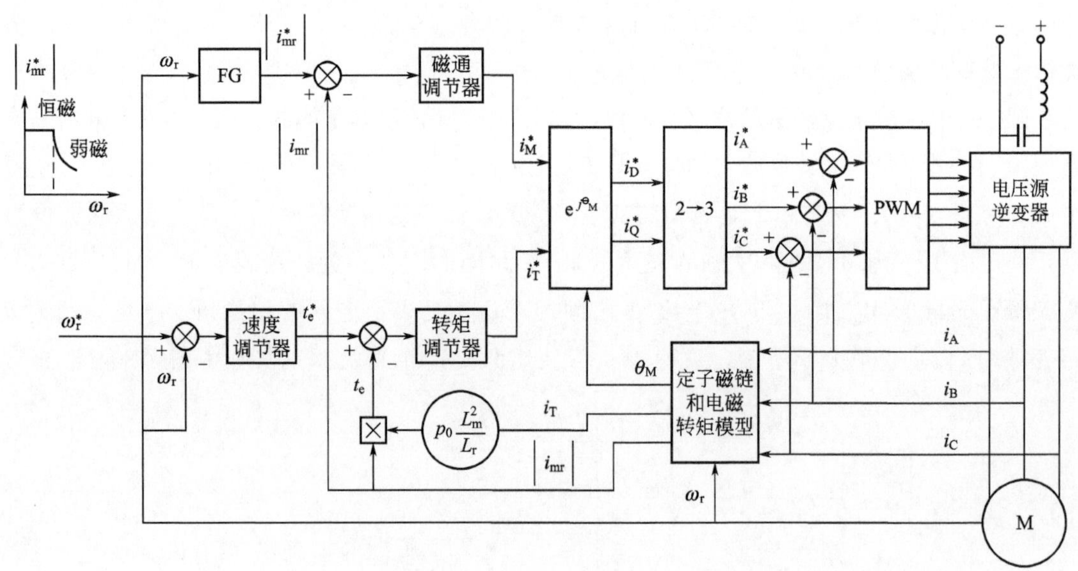


图 4-9　电流可控电压源逆变器馈电矢量控制系统

图 4-9 中，三相感应电动机由电流可控电压源逆变器馈电，逆变器可以采用滞环比较控制，逆变器输出的电流可以跟随指令电流 $i_A^*$、$i_B^*$、$i_C^*$。这个系统采用了串级结构，包括速度和电流的闭环控制。采用光电编码器作为传感器，直接获取转子速度和位置信息。

将定子三相电流和转速的检测值输入定子磁链和转矩模型后，获取了转子磁链矢量的幅值（以 $|i_{mr}|$ 的形式给出）和空间相位 $\theta_M$ ，同时又给出了转矩电流 $i_T$ 的实际值，用以构成反馈控制。在 MT 系统内，因为 $i_M$ 和 $i_T$ 间没有耦合，对励磁电流 $i_M$ 和转矩电流 $i_T$ 是分开独立控制的，以此构成了两个相对独立的子系统。

速度给定值 $\omega_r^*$ 与实际 $\omega_r$ 的偏差作为速度调节器的输入，速度调节器通常是 PI 调节器，其输出值为转矩参考值 $t_e^*$ 。由 $|i_{mr}|$ 和 $i_T$ 的实际值，可以获取实际电磁转矩 $t_e$ 。将 $t_e^*$ 和 $t_e$ 的偏差输入转矩调节器，其输出为转矩电流参考值 $i_T^*$ 。事实上，转矩 $t_e$ 与 $i_T$ 成正比的情况下，也可以不采用转矩调节器。

等效励磁电流 $|i_{mr}^*|$ 以指令的形式给出，$|i_{mr}^*|$ 值的确定与电动机磁路饱和程度和转速有关。当 $\omega_r$ 在基速以下时，设定 $|i_{mr}^*|$ 为常值，$|i_{mr}^*|$ 决定了定子磁链矢量的幅值，因此 $|i_{mr}^*|$ 的最大值受限于电动机磁路可允许达到的饱和程度。在稳定运行时，随着转子速度的增加，定子电压会随之增大，当转速达到某一值时，定子电压会达到逆变器可能提供的最大电压，将此时的转速称为基速。若继续提高转速，就必须相应地减小励磁电流 $|i_{mr}|$ ，即应进行弱磁控制。在图 4-9 中，应用函数发生器（FG）来实现弱磁。当 $\omega_r$ 低于基速时，FG 的输出保持恒定；当 $\omega_r$ 超过基速时，FG 令 $|i_{mr}^*|$ 值随 $\omega_r$ 增大而反比例地减小。在基速以下，电动机能以最大转矩输出，称为恒转矩运行；在基速以上，电动机输出功率可保持不变，称为恒功率运行。等效励磁电流 $|i_{mr}^*|$ 与实际励磁电流值 $|i_{mr}|$ 的偏差作为磁通调节器的输入，磁通调节器一般也为 PI 调节器，磁通调节器的输出为励磁电流参考值 $i_M^*$ 。

在获取了电流参考信号 $i_T^*$ 和 $i_M^*$ 后，经过坐标变换得到三相指令电流 $i_A^*$ 、$i_B^*$ 、$i_C^*$ ，再利用滞环比较控制，可以使得定子电流 $i_A$ 、$i_B$ 、$i_C$ 很快跟踪参考电流 $i_A^*$ 、$i_B^*$ 、$i_C^*$ 的变化。

对于很多新系列的变频器，都设置了“无反馈矢量控制”功能。这里的“无反馈”，是指不需要由用户在变频器的外部再加其他的反馈环节。而矢量控制时变频器的内部还是有反馈存在的，它的速度反馈信号不是来自速度传感器，而是通过 CPU 对电动机的各种参数进行计算得到的一个转速值，由这个计算出的转速实际值和给定值之间的差异来调整和改变变频器的输出频率和电压。因此无反馈矢量控制已使异步电动机的机械特性可以和直流电动机的机械特性相媲美。

(4) 三相异步电机 VVVF 电梯拖动系统设计

VVVF 调速方案很多，图 4-10 所示为一种高速、超高速电梯变频调速电梯拖动控制系统的原理框图。整流器采用晶闸管可逆 PWM 方式，起到了将负载端产生的再生功率送回电源的作用。对于中、低速电梯，其系统的整流器部分使用的是二极管，而变频器部分使用晶闸管，整流器的整流效果不如使用晶闸管，容易产生转矩波动，使电动机电流波形不太接近正弦波，会产生电动机噪声。而且从电梯的电动机侧看，包括绳索在内的机械系统具有 5～10Hz 的固有振荡频率，如果电动机产生的转矩波动与该固有频率相近，就会导致谐振的产生，影响乘坐的舒适性。

图 4-10 所示系统采用了转速反馈，抑制了转矩波动；同时有电流反馈、电压反馈，提

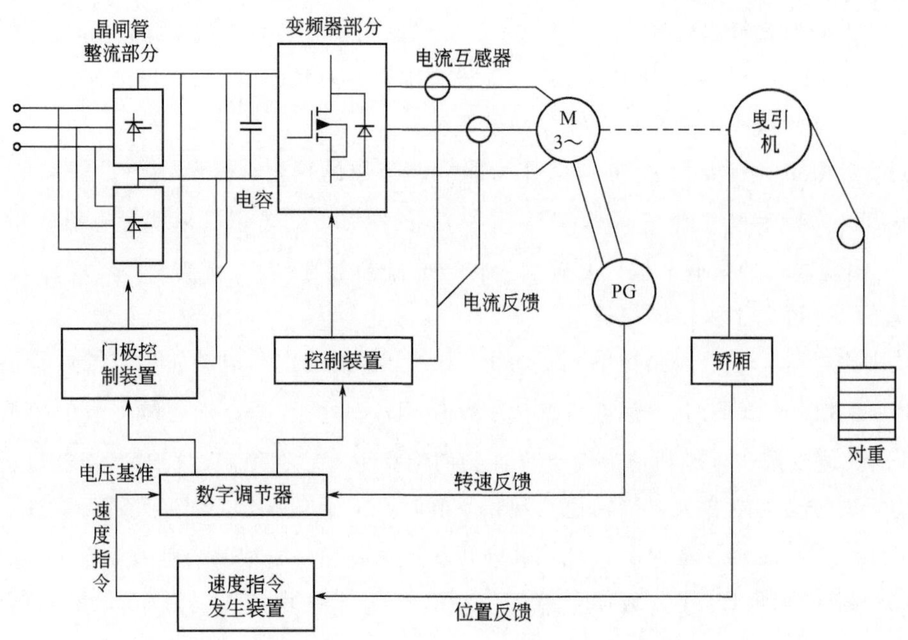


图 4-10　一种高速、超高速电梯变频调速电梯拖动控制系统

高了控制精度；还有位置反馈，适应电梯位置判断的需要。

**2. 永磁同步电机变频调压调速系统**

随着电力电子技术和微型计算机的发展，20 世纪 70 年代，永磁同步电机开始应用于交流变频调速系统。20 世纪 80 年代，稀土永磁材料的研制取得了突破性的进展，特别是剩磁高、矫顽力大而价格低廉的第三代新型永磁材料钕铁硼（NdFeB）的出现，极大地促进了调速永磁同步电机的发展。新型永磁材料在电机上的应用，不仅促进了电机结构、设计方法、制造工艺等方面的改革，而且使永磁同步电机的性能有了质的飞越，从而成为交流调速领域中的一个重要分支。

采用永磁同步无齿曳引技术是当今电梯传动中的先进技术，代表了今后电梯技术发展的一个方向，省略减速箱带来了很多的好处，但同时对曳引系统的低速、大转矩性能提出了很高的要求，尤其低速平稳性是保证电梯性能的重要指标。

（1）永磁同步电机的结构

永磁同步电机的种类繁多，按工作主磁场方向的不同可分为轴向磁场式电机和径向磁场式电机，按转子上有无起动绕组可分为无起动绕组电机和有起动绕组电机，按供电电流波形的不同可分为矩形波永磁同步电机（即无刷直流电机）和正弦波永磁同步电机，按电枢绕组位置不同可分为内转子式电机和外转子式电机。

永磁同步电机的定子与一般带励磁的同步电机基本相同，也采用叠片结构以减小电机运行时的铁耗，而转子磁极结构则随永磁材料性能的不同和应用领域的差异存在多种方案，用稀土永磁材料作磁体的永磁同步电机，其永磁体常采用瓦片式或薄片式贴在转子表面或嵌在转子的铁芯中，形成典型的表面式和内置式两种转子磁路结构。表面式转子磁路结构又分为凸出式和插入式，如图 4-11 所示。

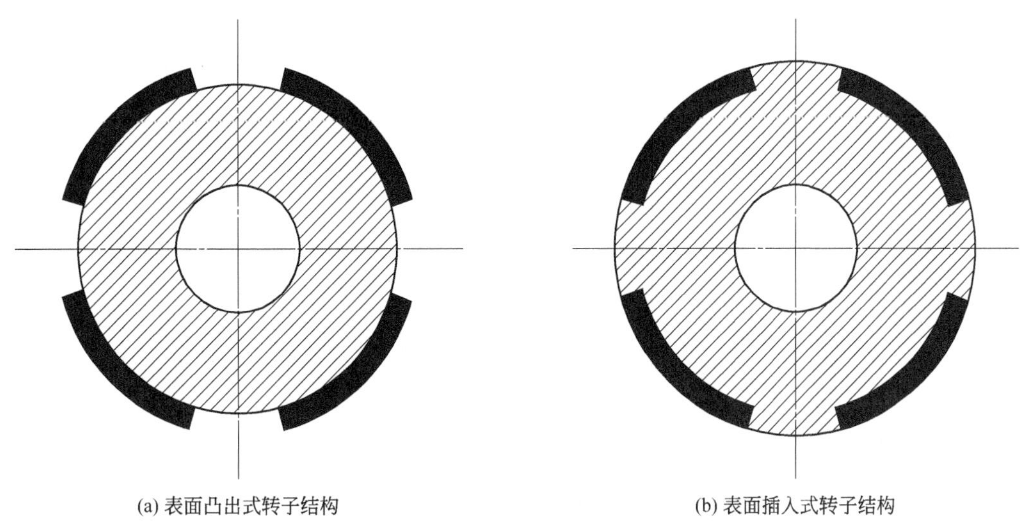

(a) 表面凸出式转子结构
(b) 表面插入式转子结构


图 4-11　永磁同步电机转子结构

内置式转子结构如图 4-12 所示。永磁体安装在转子铁芯内部，永磁体表面与定子铁芯内圆之间（对外转子磁路结构则为永磁体内表面与转子铁芯外圆之间）有铁磁材料制成的极靴，极靴中可以放置转子导条，起阻尼和制动作用。这种结构在异步起动永磁同步电机中应用较多。内置式转子内的永磁体收到极靴的保护，具有较高的机械强度。其转子磁路的不对称性所产生的磁阻转矩，有助于提高电机的过载能力和功率密度，在电磁性能上属于凸极转子结构。

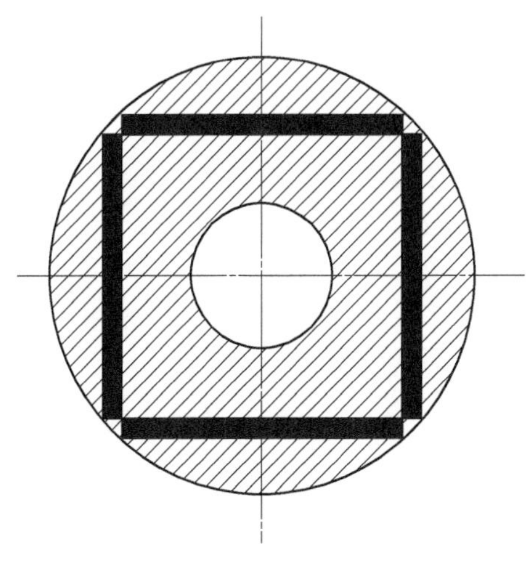

图 4-12　内置式转子结构

在相同外形条件下，外转子结构较内转子结构有较大的力臂，有利于提高低速电机的力矩，且外转子结构更利于磁钢的布置。表面凸出式外转子磁路结构是磁场定向控制 PMSM

最理想的结构，而插入式结构则优先用于需进行弱磁控制和扩大动态转矩的场合，并可通过在 $q$ 轴开隔磁槽的方式来调整 $X_q/X_d$ 的比值，以满足不同场合的需求。这两种转子结构的永磁同步电机均可应用于无齿曳引电梯中。

（2）永磁同步电机的控制原理

永磁同步电机主要有两种控制方式：矢量控制和直接转矩控制。两种控制均建立在电机动态数学模型基础上，其中矢量控制系统实现了定子电流励磁分量与转矩分量的解耦，转矩及速度控制器可以用线性理论设计，通过控制电流即可控制转矩，进而控制转速，可获得范围及高精度的调速及转矩控制。直接转矩控制系统通过控制电压改变定子磁链的方向及大小，转矩和定子磁链采用 Bang-Bang 非线性控制（滞环控制），动态响应快，但转矩脉动大。在低速时，定子电阻上承受了大部分电压，定子电阻补偿误差及带纯积分环节的磁链观测电压模型的漂移，都将加大磁链估算误差，使系统的低速性能恶化。鉴于无齿曳引电梯中对转速调速及转矩控制的高精度、低纹波要求，通常采用矢量控制对永磁同步电机进行控制，下面详细介绍永磁同步电机的矢量控制原理。

（3）永磁同步曳引机矢量变换 VVVF 电梯控制系统

① 永磁同步电机的数学模型　永磁同步电机是一个非线性强耦合的多变量系统，为简化其控制，通过坐标变换将三相交流绕组等效为两相相互垂直的静止交流绕组或旋转的直流绕组，则系统变量之间可以得到部分解耦。基于坐标变换的磁场定向方式有多种，包括定子磁场定向、气隙磁场定向、转子磁场定向和阻尼磁场定向等，由于转子磁场定向的永磁同步电机数学模型简单、线性化、转矩与磁链控制解耦等优点而被广泛应用。在转子磁场定向控制方式下，同步电机的数学模型就是常用的 d$q$ 同步旋转坐标系下的数学模型，该模型可用于分析永磁同步电机的稳态及动态运行性能。为简化永磁同步电机的数学模型，首先假设：

a. 忽略电机铁芯的饱和；

b. 忽略电机中的磁滞和涡流损耗；

c. 转子无阻尼绕组；

d. 三相定子绕组完全对称。

永磁同步电机在 d$q$ 同步旋转坐标系下的磁链方程和电压方程可表示为：

$$\begin{bmatrix}\psi_d\\ \psi_q\end{bmatrix}=\begin{bmatrix}L_d & 0\\ 0 & L_q\end{bmatrix}\begin{bmatrix}i_d\\ i_q\end{bmatrix}+\begin{bmatrix}\psi_f\\ 0\end{bmatrix} \tag{4-12}$$

$$\begin{bmatrix}u_d\\ u_q\end{bmatrix}=\begin{bmatrix}R_s & 0\\ 0 & R\end{bmatrix}\begin{bmatrix}i_d\\ i_q\end{bmatrix}+\begin{bmatrix}p & \omega_r\\ \omega_r & p\end{bmatrix}\begin{bmatrix}\psi_d\\ \psi_q\end{bmatrix} \tag{4-13}$$

式中，$\psi_d$、$\psi_q$ 分别为磁链在 $d$ 、$q$ 轴上的分量；$i_d$、$i_q$ 分别为定子电流在 $d$ 、$q$ 轴上的分量；$L_d$ 、$L_q$ 分别为直轴、交轴电感，对于隐极电机有 $L_d=L_q$ ；$\psi_f$ 为转子磁链；$u_d$ 、$u_q$ 分别为定子电压在 $d$ 、$q$ 轴上的分量；$R_s$ 为定子相绕组电阻值；$\omega_r$ 为转子角频率；$p$ 为微分算子。

将式(4-12) 代入式(4-13) 可得：

$$u_d=R_si_d+L_dpi_d-\omega_rL_qi_q \tag{4-14}$$

$$u_q = R_s i_q + L_q p i_q - \omega_r L_d i_d + \omega_r \psi_f \tag{4-15}$$

永磁同步电机的电磁转矩方程可表示为：

$$T_e = \frac{3}{2} n_p (\psi_d i_q - \psi_q i_d) \tag{4-16}$$

式中，$n_p$ 为极对数，将式(4-12) 代入式(4-16) 可得：

$$T_e = \frac{3}{2} n_p [\psi_f i_q + (L_d - L_q) i_d i_q] \tag{4-17}$$

永磁同步电机的机械运动方程可表示为：

$$T_e = T_l + B\omega_r + J p \omega_r \tag{4-18}$$

式中，$T_l$ 为负载转矩；$B$ 为黏滞摩擦系数；$\omega_r$ 为角速度；$J$ 为转子和所带负载的总转动惯量；$p$ 为微分算子。

上述磁链方程、电压方程、电磁转矩方程及机械运动方程构成了永磁同步电机的简化数学模型，为后面永磁同步电机的控制奠定了基础。

② 永磁同步电机的控制策略　最初的同步电机磁场定向控制仍然沿袭了标量控制采用励磁电流调节来补偿电枢反应，保持功率因数为 1（$\cos\varphi = 1$）的控制思路。然而永磁同步电机的转子磁链由永磁体产生，不能通过改变励磁电流以补偿电枢反应（除非在同步电机中加装补偿绕组），无法做到同时满足定子电流矢量与磁链正交、功率因数为 1 以及定子电压保持恒定的同步电机磁场定向控制原则，但原则中各项可单独实现，因此可将永磁同步电机的控制策略分为：$i_d = 0$ 控制策略、$\cos\varphi = 1$ 控制策略及恒磁链控制策略。

$i_d = 0$ 控制策略的电机矢量关系如图 4-13 所示。图中 $x_s$ 代表定子绕组电抗，包括漏感电抗。假定电机逆时针旋转，由于 $i_d = 0$，定子电流矢量与 $q$ 轴方向相同，定子电流与电机转子磁链正交，因此转矩与定子电流成线性比例关系，式(4-16) 可简化为：

$$T_e = \frac{3}{2} n_p \psi_f i_q$$

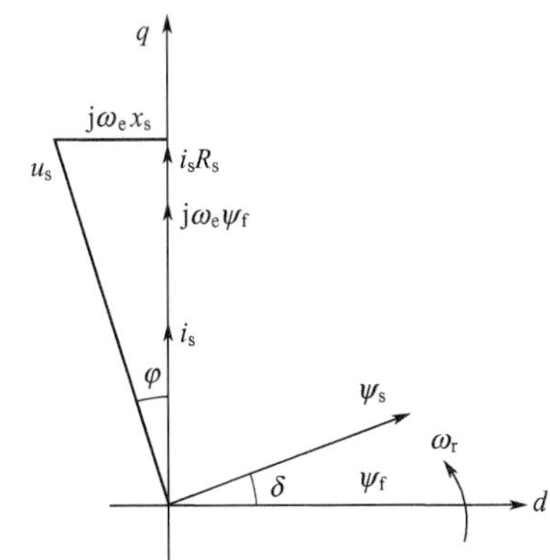


图 4-13　$i_d = 0$ 控制策略下的电机矢量图

直轴电流分量为零，则不产生去磁作用。由反电动势、电枢反应及定子电阻上压降合成电机的定子电压矢量 $u_s$ 与定子电流 $i_s$ 间的夹角 $\varphi$ 为功率因数角。随负载加重，定子电压随电枢反应电抗的作用增加，功率因数角也同样增加，则功率因数随负载加重而下降，导致逆变器功率等级提高。

$\cos\varphi=1$ 控制策略的电机矢量关系如图 4-14 所示。在电机不同转速和不同负载下，定子电压始终与定子电流同相位，功率因数保持为 1，可有效减小逆变器功率等级。但是定子电流在直轴上产生去磁分量，电磁转矩随着电流增大先加大后减小，存在峰值点，无法线性控制，且转矩电流比小，输出转矩有限。

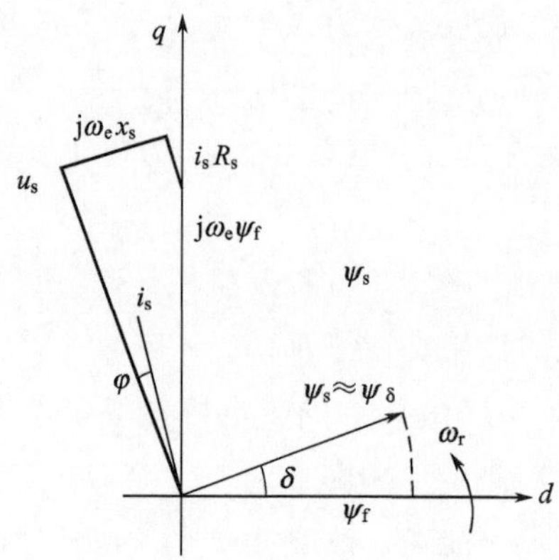


图 4-14　$\cos\varphi=1$ 控制策略下的电机矢量图

恒磁链控制策略的电机矢量关系如图 4-15 所示。在不同转速及不同负载下，电机气隙磁链幅值保持不变，即 $\psi_\delta=\psi_f$。由于定子绕组漏电感 $L_{sl}$ 相对较小，气隙磁链与定子磁链相近，可通过控制负载角 $\delta$ 来控制电磁转矩，电磁转矩与定子电流近似线性正比，且功率因数高，但定子电流在直轴上也产生去磁分量。

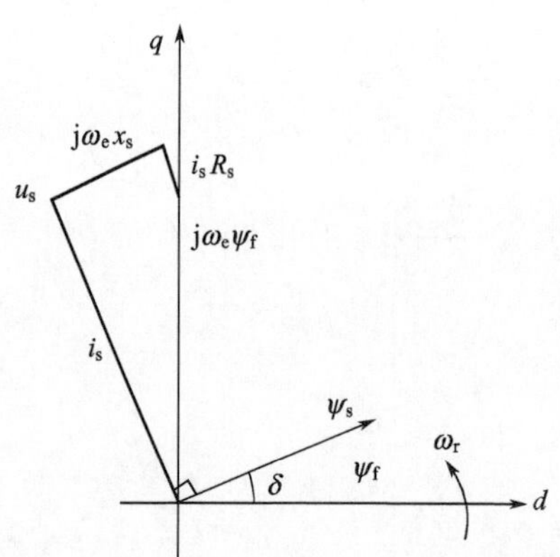


图 4-15　恒磁链控制策略下的电机矢量图

$i_d=0$ 控制策略因其简单、无去磁作用等优点，在永磁同步电机控制里应用最多，其电枢反应作用在凸极电机中影响较大，在隐极电机中，功率因数相对有所提高，因此，此控制策略更适合用于隐极永磁同步电机的控制。由于电梯系统对安全、稳定性能要求很高，从长远来看，因控制策略导致的去磁对于系统来说是个隐患，而速度控制性能对转矩的控制同样提出了很高的要求，因此 $i_d=0$ 控制策略因上述的优点被广泛应用于无齿轮电梯的永磁同步电机驱动中。

③ 永磁同步电机控制系统　永磁同步电机控制系统由速度外环及电流内环构成。如图 4-16 所示，速度环输出作为电磁转矩给定，由于采用 $i_d=0$ 控制策略，不存在磁阻转矩分量，电磁转矩与 $i_q$ 成正比，电磁转矩给定经换算后作为交轴电流环的给定。直轴电流环与交轴电流环各用一个 PI 控制器进行调节，控制器输出为所需的电压矢量，经 Park 逆变换转换成两相静止正交坐标系上的分量，由空间矢量调制（SVPWM）计算输出逆变器各开关管所需 PWM 信号。控制系统实时采样两相电流及电机转子位置，为避免输入直流电压抖动对系统的影响，可同时采样输入直流电压前馈到 SVPWM 模块中。

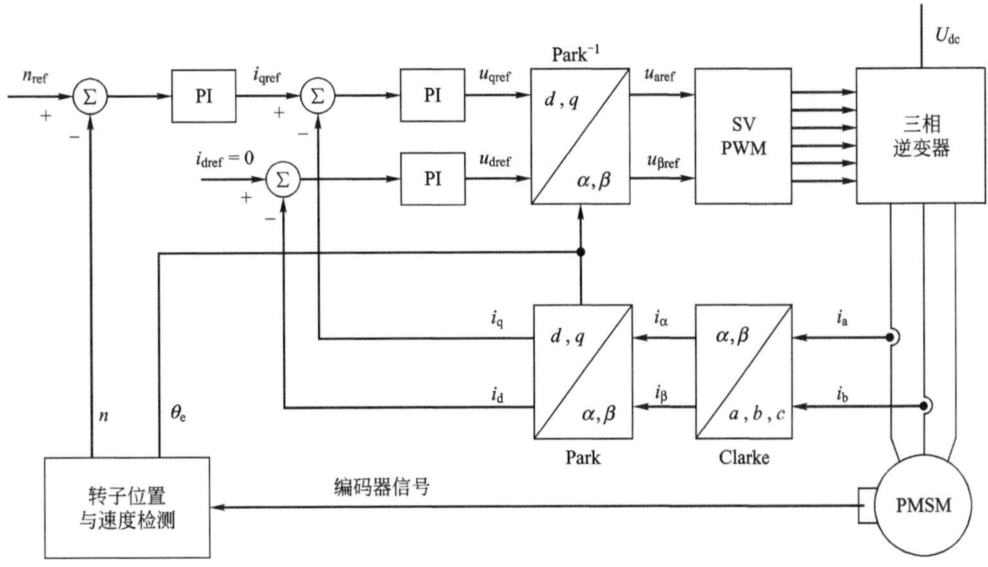


图 4-16　基于 $i_d=0$ 控制策略的永磁同步电机矢量控制系统框图

# 第五章 电梯控制技术

## 第一节 电梯控制系统的特点及要求

电梯的控制主要是指对电梯在运行过程中的运行方向、轿内指令、层站召唤、负载信号、楼层显示、安全保护等指令信息进行管理，操纵电梯实行每个控制环节的方式和手段。电梯控制系统由控制柜、轿顶检修箱、操纵箱、外呼盒、底坑箱、安全保护装置、平层装置、门控制器、报警对讲系统等组成。控制柜位于机房内（或井道外），主要的电气控制装置在控制柜内。操纵箱外呼盒在轿厢内和层站外，包括呼梯按钮和位置显示等，是在乘客对电梯运行进行控制和电梯轿厢位置方向信息显示的装置。轿顶检修箱、底坑箱分别在轿顶和底坑，是轿厢与底坑控制信号收集中转站。安全保护装置包含安全开关、门锁开关、端站保护开关、断错相保护开关、超载保护开关等，一旦电梯电气线路中的安全保护装置动作，其相应的安全开关动作，切断安全线路，使得电梯停止运行。平层装置的作用是发出平层信号，使运动的轿厢准确平层。门控制器在轿顶，作用是控制门机执行开关门动作。报警对讲系统由五方对讲装置、报警装置、应急照明装置组成，作用是电梯在应急情况下提供报警对讲照明。

电梯的用途不同，可以有不同的载荷、不同的速度及不同的驱动方式和控制方式。即使相同用途的电梯，也可采用不同的操纵控制方式。但电梯不论使用何种控制方式，所要达到的目标是相同的，即根据轿厢内指令信号、层站召唤信号而自动进行逻辑判定，决定出哪一台电梯接受信号，自动定出电梯的运行方向，并按照指令要求，通过电气自动控制系统完成预定的控制目的。

从控制系统的实现方法来看，电梯的控制系统经历了继电器电梯控制、可编程序控制器（PC 机）、单片微机控制、多微机控制多种形式，这些控制方式代表了不同时期电梯控制系统的主流，并且随着大规模集成电路和计算机技术的发展而逐步推陈出新，这些控制系统在目前在用的电梯中都有存在。

# 第二节　交流单速电梯继电器控制系统设计

交流单速电梯的主电路已在第四章进行了详细的阐述，本节主要以交流单速电梯的继电控制系统为例，将电梯的信号控制系统分为几个控制环节，分析其工作过程及设计方法。

## 一、交流单速电梯继电器控制系统电源回路设计

电源回路由控制电源和照明电源两部分组成。其中控制电源部分在主电源开关后端接入电源，经断路器，再经变压器变压后，为控制回路提供各种不同电压等级要求的电源。而照明电源部分在主电源开关前端接入漏电保护开关，为轿顶轿厢照明、井道照明、底坑照明、轿顶插座、底坑插座等提供独立于电梯主电源开关的照明电源。电源回路主要的电气元件包括漏电开关、小型空气开关、变压器等，其选型计算如下。

漏电开关、小型空气开关的选型可参照电工手册。其中变压器的作用是改变交流电压的电压，输出各种等级的电压满足控制回路的需求。变压器的功率必须大于等于控制线路的实际功率的 1.25 倍，各输出等级容量分配满足线路的实际电压和功率要求。具体计算如下。

控制线路实际功率

$$P=\sum P_{\mathrm{KM}}+\sum P_{\mathrm{KA}}+\sum P_{\mathrm{HL}}+\sum P_{\mathrm{E}}$$

式中　$P_{\mathrm{KM}}$——所有交流接触器线圈起动功率总和；

$P_{\mathrm{KA}}$——控制回路所有继电器线圈起动功率总和；

$P_{\mathrm{HL}}$——显示数码管总功率；

$P_{\mathrm{E}}$——其他控制回路负载。

变压器功率 $P_{\mathrm{T}}=1.25P$。

## 二、交流单速电梯继电器控制系统安全回路设计

### 1. 安全回路的工作原理

杂物电梯制造与安装安全规范 GB 25194—2010 规定：电梯安全回路指串联所有电气安全装置的回路。当一个或几个安全部件开关满足安全回路要求的安全触点，它能够直接切断电梯驱动主机的供电。

安全回路由安全保护开关回路、门锁保护开关回路组成。安全保护开关回路主要由相序保护开关、机房急停开关、主机急停开关、盘车轮保护开关、限速器保护开关、轿顶急停开关、安全钳开关、底坑急停开关等安全开关组成，主要作用是对电梯各个安全保护装置提供电气监控保护。门锁保护开关回路由轿门门锁开关、轿门副门锁开关、各层门门锁开关、各层门副门锁开关组成，主要作用是对电梯轿门、厅门的闭合提供电气监控保护作用。安全开关的作用及位置如表 5-1 所示。

表 5-1 安全开关及其作用

| 安全开关类型 | 安全开关作用 |
| --- | --- |
| 限速器开关(包括限速器断绳开关) | 当电梯的速度超过额定速度一定值(至少等于额定速度的 115%)时,其动作能导致安全钳起作用 |
| 急停开关 | 包括轿顶急停、控制柜急停、底坑急停开关,能够停止电梯运行 |
| 底坑缓冲器开关 | 该装置位于井道底部,设置在轿厢和对重的行程底部极限位置。在缓冲器动作后回复至其正常伸长位置后,电梯才能正常运行,为检查缓冲器的正常复位所采用的开关装置 |
| 上、下极限联锁开关 | 当轿厢运行超越平层磁感应装置时,在轿厢或对重装置未接触缓冲器之前,强迫切断主电源和控制电源的非自动复位的安全装置。该装置设置在尽可能接近端站时起作用而无误动作危险的位置上。应在轿厢或对重(如有)接触缓冲器之前起作用,并在缓冲器被压缩期间保持其动作状态。对强制驱动的电梯,极限开关的作用是直接切断电动机和制动器的供电回路。极限开关动作后,电梯不能自动恢复运行 |
| 安全钳开关 | 检测限速器是否动作。若限速器动作,使轿厢或对重停止运行,保持静止状态,并能夹紧在导轨的机械安全装置 |
| 安全窗开关 | 轿厢安全窗设有手动上锁的安全装置,如果锁紧失效,该装置能使电梯停止。只有在重新锁紧后,电梯才有可能恢复运行 |
| 厅门、轿门联锁开关 | 厅门、轿门关闭后锁紧,同时接通控制回路,轿厢方可运行的机电联锁安全装置。其作用是当电梯轿厢停靠在某层站时,其他层站的厅门是被有效锁紧的,如果一旦被开启电梯,则不能正常起动或保持运行 |
| 盘手轮开关(可选) | 当电梯发生故障,轿厢停靠在两层站之间时,切断盘手轮开关,松开安全钳,转动盘手轮,可使轿厢到达较近的层站 |
| 热继电器 | 防止电动机过载后被烧毁 |
| 相序继电器 | 电源错相断相保护 |

安全回路如图 5-1 所示。电梯中所有安全部件（表 5-1）的开关串联在一起，控制急停继电器 JT，只要安全部件中有任何一只安全部件的开关起保护，将切断急停继电器 JT 线圈电源，使 JT 释放，切断主回路电源，从而使电梯不能运行启动或停止运行，以达到安全保护的目的。为保证电梯必须在全部门关闭后才能运行，在每扇厅门及轿门上都装有门电气联锁开关。只有全部门电气联锁开关在全部接通的情况下，控制的门锁继电器 JM 方能吸合，电梯才能运行。

**2. 安全回路部件选型计算**

安全回路部件选型包括相序继电器、限速器开关、安全钳开关等安全开关以及门锁开关的选型。

相序继电器用来监视用户电源，一旦用户电源出现电压降低、断相、错相等现象时对电梯提供保护。选型时应该考虑等压等级、电压差的大小，还需考虑相序继电器安全触头的过电流大小和温度湿度等环境因素。

限速器开关、安全钳开关、急停开关等选型应考虑电压等级满足要求、满足安全开关触点的要求，还需考虑使用环境的要求，例如限速器开关、急停开关等不能自动复位，并需做好防误动作的保护装置等。

门锁开关的选型应考虑电压等级要求、机械直接断开、过电流大小要求，防尘要求等。

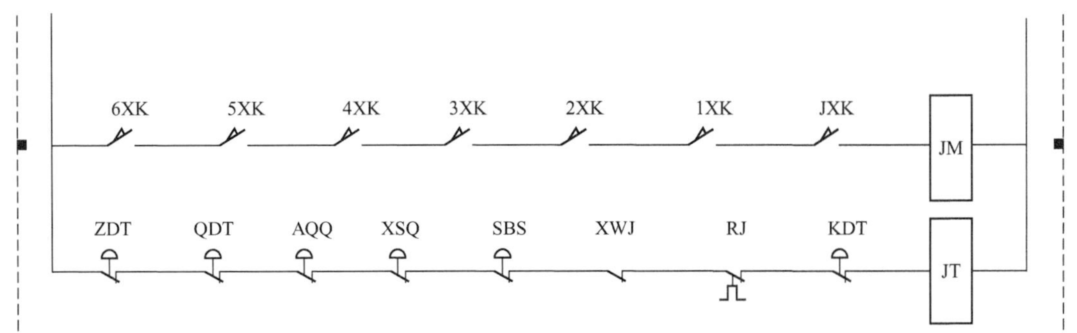


图 5-1 安全回路

1XK～6XK—各层厅门门锁；JXK—轿门门锁开关；ZDT—底坑急停开关；QDT—轿顶急停开关；AQQ—安全钳动作电气开关；XSQ—限速器电气开关；SBS—机房急停开关；XWJ—相序继电器；RJ—热继电器；KDT—控制柜急停开关

电线的选型应考虑开关数量、线路距离、等压等级、防护等级、标准要求，选型导线的截面积、防护材料等。杂物电梯制造与安装安全规范 GB 25194—2010 条款 13.5.2 规定："为保证机械强度，门电气安全装置导线的截面积不应小于 0.75$mm^2$。"

## 三、交流单速电梯制动系统的设计

### 1. 制动系统的组成和作用

制动系统由制动器、制动器控制回路等组成，其中制动器的作用是当电梯停止运行时，能使驱动主机停止运转；制动器控制回路的作用是给驱动电梯制动器动作，保证电梯运行时，制动器能在持续通电下保持松开状态，同时对制动器控制回路的两个独立的电气装置进行防粘连检测，保证制动器准确合闸。

电梯制动回路直接影响到电梯的安全性能，其主要要求包括以下几点：

① 在出现动力电源失电、控制电路电源失电情况时能自动动作；

② 电梯正常运行时，制动器应在持续通电下保持松开状态；

③ 至少应用两个独立的电气装置来实现，不论这些装置与用来切断杂物电梯驱动主机电流的电气装置是否为一体；

④ 当电梯停止时，如果其中一个接触器的主触点未打开，最迟到下一次运行方向改变时，应防止杂物电梯再运行。

### 2. 制动系统的设计

制动器控制回路的设计原理如图 5-2 所示。

由图 5-2(a) 可知，控制抱闸线圈的触点有两组：一组是上行接触器 KMS 与下行接触器 KMX 并联，另一组是运行接触器 KMY。当电梯上方向继电器 SJ 动作，安全门锁回路闭合，由上方向继电器 SJ 驱动上行接触器 KMS 和运行接触器 KMY 动作，驱动主机运行，同时由上行接触器 KMS 触点和运行接触器 KMY 触点组成的控制回路，向制动器 LB 持续供电，打开制动器。当电梯停止运转时，上行接触器 KMS 和运行接触器 KMY 失电，触点断

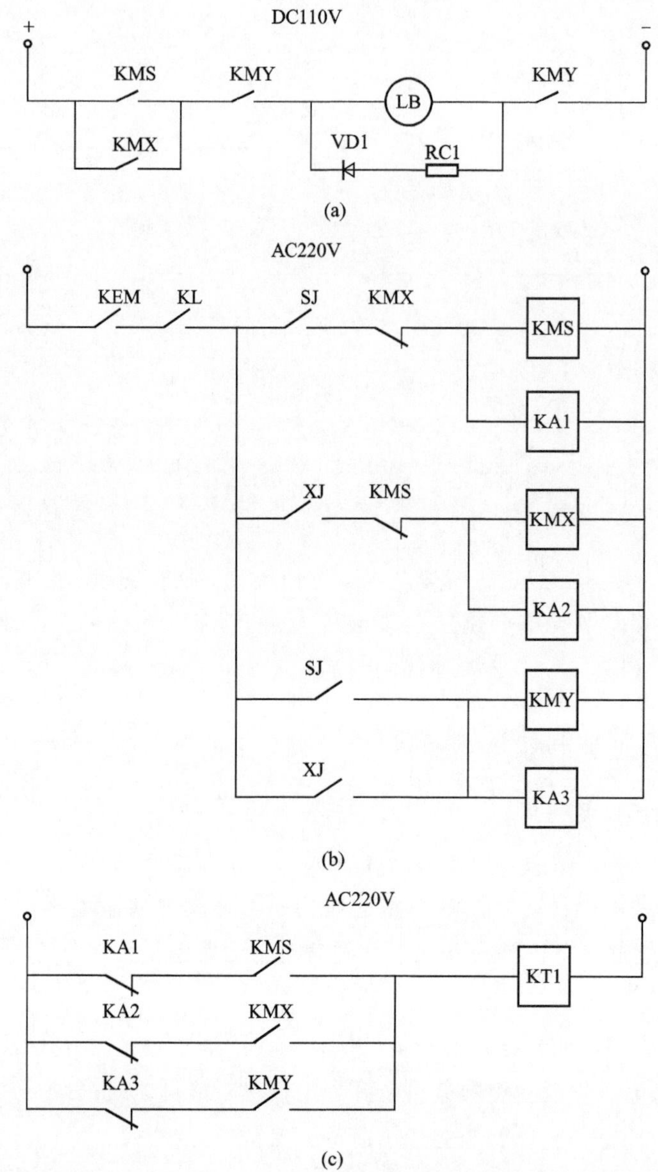


图 5-2　电梯制动回路图

LB—抱闸线圈；SJ—上方向继电器；XJ—下方向继电器；KMS—上行接触器；KMX—下行接触器；KMY—运行接触器；KA1—上行辅助继电器；KA2—下行辅助继电器；KA3—运行辅助继电器；KT1—防粘连延时继电器

开，驱动主机回路失电，同时由制动器控制回路可知驱动制动器回路失电，制动器合闸。电梯下行时状态同上行类似。

制动器驱动装置的防粘连回路如图 5-2(b)、(c) 所示。上行接触器 KMS 配有上行辅助继电器 KA1、下行接触器 KMX 配有下行辅助继电器 KA2，运行接触器 KMY 配有运行辅助继电器 KA3。当上行接触器 KMS 发生粘连时，上行接触器 KMS 触点不能断开，而上行辅助继电器 KA1 触点失电。此时由防粘连回路可知，上行辅助继电器 KA1 常闭点与上行接触器 KMS 粘连触点构成回路，给防粘连延时继电器 KT1 通电，延时 1.5s 后防粘连延时继电器 KT1 动作，其常闭点断开安全回路，使得电梯停止运行。下行接触器和运行接触器防粘连保护线路动作的状态和上行接触器类似。

## 四、交流单速电梯继电器控制系统控制回路设计

### 1. 控制回路的工作原理

控制回路由呼梯定向回路、层楼位置记忆显示回路等组成。呼梯定向回路主要由各层站外呼按钮、层站呼梯登记继电器、定向回路、定向继电器等组成，它的作用是收集层站呼梯信息，进行登记，登记好的信息依据轿厢所在层楼信息通过定向回路进行定向，确定方向后，由定向继电器进行记忆，给电梯轿厢上下运行提供信息。层楼位置记忆显示回路主要由井道内的位置感应器、层楼位置记忆继电器、各层楼的位置显示器组成，它的作用是轿厢运

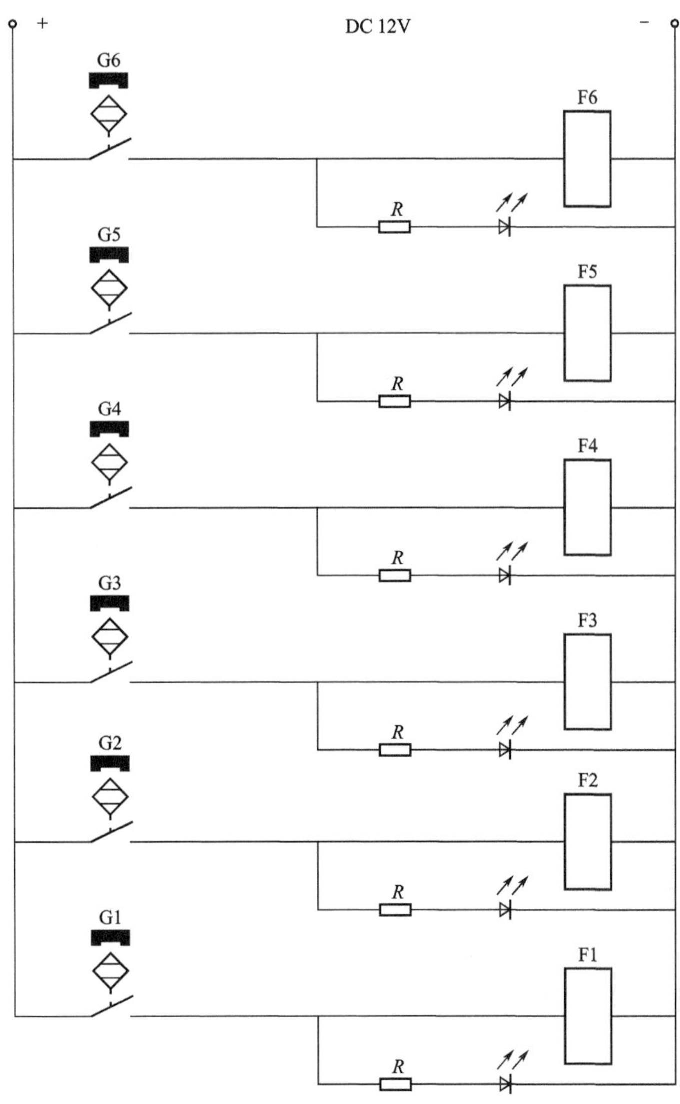


图 5-3 轿厢位置信号登记电路

行到井道内位置感应器后，产生轿厢位置信号并进行记忆，提供给控制系统作停止使用，同时通过位置显示器提示给使用人员轿厢所在位置。

**2. 控制回路设计**

（1）轿厢位置信号登记

轿厢位置信号登记电路如图 5-3 所示。

在电梯井道内每层都装有一个永磁感应器，分别为 G1～G6，而在轿厢侧装有一块长条的隔磁铁板，假如电梯从 1 楼向上运行，则隔磁铁板依次插入感应器。当隔磁铁板插入感应

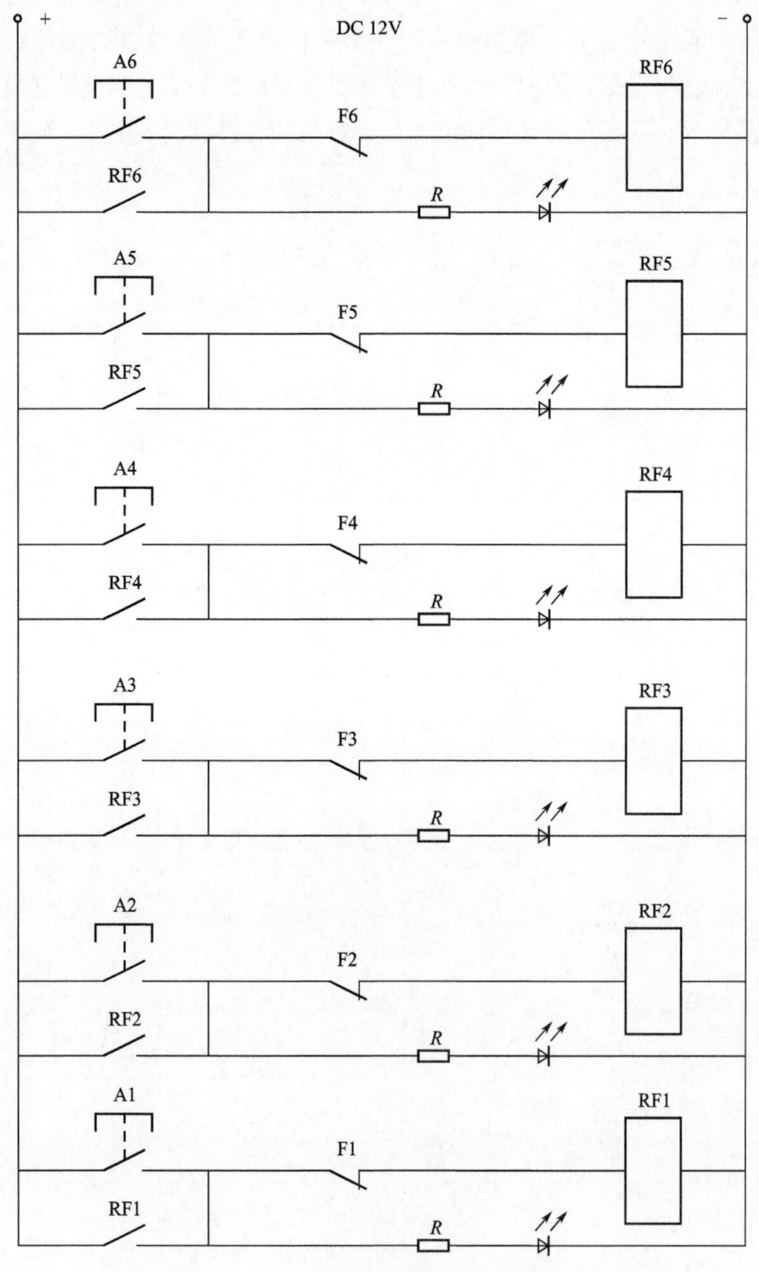


图 5-4　轿内指令信号登记电路

器时，该感应器内干簧触点闭合，控制相应的楼层继电器 F1～F6 吸合。

（2）轿内指令信号登记

轿内指令电路如图 5-4 所示。

对应每层楼一个按钮（A1～A6）、一个楼层继电器（F1～F6）、一个轿内指令继电器（RF1～RF6）、一个层楼指示灯和一个限流电阻。

图 5-4 中，A3 为第三层轿内指令按钮，按下 A3，对应的轿内指令继电器 RF3 吸合，

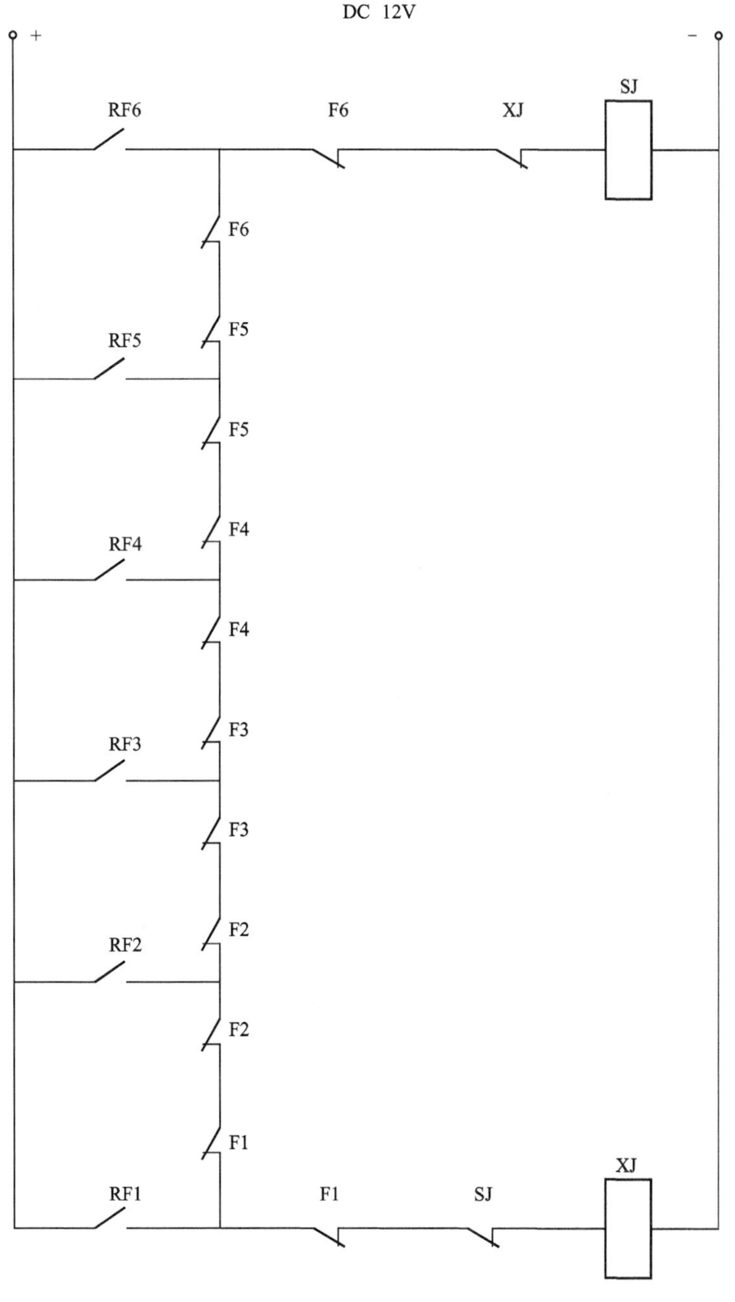


图 5-5 定向选层电路

松开按钮后，由 RF3 的常开触点使 RF3 自保持；同时，RF3 常开触点闭合使该楼层的指示灯亮。

当电梯上行达到三楼时，三楼楼层继电器 F3 吸合，其常闭触点断开，使轿内指令继电器 RF3 线圈失电断开，指令信号消除，同时指示灯熄灭。

(3) 定向选层电路

选层电路如图 5-5 所示。

当电梯停在某层时，本层楼层继电器便会吸合，此继电器的两个常闭触点均断开。即该层以上的楼层如有指令，那么上方向继电器 SJ 吸合，电梯即定上方向运行；反之则电梯定下方向。例如电梯在 2 层，呼叫在 4 层，电路的工作原理如下：因为电梯在 2 层，F2 两对常闭触点断开；4 楼有呼叫信号，内选指令继电器 RF4 闭合，上方向继电器 SJ 吸合，电梯上行；当电梯到达 4 层，内选指令继电器 RF4 常开触点断开，楼层继电器 F4 常闭触点断开，上方向继电器失电释放，电梯停止上行。

## 第三节　交流双速电梯 PLC 控制系统的设计

老式的电梯大都采用继电器控制，因其控制线路复杂、元器件体积大、故障率高、给检修工作带来诸多不便，难以保证电梯安全、稳定、可靠地运行。随着当代电子信息产业硬件和软件的快速进步，PLC 在电梯控制系统中得到了一定的应用，特别是在低层、低速电梯中。PLC 控制系统可使电梯控制线路简单易懂，又易于和电脑、传感器等外部设备连接。通过在电梯系统设计中引入 PLC 控制单元，既可大大增加电梯系统控制电路的控制精度、可靠性和灵活性，又可提高电梯控制系统的抗干扰能力，极大地方便了系统设计和技术施工。但 PLC 的输入、输出点数及处理速度又限制了其更广泛的应用。目前，PLC 电梯控制系统主要有交流双速 PLC 集选控制系统和交流变频调压调速 PLC 控制系统。本书将从硬件系统设计及程序设计两方面详细阐述交流双速 PLC 集选控制系统的设计。

### 一、PLC 电梯控制系统总体结构的设计

图 5-6 所示为电梯 PLC 控制系统的总体结构图，主要硬件包括 PLC 主机及扩展、轿厢操作盘、厅外呼梯盘、楼层指层器、门机、调速装置与主拖动系统等。系统控制核心为 PLC 主机，操作盘、呼梯盘、井道及安全保护等信号，通过 PLC 输入接口送入 PLC 主机，然后通过软件程序控制向拖动系统发出信号，以满足电梯实现起动加速、制动减速、上下方向运行等功能。

### 二、PLC 电梯控制系统控制要求分析

(1) 电梯位置的确定和显示

井道内部装有的层楼感应器收到轿厢在此处的信号后，立刻发出识别信号给电梯位置程序处理，通过处理后的楼层信号提供给主程序作楼层识别使用，同时控制楼层指示器显示轿厢所在位置。

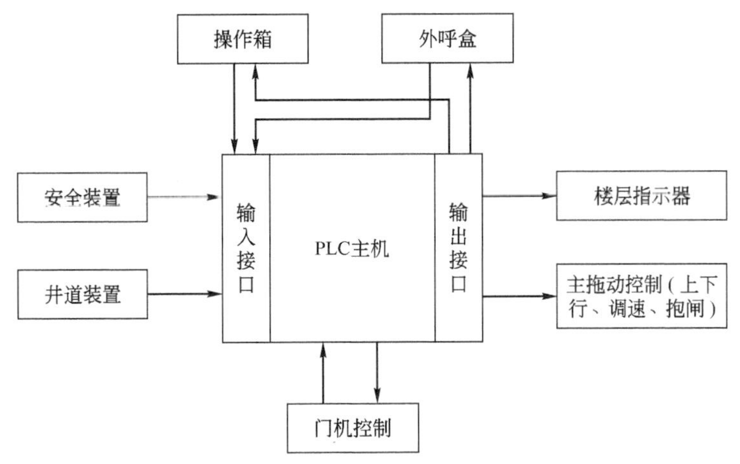


图 5-6　电梯 PLC 控制系统的总体结构图

（2）轿厢内的运行命令及门厅的召唤信号

轿厢内指令信号的处理包括信号的登记、显示本层（停车）消息。信号的登记采用置位指令。有轿厢呼叫登记时，轿厢运行到有指令的楼层时，会减速并进行停车，最后消除对应的登记信号。同样，厅召唤信号也需要登记并显示对应楼层的停车信号。此外还具有反向运行保号功能，即电梯运行方向反向的门厅召唤信号不予响应。

（3）电梯门的控制要求

要求当电梯平层的时候，电梯门自动打开，开门到位经过一定时间后电梯门自动关上。

如果遇到有人在门中间的情况，电梯会因为机械安全触板开关的作用而自动开门，也可以手动控制开门和关门。

（4）轿厢的起动与运行

轿厢门完全关闭后，电梯才开始正式起动。刚开始阶段做加速运行，一段时间后，做平稳运行，最后做减速运行。

（5）轿厢的平层与停车

轿厢平层是指停车时，轿厢的底与门厅地面相平齐。按国际标准规定，平层两平面相差一般小于 5mm。轿厢停车时，首先接受到停车指令，然后开始做减速运行，在完全制动前，逐渐减小速度与冲击力，使平层时达到一定的准确性、稳定性。平层感应器一般有上平层、下平层感应器两种，分别安装在轿厢顶上，主要功能是发出平层信号，而隔磁板一般安装在井道壁上。轿厢向上运行时，当上平层感应器插入隔磁板时，马上发出减速信号，电梯接受到减速信号后开始做减速运动，当下平层感应器完全插入隔磁板后，电梯已经准确平层，并发出停车信号，接收到停车信号后，电动机停止转动并抱闸抱死，随后电梯门在接收开门信号后打开。电梯下行的过程与此正好相反，运行的方式以此类推。

## 三、交流双速电梯 PLC 控制系统硬件设计

交流双速电梯 PLC 控制系统主电路在第四章节已进行说明（图 4-2），I/O 接口电路如图 5-7 所示。

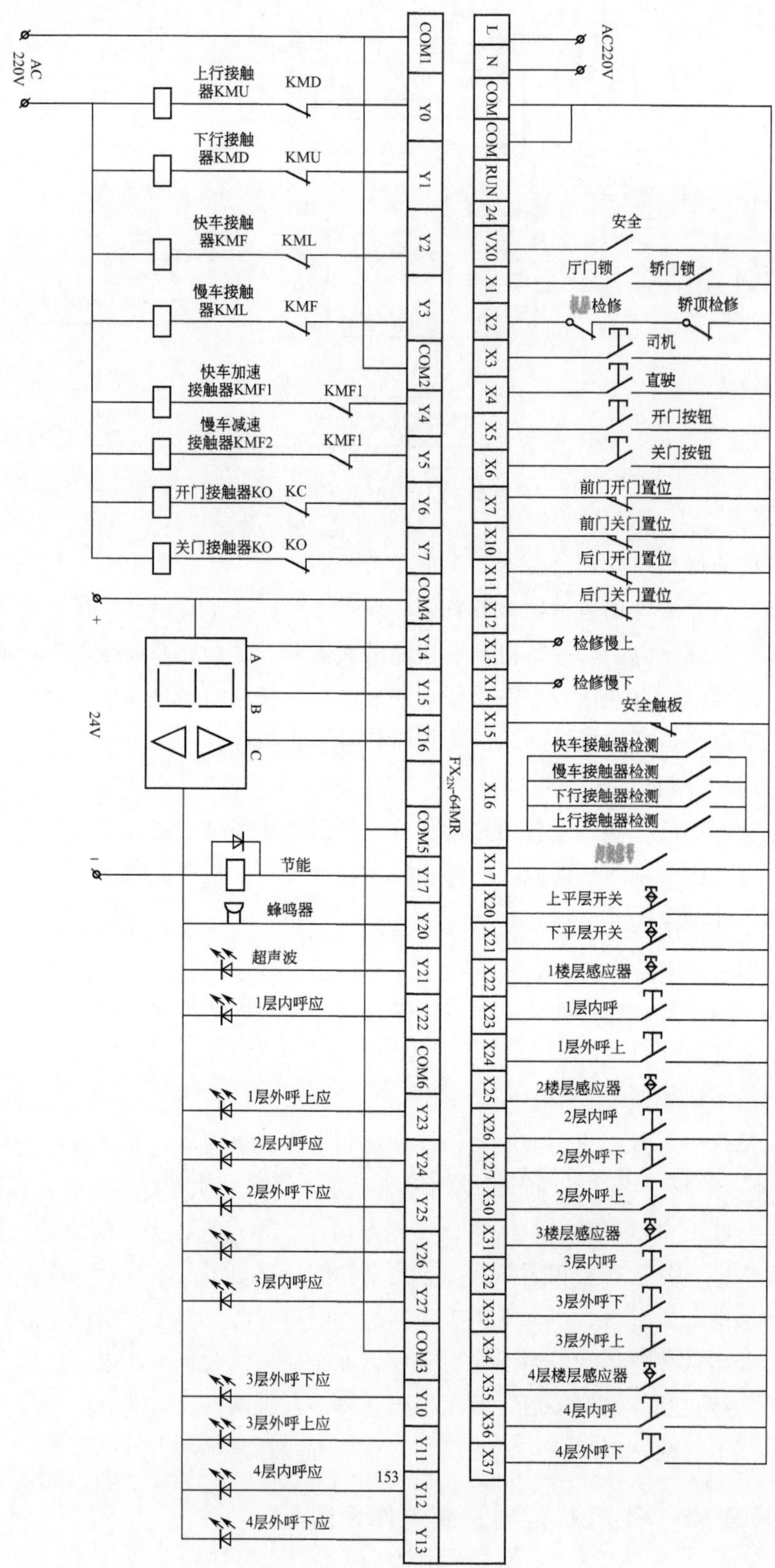


图 5-7 PLC 输入输出接口电路

## 四、门机线路的设计

自动门机安装于轿厢上，它在带动轿厢门启闭的同时，通过机械联动机构带动厅门与轿厢门同步启闭。为了使电梯门在启闭过程中达到快、稳的要求，必须对自动门机系统进行速度调节。当采用小型直流伺服电动机时，可用电阻的串联、并联的方式进行调速。直流门机调速方法简单，低速时发热较少，现在电梯门机系统大多采用交流变压变频调速，具有节能、调速性能好等优点。

图 5-8 所示为小型直流伺服电动机的自动门机主电路。门机的工作状态有快速、慢速、停止三种。对开关门的要求如下。

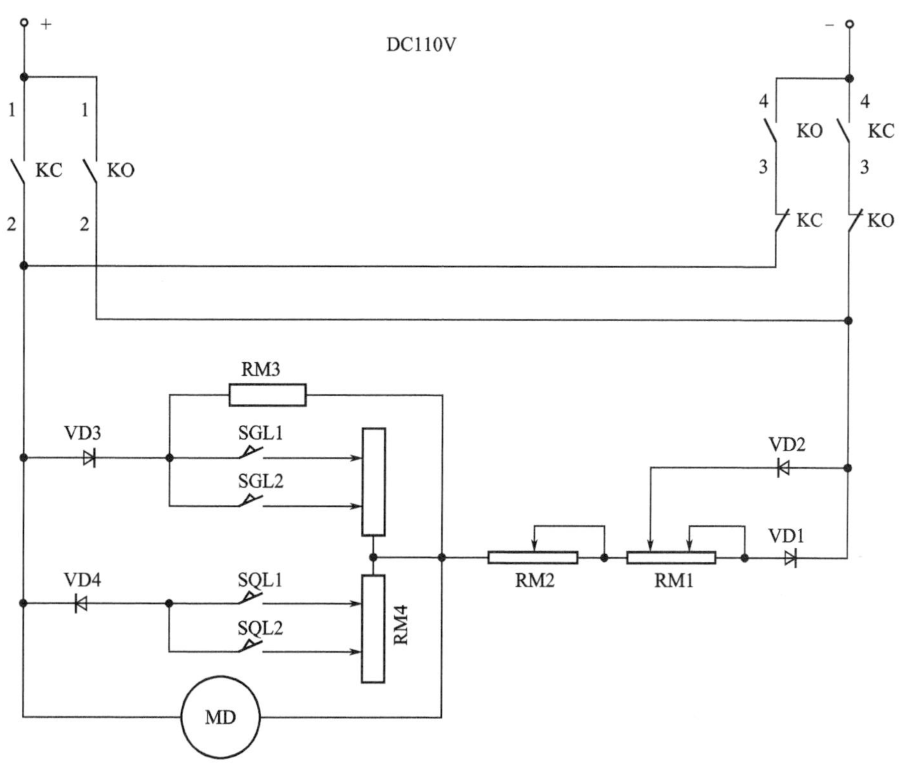


图 5-8　小型直流自动门机主电路

关门时：快速—慢速—停止。

开门时：快速—慢速—停止。

关门过程控制如下：

关门继电器 KC 吸合，直流 110V 电源的"+"经关门继电器 KG 的常开触点（1、2）→直流门机→降压电阻 RM1、RM2→二极管 VD1→开门继电器 KO 常闭触点→关门继电器 KC 常开触点（3、4）回到"−"，同时分流电阻 RM3 经二极管 VD3 与门机并联进行分流。门电动机 MD 向关门的方向旋转。

门关闭到 2/3 处时，1 级减速开关 SGL1 闭合→RM4 电阻分流较小→门机执行 1 级减速。

门关闭到 1/3 处时，2 级减速开关 SGL2 闭合→RM4 电阻分流较大→门机执行 2 级减速。

当门碰撞关门限位开关→关门继电器 KC 断电释放→门机停止运转，完成关门过程。

开门过程情况与关门过程相似，具体如下：

开门继电器 KO 吸合，直流 110V 电源的“+”经 KO 的常开触点（1、2）→二极管 VD2→降压电阻 RM1、RM2→直流门机→KC 的常闭触点→KO 的常开触点（3、4）回到“−”，同时分流电阻 RM3 经二极管 VD3 与门机并联进行分流。门电动机 MD 向关门的方向旋转。

门打开到 2/3 处时，1 级减速开关 SQL1 闭合→RM4 电阻分流较小→门机执行 1 级减速。

门打开到 1/3 处时，2 级减速开关 SQL2 闭合→RM4 电阻分流较大→门机执行 2 级

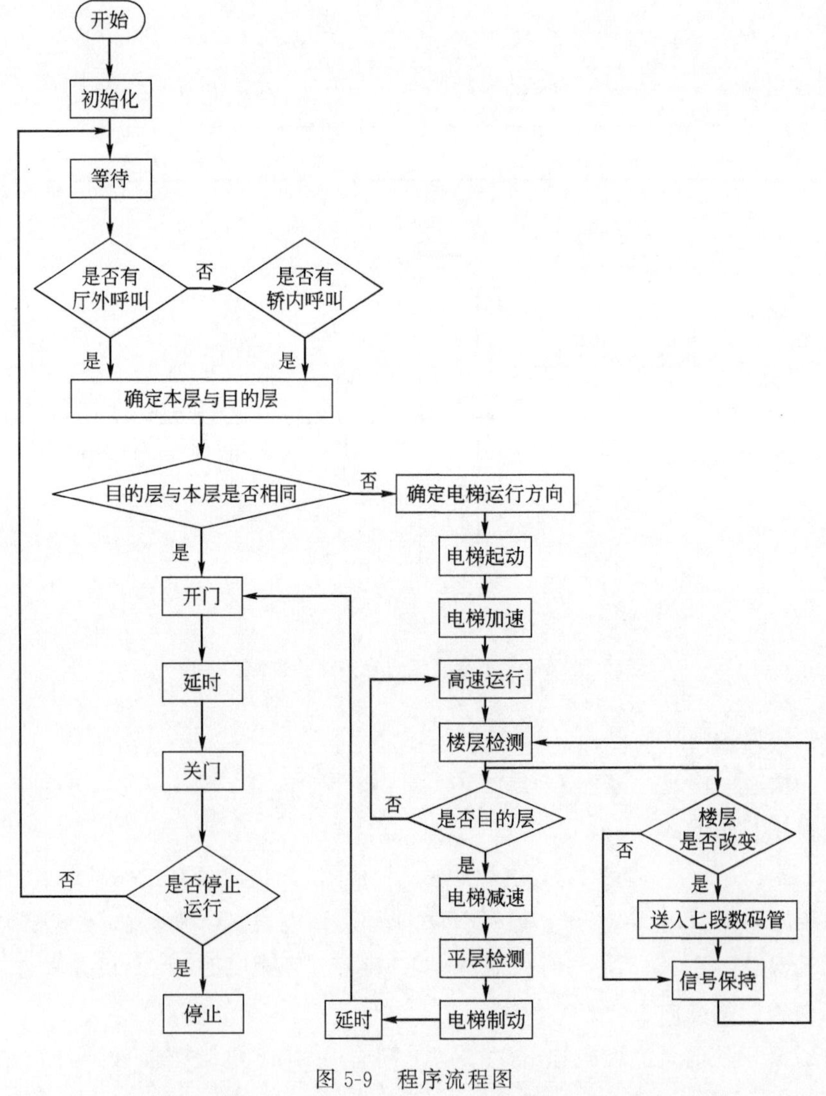


图 5-9　程序流程图

减速。

当门碰撞开门限位开关→开门继电器 KO 断电释放→门机停止运转，完成开门过程。

## 五、交流双速电梯 PLC 控制系统程序设计

交流双速电梯 PLC 控制系统流程图如图 5-9 所示。

初始化后，电梯处于等待阶段，若有厅外或轿内呼叫，电梯将判断目的层与本层是否相同，若相同则完成开关门一系列动作；若不同，则由定向电路确定电梯的运行方向。电梯先做加速、匀速运动，当电梯即将到达所选的楼层时，井道传感器会向控制系统发出停车信号，接到信号后，电梯开始做减速运动直至停止。当轿厢与所在平面相平时，电梯通过系统控制，自动开门。以此类推，电梯按序分别完成关门、启动、停层、平层、开门等一系列动作。当与电梯运行方向相同的乘客按下厅门召唤按钮时，电梯被顺向截停；当与电梯运行方向相反的乘客按下厅门召唤电钮时，电梯不受影响，仍保持原来运行模式。只要电梯安全触板、光幕等设备检修到有障碍物时，电梯的门将始终敞开，无法关闭。当乘客或货物的重量超过电梯所能承受的载重时，电梯的超载装置将发出超载信号，电梯接收到超载信号后，将停止运行并保持开门状态。当没有任何召唤信号时，电梯将自动运行到基站停止待命。有新的召唤信号出现时，电梯将以此类推，继续完成上述的相关动作。

PLC 控制系统主要由硬件 PLC 加载软件——电梯控制程序组成。电梯运行控制所需的功能，由 PLC 运行内部设计好的电梯程序，综合外部输入状态、内部记忆状态等信息，通过逻辑运行产生结果，执行程序的结果通过 PLC 的输出端口驱动主回路接触器、门机、抱闸等部件来实现电梯的升降运行。在进行程序设计过程中，尽量采用模块化的设计方法，以提高程序的可读性、可移植性。通常将程序分为楼层模块、指令模块、开关门模块、定向模块、起动加速模块、减速停止速模块等功能模块。

（1）楼层模块

楼层信号由图 5-10 所示程序实现，用于电梯楼层指示、选向、选层等，按轿厢上下运动的控制要求，楼层信号是连续变化。例如当电梯在 1 层时，X22↑驱动 M501↑。当电梯上行时离开 1 层时，X22↓、M501 通过自锁维持接通状态，当电梯达到 2 层时，X25↑，M502↑，M501↓（1 层楼层信号消除）。在其他各层时情况与上述类似。

（2）指令模块

图 5-11 为轿内层站指令信号程序，该程序可以实现轿内层站指令的登记及消号。各层的轿内指令登记和消号方式是一样的。设电梯在 1 层待梯状态，M2↓，M3↓，M4↓，有人在操纵箱呼 2 层、3 层、4 层按钮时，即 X26↑，X32↑，X36↑，通过 SET 指令对Y24↑、Y27↑、Y12↑进行置位，即轿内指令被登记。当运行条件满足，电梯轿厢上行到 2 层的楼层感应器时，M2↑，若电梯轿厢上行进入减速区域，M213↑，对 2 层的轿内指令使用 RET 指令进行复位，Y24↓，即 2 层轿内呼梯已经执行完成。此时 3 层、4 层的 M3↓、M4↓处于失电状态，不能对 Y27、Y12 复位，轿内 3 层、4 层按钮指令依然保留，只有当电梯达到 3 层、4 层时，其对应的指令信号才能被复位。

同理，外呼指令程序可以实现厅外指令的登记及消号，各层的厅外指令的登记和消号方

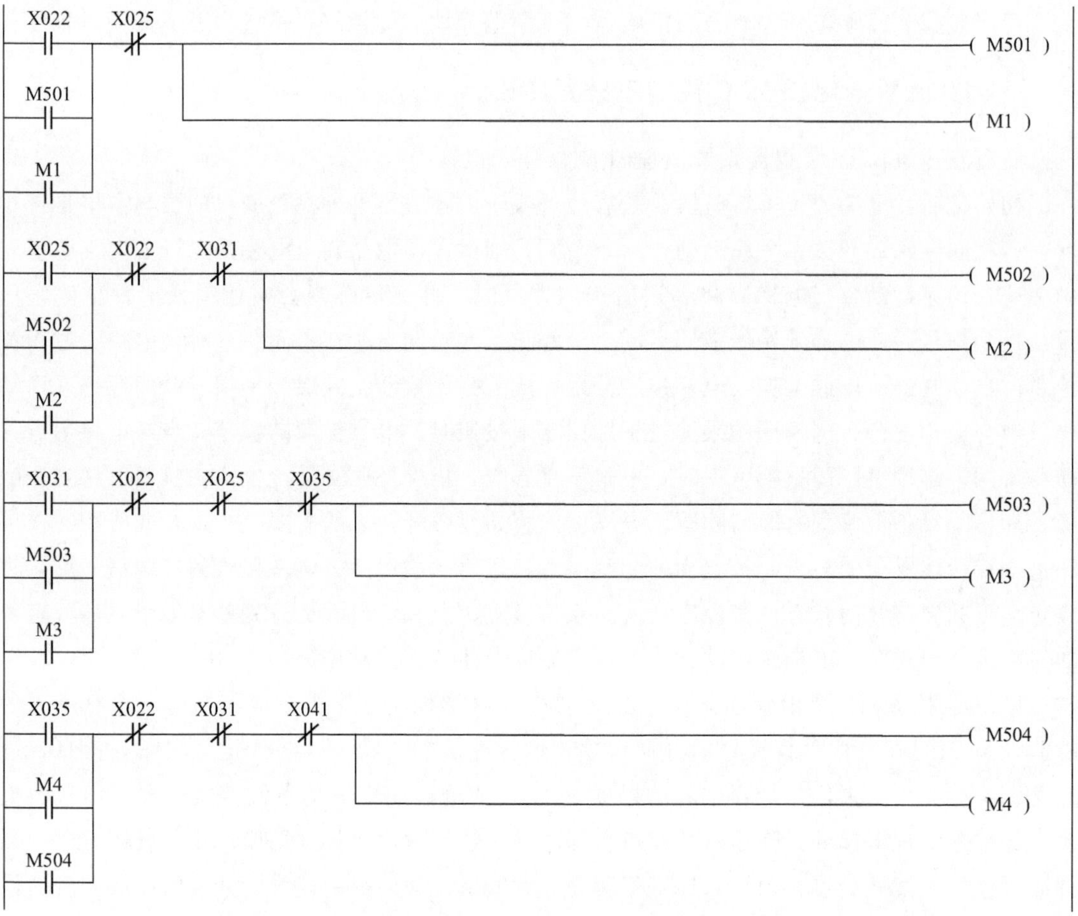

图 5-10　楼层模块程序梯形图

M501-1 层楼层感应停电可记忆辅助继电器；M502-2 层楼层感应停电可记忆辅助继电器；M503-3 层楼层感应停电可记忆辅助继电器；M504-4 层楼层感应停电可记忆辅助继电器；M1-1 层楼层感应辅助继电器；M2-2 层楼层感应辅助继电器；M3-3 层楼层感应辅助继电器；M4-4 层楼层感应辅助继电器

式是一样的。设电梯在 1 层待梯状态，M2↓，M3↓，M4↓，有人在厅外呼 2 层上呼、3 层下呼、4 层下呼按钮时，即 X30↑，X33↑，X37↑，通过层站指令程序用 SET 指令对 Y26↑，Y10↑，Y13↑进行置位，即 2 层上呼、3 层下呼、4 层下呼指令被登记。当运行条件满足时，电梯轿厢上行到 2 层楼层感应器时，M2↑，若电梯轿厢上行进入减速区域，M213↑，下方向继电器 M59↓（此时电梯上行），对 2 层的厅外上呼指令使用 RET 指令进行复位，Y26↓，即 2 层厅外上呼指令已经执行完成。此时 3 层厅外下呼指令、4 层厅外下呼指令的 M3↓、M4↓处于失电状态，不能对 Y10、Y13 复位，厅外 3 层、4 层按钮指令依然保留。当电梯上行到 3 层楼层感应器时，M3↑，下方向继电器 M59↓（此时电梯上行），对 3 层的厅外下呼指令使用 RET 指令进行不能复位，Y10↑，即 3 层厅外下呼指令没有执行完成，电梯不能反向截梯。当电梯上行达到 4 层楼层感应器时，M4↑，若电梯轿厢上行

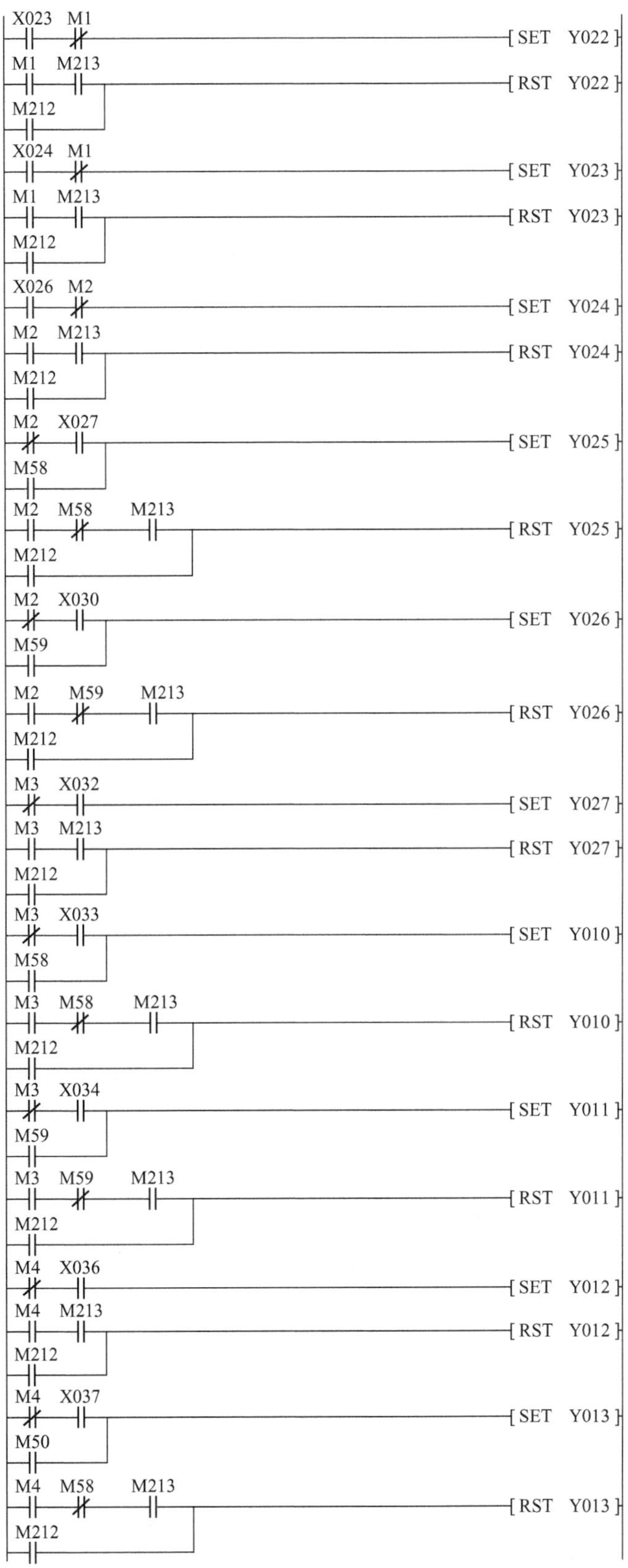


图 5-11　指令模块程序梯形图

进入减速区域，M213↑，下方向继电器 M59↓（此时电梯上行），对 4 层的厅外下呼指令使用 RET 指令进行复位，Y13↓，即 4 层厅外下呼指令已经执行完成，其对应的指令信号才能被复位。此时 3 层厅外下呼指令依然保留，当电梯下行达到 3 层楼层感应器时，M3↑，若电梯轿厢上行进入减速区域，M213↑，上方向辅助继电器 M58↓（此时电梯下行），对 3 层的厅外下呼指令使用 RET 指令进行复位，Y10↓，即 3 层厅外下呼指令已经执行完成，实现顺向截梯的功能。

M212 为安全保护消号辅助继电器，若 M212↑，电梯所有内、外呼指令将清除。M213 为减速消号辅助继电器。

（3）定向模块

定向控制程序是指电梯轿内、厅外指令信号根据轿厢所在的位置进行自动确定电梯的运行方向，定向控制程序如图 5-12 所示。程序中 M58 是上方向辅助继电器，M59 是下方向辅助继电器，由 M58、M59 驱动上下方向指示灯，同时满足条件直接驱动 Y0、Y1，控制主回路中上下行接触器，实现轿厢的定向运行。

例如：电梯在 1 层，此时轿厢内 2 层指令 X25↑，4 层厅外下呼指令 X37↑，由指令登记程序可知 X25↑驱动 Y24↑，X37↑驱动 Y13↑，由 Y24↑驱动 M42↑，Y13↑驱动 M44↑，完成 2 层、4 层的呼梯信号登记。在定向程序中可知 M42↑通过 M2↓，M3↓，M4↓，X002↑，驱动 M58↑，选定上方向。当轿厢达到 2 层时，M2↑，Y24↓驱动 M42↓，2 层指令的定向指令完成。同时 M44↑通过 M4↓，X002↑，驱动 M58↑，继续选定上方向，当轿厢达到 4 层时，M4↑，Y13↓驱动 M44↓，4 层指令的定向指令完成。此时若电梯有呼梯，轿厢内 1 层指令 X23↑，2 层厅外下呼指令 X27↑，由指令登记程序可知 X23↑驱动 Y22↑，X27↑驱动 Y25↑，Y22↑驱动 M41↑，Y25↑驱动 M42↑。在定向程序中可知 M42↑通过 M2↓，M1↓，X002↑，驱动 M59↑，选定下方向。当轿厢达到 2 层时，M2↑，Y25↓（顺向截梯）驱动 M42↓，2 层指令的定向指令完成。此时，因 Y22↑驱动 M41↑，通过定向程序中可知 M41↑通过 M1↓，X002↑，驱动 M59↑，继续选定下方向，当轿厢达到 1 层时，M1↑，Y22↓使得 M41↓，1 层指令的定向指令完成。

（4）开关门模块

开关门程序模块可以使电梯实现在平层门区时可以自动开关门控制，实现重开门、开门到位提前关门、司机状态下手动开关门控制等功能，图 5-13 是开关门程序。

当电梯基站锁打开（电梯启用）时，或安全回路恢复正常时，M107↑，在正常状态下，驱动 M101↑，M101 在开门延时没工作和关门无效的情况下驱动 M102↑并进行自锁，M102↑断开驱动 M103 的回路，使 M103↓。由开门控制程序可知，M103↓在电梯正常 X2↑，平层区 M23↑，M67↓的情况下，驱动 M66↑。在控制开门接触器输出程序可知 M66↑，X007↑，Y007↓的情况下驱动 Y006↑。由 PLC 原理图可知，KO 开门接触器得电，发出开门信号给门机将电梯门打开。

同样，电梯在超载 X17↑、触板、本层厅外开门有效的情况也驱动 M101↑，经过上述相同的程序控制后，驱动开门接触器打开电梯门。

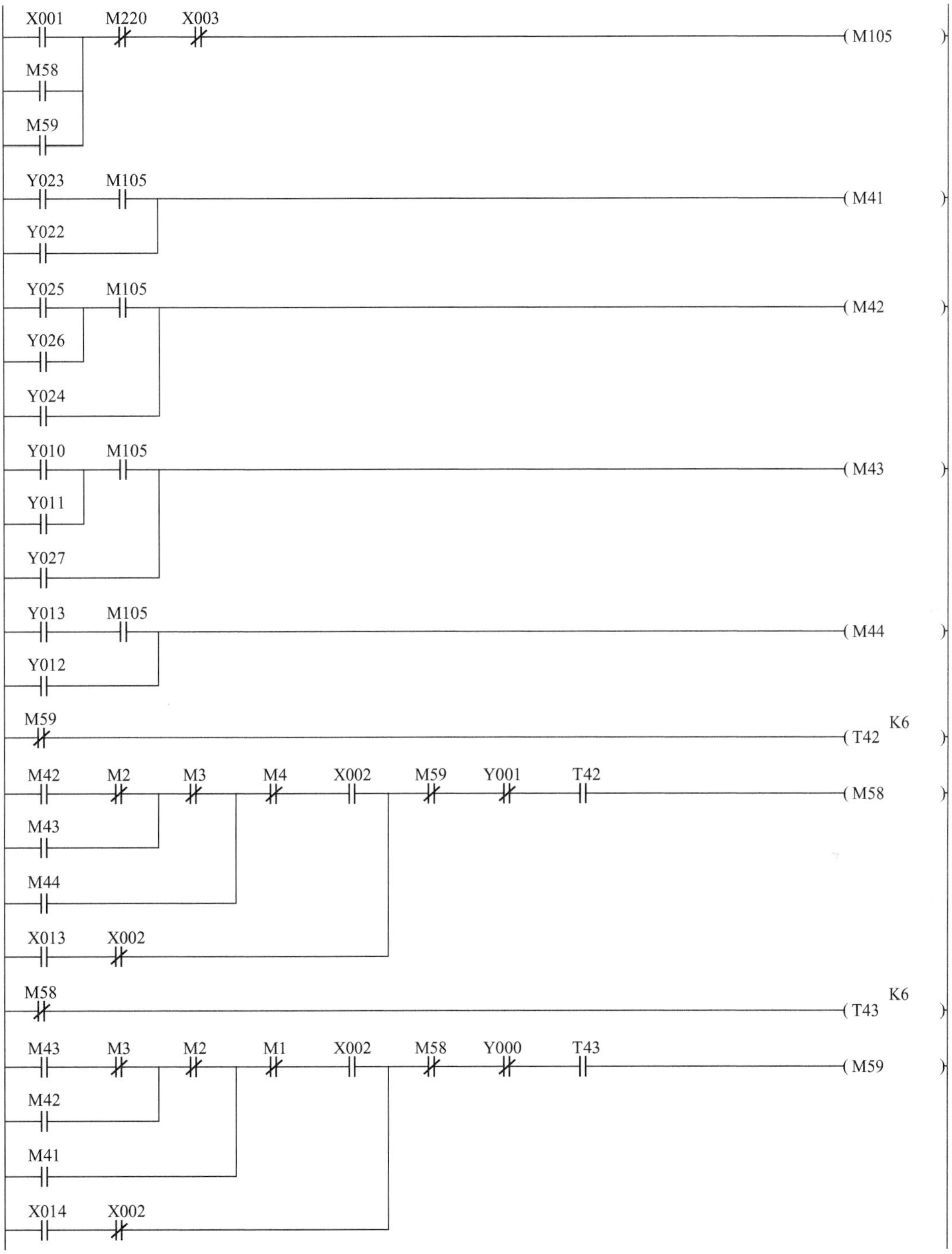

图 5-12　定向模块程序梯形图

M41-1 楼选层按钮记忆辅助继电器；M42-2 楼选层按钮记忆辅助继电器；M43-3 楼选层按钮记忆辅助继电器；M44-4 楼选层按钮记忆辅助继电器；M220—直驶记忆辅助继电器；M105—司机取消外呼定向辅助继电器；M58—上方向辅助继电器；M59—下方向辅助继电器；T42、T43—上下定向互锁定时器

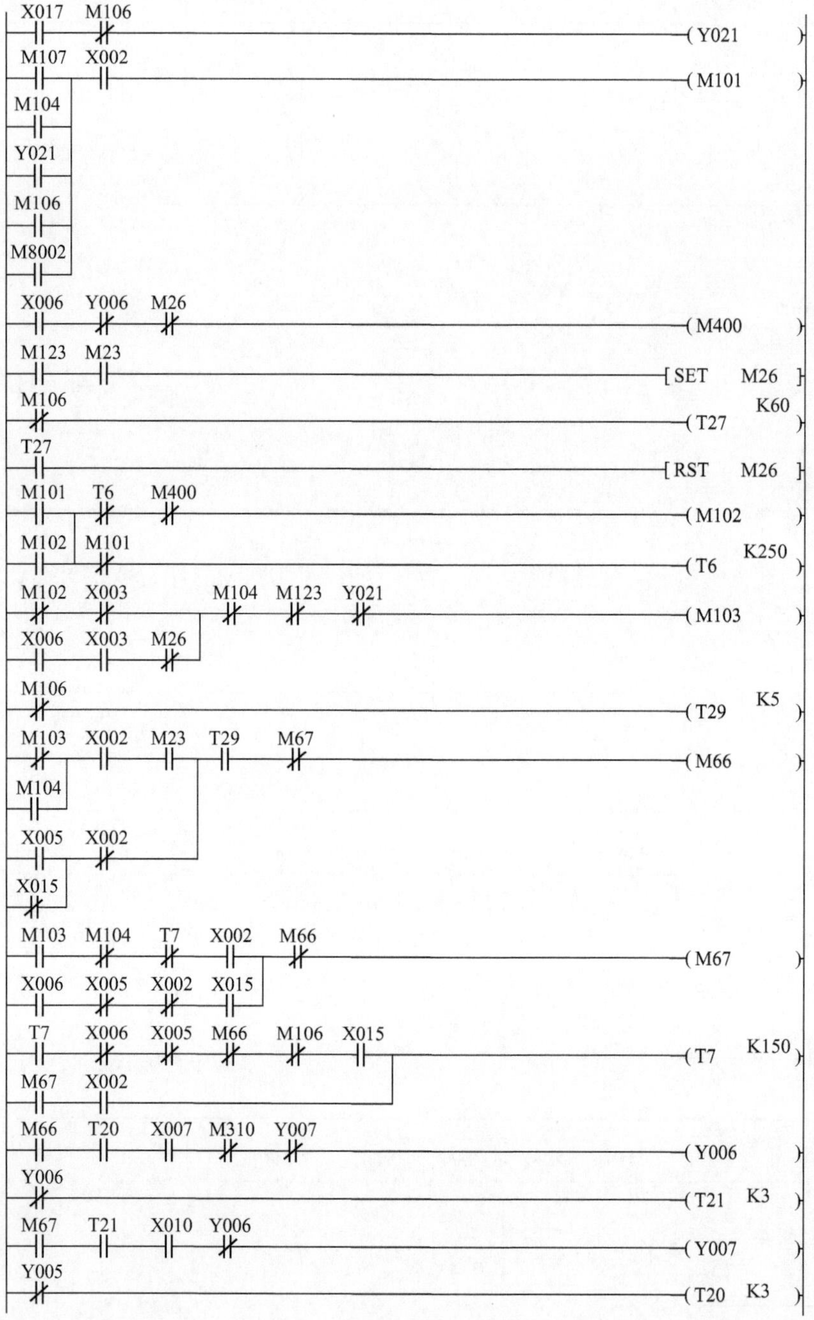

图 5-13　开关门模块程序梯形图

M107—电梯恢复正常辅助开门信息中间继电器；M104—本层开门信息中间继电器；Y021—超载信号输出继电器；M106—运行信号中间继电器；M8002—PLC 上电提供一次触发信号特殊功能继电器；M101—准备开门信号中间继电器；M102—开门信号锁定中间继电器；T6—开门信号锁定延时时间继电器；M103—关门信号辅助中间继电器；M23—平层信号中间继电器；M66—开门信号继电器；X007—开门限位输入；Y006—开门输出继电器；M67—关门信号继电器；X010—开门限位输入；Y007—开门输出继电器

当电梯关门按钮有效 X6↑，或门开到位等待一定的时间后 T6↑，断开驱动 M102↓，M102↓驱动 M103↑。由关门控制程序可知，M103↑在电梯正常X2↑，M104↑，M66↓的情况下，驱动 M67↑。由控制关门接触器输出程序可知，M67↑，X010↑，Y006↓的情况下驱动 Y007↑。由 PLC 原理图可知，KC 关门接触器得电，发出关门信号给门机，将电梯门关闭。

（5）起动加速、减速、平层停止模块

电梯起动时，电机快车绕组接通，通过串入和取消电抗器改善起动舒适感。当电梯到达呼梯层站的减速点时，将快车绕组断开，同时接通慢车绕组，串入电抗器，改善快车切换到慢车的减速舒适感，延时后断开慢车串入的电抗器，进入慢车运行，完成换速。

① 起动加速　如图 5-14 所示。当电梯定向程序上方向辅助中间继电器 M58↑，减速信号中间继电器 M123↓时，驱动快车运行信息中间继电器 M122↑，快车起动准备。当 M58↑，M122↑，电梯执行关门指令信号中间继电器 M103↑有效，X2↑，电梯门关闭 X1↑延时 0.5s 后 T10↑，程序驱动上行接触器输出继电器 Y0↑，同时 M122↑，X2↑，X1↑有效，驱动快车接触器输出继电器 Y2↑，Y2↑延时 2s 后 T12↑，驱动快车加速接触

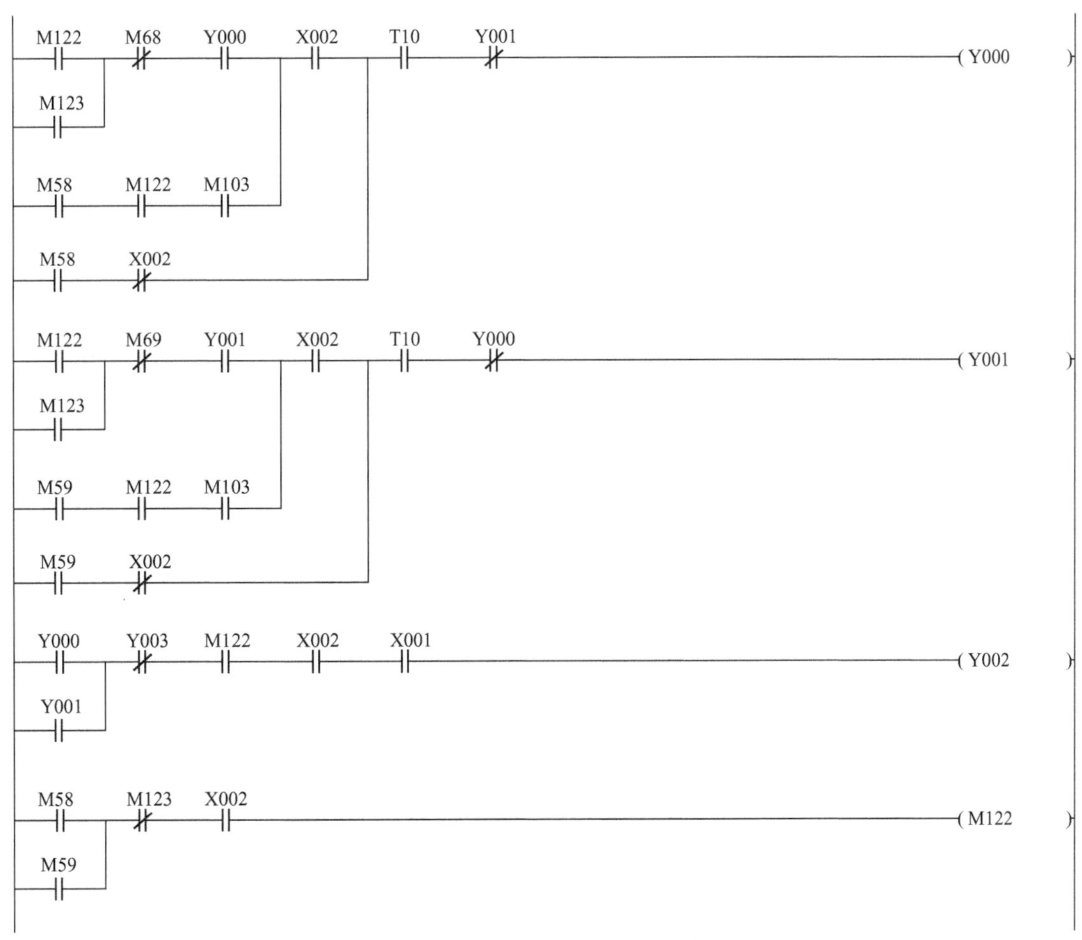


图 5-14　起动加速模块程序梯形图

器输出继电器 Y4↑，此时外部线路 Y0↑驱动上行接触器吸合，Y2↑驱动快车接触器吸合，从主回路中可以得到，三相电源从上行接触器主触点经电抗绕组后，再经快车接触器主触点给电动机的快车绕组线圈供电，电梯经电抗后快车起动运行，经过 2s 后，快车加速接触器吸合，三相电源从上行接触器主触点经快车加速接触器主触点后，再经快车接触器主触点直接给电动机的快车绕组线圈供电，电梯经电抗快车起动运行 2s 后进入快车运行，此时完成快车加速过程。从抱闸回路可知，上行接触器和快车接触器吸合，给曳引机抱闸线圈通电，抱闸打开。电梯下行加速过程同样。

② 减速控制　减速程序如图 5-15 所示。当电梯从 1 层达到呼梯 3 层时，由减速程序可

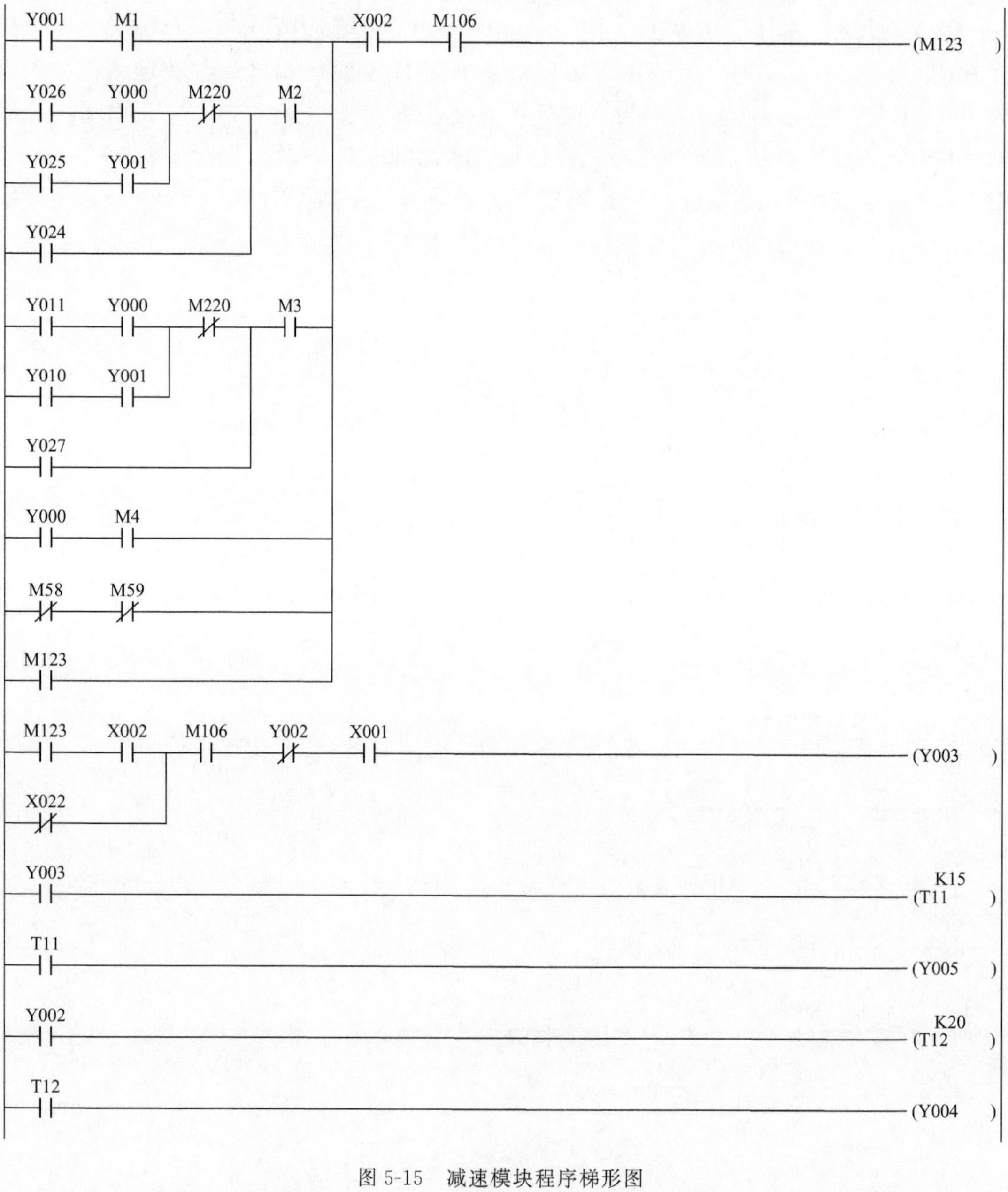

图 5-15　减速模块程序梯形图

知，收到层楼感应信号 X31↑，驱动 M3↑，由 3 楼内呼登记信号 Y24↑、M3↑、X2↑、M106↑组成回路驱动 M123↑，开始执行减速，M123↑，使得 M122↓，M122↓使得 Y2↓、Y4↓断开，同时 M123↑，X2↑，M106↑，Y2↓，X2↑组成回路驱动慢车接触器吸合 Y3↑，Y3↑延时 1.5s 后 T11↑，驱动慢车减速接触器 Y5↑，此时外部线路 Y0↑驱动上行接触器吸合，Y3↑驱动慢车接触器吸合。从主回路中可以得到，三相电源从上行接触器主触点经电抗绕组后，再经慢车接触器主触点给电动机的慢车绕组线圈供电，电梯经电抗后慢车减速运行，经过 1.5s 后，慢车减速接触器吸合，三相电源从上行接触器主触点经慢车减速接触器主触点后，再经慢车接触器主触点直接给电动机的慢车绕组线圈供电，电梯经电抗慢车减速运行 1.5s 后进入慢车运行，此时完成慢车减速过程。从抱闸回路可知，上行接触器和慢车接触器吸合，给曳引机抱闸线圈通电，抱闸打开。电梯下行减速过程同样。

③ 平层停止模块　平层控制程序如图 5-16 所示。当电梯上行换速后进入慢车爬行阶段时，通过检测当前楼层隔磁板插入上下平层感应器，触发开关信号 X20↑给 PLC 发出平层停车指令。X20↑，驱动 M68↑，断开 Y0↓，Y0↓断开 Y3↑，Y5↑，由主回路可知，电梯由慢车爬行进入上平层后，上行接触器 Y0↓断开，慢车接触器 Y3↑，慢车减速接触器 Y5↑，电动机慢车绕组断电。同时由抱闸回路可知，上行接触器 Y0↓断开，慢车接触器 Y3↑，曳引机抱闸线圈断电，抱闸关闭，电梯完成上行平层停车过程。同时，当电梯下行减速进入楼层隔磁板时，下平层开关有效，同样执行下行平层停车。

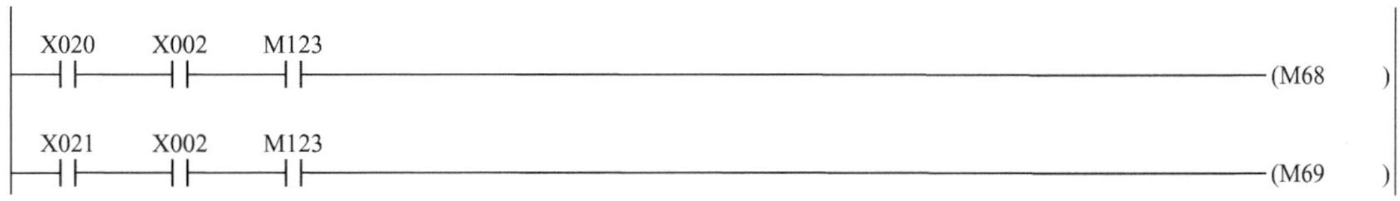

```
  X020   X002   M123
──┤├────┤├────┤├──────────────────────────(M68    )

  X021   X002   M123
──┤├────┤├────┤├──────────────────────────(M69    )
```

图 5-16　平层停车模块程序梯形图

# 第四节　微机控制系统设计

## 一、电梯微机系统特点及原理

电梯的微机控制系统体积小，成本低，自动化程度高，节省能源，通用性强，可靠性高，可实现复杂的功能控制，目前在电梯行业得到了广泛的应用。

微机电梯控制系统通常采用集选的控制算法，电梯记忆多个内外呼梯信号，按轿厢顺向应答和应答呼梯信号的时间，把呼梯型号分配给轿厢，它还可以实现 VIP 贵宾层服务、并联、群控、下集选控制等功能。电梯微机控制系统不同的厂家有不同的设计风格，但总体的设计方法和实现的功能是相似的。目前微机控制系统的标准功能如下：集选控制、检验运行、慢速自救运行、测试运行、时钟控制、保持开门时间的自动控制、本层厅外开门、关门按钮提前关门、开门按钮开门、重复开门、换站停靠、错误指令取消、反向时自动消指令、直接停靠、满载直驶、待梯时轿内照明风扇自动断电、自动返基站、液晶显示界面操作器、模拟量速度给定、数字量速度给定、故障历史记录、井道层楼数据自学习、服务层的任意设置、层楼显示字符设置、司机操作、独立运行、层楼显示器、运行方向显示、自动修正层楼位置信号、锁梯服务、门区外不能开门保护、门光幕保护、超载保护、轻载防捣乱、逆向运行保护、防打滑保护、防溜车保护等。

现有的电梯控制系统都以微机控制主板为主流进行演变，现有的 32 位微机控制主板、64 位微机控制主板、VVVF 和一体化驱动驱动控制器，都是采用微机主板来控制电梯运行。微机控制系统运行原理如图 5-17 所示。

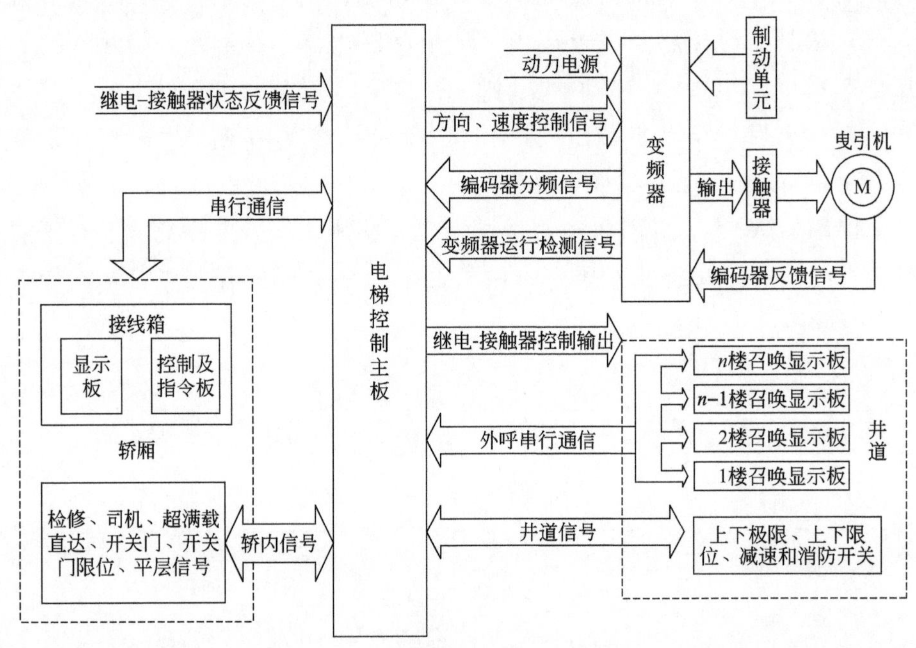


图 5-17　微机控制系统运行原理

## 二、电梯微机主控制器的控制功能设计

主控制器是整个电梯的核心，不但要保证整个系统的稳定运行，而且要在极短的时间内对系统所有的任务进行响应。其任务包括接收、处理电梯的各种状态信号，并做出相应的动作，控制电梯的总体运行；实施对电梯驱动部分的控制，包括闸的松放、门机的开关、变频器的控制；接收轿厢控制器送来的内选信号；实施安全保护等。为了实现电梯状态监控的需要，主控制器还需加入电梯参数设置和运行监控系统。电梯主控系统是一个功能繁多、运行复杂的控制系统，而且对安全防护措施要求高。总的来说，系统按运行可分为正常运行和非

正常运行两个框架结构，按功能又可分为开关门和上下运行等功能部分。在电梯运行时，根据不同的情况，要实现正常运行、检修运行、自学习运行、消防运行等运行状态的功能，并且要求各状态之间可随时互相转换。

**1. 正常运行**

电梯正常运行部分是电梯运行的主要部分，是电梯主控制器设计中最核心的部分。它主要是靠编码器的位置信号和平层感磁应器发出平层的实时信号来进行准确地平层。当门全部关好以后，门锁继电器吸合，使电梯快速起动，加速直到稳速运行。此加速过程由变频器控制，当电梯快要接近目的站前方的某一位置时，这由预先设置的制动信号点控制，主控制器根据计数器产生相应的信号，发出自动减速命令，并经调速装置，使电梯按照给定的曲线制动减速，直至准确平层停车，最后再开门放客和接收新的乘客进入电梯轿厢。

正常运行过程按运行状态来说大致可分为平层区状态和非平层区状态。

（1）平层区状态

正常运行时，电梯一旦监测到平层区标志，就要进入平层区状态，根据呼叫计算，分别决定停车、等待还是继续运行。如果电梯到达运行目的楼层，系统进入停车模式。考虑到电梯的顺利停车和起动、乘客安全、机械部分的损坏等问题，系统必须按照一定的规则停车和起动。

（2）非平层区状态

非平层区状态相对于平层状态来说相对简单，主要完成电梯在运行途中系统通过 CAN 总线与呼梯、轿厢的通信，提出登记楼层呼叫情况，并计算电梯运行目标楼层，决定电梯运行的速度和方向，以及计算即将到达的目的地是否有停车等任务，保持电梯安全稳定运行状态。

**2. 检修运行**

检修状态是电梯控制系统中最基本的运行部分，是电梯安装、调试必不可少的状态。检修状态只包括电梯的几个最基本功能：开门、关门、上行、下行。在电梯初次安装、调试或出现故障时，调用最基本、最简单的运行功能，以便解决其他问题。检修时的速度应小于或等于 0.63m/s。当检修状态继电器吸合时，必须切断自动开关电路和正常快速运行的电路。检修状态下的开关门操作和检修运行的操作均只能是点动操作。检修运行也必须在所有安全保护装置及其电路均处于可靠有效的作用下。检修运行不应超过正常运行的行程范围，保证维修人员的绝对安全。

**3. 自学习功能**

为了增加电梯控制系统的智能化程度，系统加入了自学习功能。因为安装电梯的楼房楼层高度不可能统一，就算有标准，也会因为施工存在误差而导致楼层高度存在差异。对于电梯控制系统来说，必须预先知道楼层的高度，以便准确、及时地改变运行速度，减速停车。一般来说，系统通过读取电梯曳引机端的脉冲编码器，根据电梯上下运行的行程所发出的脉冲数来得到电梯所在楼层的层高。在传统的电梯控制系统中，为了取得大楼楼层的高度，安装调试的时候采用检修运行方式，手动控制电梯的上下运行，通过观察电梯主控系统的脉冲计数器所读到的数值，人工记录下楼层的高度值。目前的微机控制系统都引入了自学习功能，即自动完成楼宇高度脉冲的读取、记录、保存，并自动检测大楼楼层数，给电梯安装调试带来了很大的方便。

**4. 消防运行**

电梯在运行时，如果有人把设置在系统基站的消防开关开启，电梯立刻进入消防状态。消防状态是电梯系统在楼层发生火灾的情况下，为了保护乘客的安全以及方便消防人员救火救人而设置的一种功能状态。我国消防法规定，一幢大楼内无论有多少台电梯，必须保证大楼发生火灾的时候，有一台电梯能提供给消防人员灭火专用，而其余的电梯用来疏散发生火灾时的人群。因此，一般来说电梯都有消防运行状态。

消防状态可分为消防保护阶段和消防再次运行阶段。

① 消防保护阶段　电梯在正常运行时，如果有消防呼叫，系统即处于消防保护阶段。在此阶段，系统具有以下功能：无论电梯在何位置，均直达基站供消防专用，消防专用时不响应任何厅外呼梯信号。

② 消防再次运行阶段　电梯完成消防保护阶段后，自动进入再次运行阶段，以便消防人员和急救人员紧急使用和临时使用电梯。

**5. 故障检测**

电梯控制系统安全问题尤为重要。及时发现并解决系统的电子、机械问题，并显示相应的故障代码，指明故障情况，有助于预防电梯故障以及出现故障后的电梯检修。一般来说，电梯控制系统中的故障包括控制电路的器件故障，其中包括元件老化、失灵、损坏等情况，还有变频器的运行故障，分布式控制系统的通信故障，门联锁、抱闸接触器、主接触器等控制器的机械故障等。

**6. 系统的保护功能**

电梯的安全保护功能至关重要，它的实现包括软件和硬件两个方面。为了使电梯安全可靠，系统设定门锁保护电路、急停保护电路、端点限速保护、限位保护、端站自动减速保护、自动换向保护措施、过流保护开关、过热保护开关、机械极限保护、丢测速反馈保护等保护措施，使得电梯能安全可靠地运行，并且在故障状态也能保证电梯及人的安全。

## 三、电梯微机控制系统硬件设计

电梯控制系统电路设计主要包括 4 个部分：主控制器、轿厢控制电路、呼梯电路以及控制器之间的通信方式。其各部分功能及硬件组成框图如图 5-18 所示。

① 主控制器，即电梯控制器　它是电梯控制系统的主要部分，负责整个电梯的运行控制。一般主控制器和位于楼房的顶部电梯机房内的电梯动力装置曳引机，构成整个电梯控制系统的核心。

② 轿厢控制电路　轿厢是电梯系统中运载乘客的装置，它通过轿厢中的键盘、显示屏，

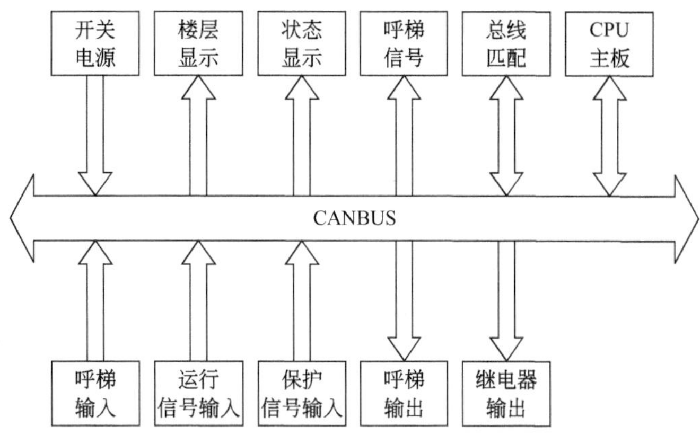


图 5-18　电梯微机控制系统硬件组成框图

使乘客与电梯建立起了相互联系。曳引机通过钢丝牵引轿厢的上下运行，用于运送乘客。在轿顶还有一个门机控制器，用于电梯的开关门动作。

③ 呼梯电路　它是每一层楼的呼叫装置，给出每一楼层的呼叫请求信息，并且显示电梯的当前运行状态。此外，电梯控制系统还包括上、下限位开关，上、下限速开关，限速器，安全闸，对重，随行电缆，平层检测板，导轨和缓冲器等一系列电梯运行机械装置和安全保护设备。

④ 控制器之间的通信方式　主控制器、轿厢控制器和呼梯控制器之间采用现场总线之一的 CAN 总线进行通信。各控制器之间只需一对双绞线，通过网络拓扑结构连接即可，安装极为方便。CAN 总线是一种有效支持分布式控制和实时控制的串行通信网络，具有非常好的抗干扰能力和可靠性。

**1. 主控制硬件结构设计**

主控制部分主要对电梯的运行进行计算和状态控制，例如轿厢位置计算、楼层显示、开关门控制、驱动部分的控制、系统保护等。主控制部分是指微机及其 I/O 接口外围线路。微机主要由 CPU、RAM、I/O 接口、软件等组成，集中处理安全信号、井道脉冲信号、井道端站信号、门机信号、呼梯信号、驱动器状态信号等各种输入信号，并输出轿厢位置信号、运行方向信号及其呼梯应答响应等信息，关闭厅轿门，配合驱动部分实现轿厢的上下行控制、加减速控制等功能。

**2. I/O 接口外围线路设计**

I/O 接口外围线路由电源部分、安全线路、输入控制线路、驱动控制线路、门机控制线路等组成，主要向微机提供工作电源、控制线路电源，收集安全、输入信号，传送到微机输入端口，经微机处理，将控制信号经输出接口，传达给驱动、门机等控制线路，实现电梯的开关门控制和轿厢运行方向和速度的控制。常见的 I/O 接口如表 5-2 所示。

表 5-2 微机控制系统 I/O 接口

| 输入 | 检修信号 | 输出 | 抱闸接触器输出 |
|---|---|---|---|
| | 上行信号,检修:点动上行;司机:上行换向 | | 抱闸强激接触器输出 |
| | 下行信号,检修:点动下行;司机:下行换向 | | 电动机电源接触器输出 |
| | 上行终端换速开关 | | 前门开门继电器输出 |
| | 下行终端换速开关 | | 前门关门继电器输出 |
| | 上限位开关 | | 消防信号输出 |
| | 下限位开关 | | 提前开门或开门再平层继电器输出 |
| | 上平层开关 | | 调速器上行方向 |
| | 下平层开关 | | 调速器下行方向 |
| | 火灾返回开关 | | 调速器运行使能 |
| | 进线接触器检测 | | 调速器多段速端口 1 |
| | 出线接触器检测 | | 调速器多段速端口 2 |
| | 抱闸接触器检测 | | 调速器多段速端口 3 |
| | 门区信号 | | 模拟速度给定信号 0～10V |
| | 消防员开关 | | 模拟负载补偿信号 0～10V |
| | 抱闸开关检测 | | 外呼和轿厢串行通信 |
| | 电动机温度检测信号 | | 并联或群控串行通信 |
| | 安全回路电压检测 | | |
| | 门锁回路电压检测 | | |
| | 厅门锁电压检测 | | |
| | 编码器信号 | | |

## 四、电梯控制系统主程序设计

电梯控制系统的软件采用模块化结构设计思想，根据执行不同的功能设计不同的软件模块。程序设计采用子程序和分支程序自上而下的编程方法，再用自底向上、逐步综合的设计思想编制整个系统的应用程序，配合硬件完成电梯控制系统的全部功能。这样的编制结构，便于系统功能的扩展和程序的修改和调试，并且程序的可读性强，设计周期短，可靠性高。其主程序包括初始化程序、故障慢车处理程序、检修服务程序、消防服务程序、正常工作服务程序。

通电后，执行初始化程序，判断电梯处于何种工作状态，进入相应的服务程序。

如果进入检修服务程序，这时 CPU 主要完成跟踪显示楼层位置、切断快车并禁止响应各层的呼梯信号。

如果进入消防服务程序，CPU 主要完成按消防运行。此时如电梯停在某层，立即下行返回基站；若电梯正在运行，上行时立即减速停车换下行方向起动返回基站，下行时直驶返回基站。消防运行时不响应各楼层呼梯信号，只按轿厢内指令运行。

如果检查电梯不在平层位置，则执行故障慢车处理程序。要完成的功能是控制电梯以慢速运行就近停靠。如果在平层位置则记忆显示楼层，开门消号，查呼梯定运行方向。首先是按顺向截车原则确定是否应维持原运行方向，并用逐层查询法查电梯运行的前方各层是否有呼梯要求。若有，则程序保证在门锁好以后电梯按原来方向继续运行，若没有，则根据内选优先原则由内选信号来确定新的运行方向。关中断，进入正常工作服务程序，电梯按照正常的工作流程进行工作。正常工作服务程序的流程图将在后面介绍。主程序的流程图如图 5-19所示。

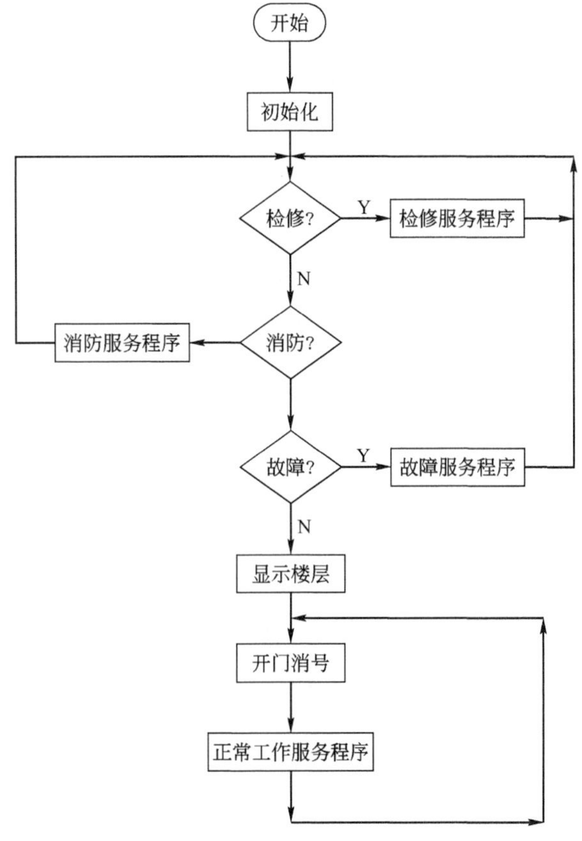


图 5-19　微机控制系统主程序流程图

正常工作服务程序分为多子程序模块式的结构，可以提高系统的实时性和可靠性，简化系统软件的设计。正常工作服务程序模块包括开门子程序、关门子程序、查呼梯子程序、消号保号子程序、定时中断服务程序、显示子程序、状态输入子程序、给定子程序、减速子程序等。电梯在到达一个平层后，正常工作服务程序首先判断是顺向呼梯还是反向呼梯，关闭原来的运行指示灯。如果有顺向呼梯，则电梯按照内选优先 10s 定向，确定好上下行后保存状态，通过传感器检查是否超载，如果超载则开门并报警。然后确定是否为司机状态，如果为司机状态，则执行关门指令，否则超过 10s 后电梯定时自动关门，并按呼梯的先后性原则继续查呼梯，确定运行方向。关门子程序可以采用门自锁的方法进行检查，确定把电梯门关好，保证电梯运行安全。门锁之前，还需检查电梯是否处在捣乱状态，如果是则消内选，关门后电梯保持在原来状态。在确认门锁好以后，电梯保存楼层的层数，并按给定方向起动开梯，一旦起动，程序按顺向截车原则和最远程反向截车原则查呼梯来决定前方是否减速。如果电梯按确定方向运行，只响应同向呼梯信号减速停车，记忆反向呼梯信号。如果电梯是向

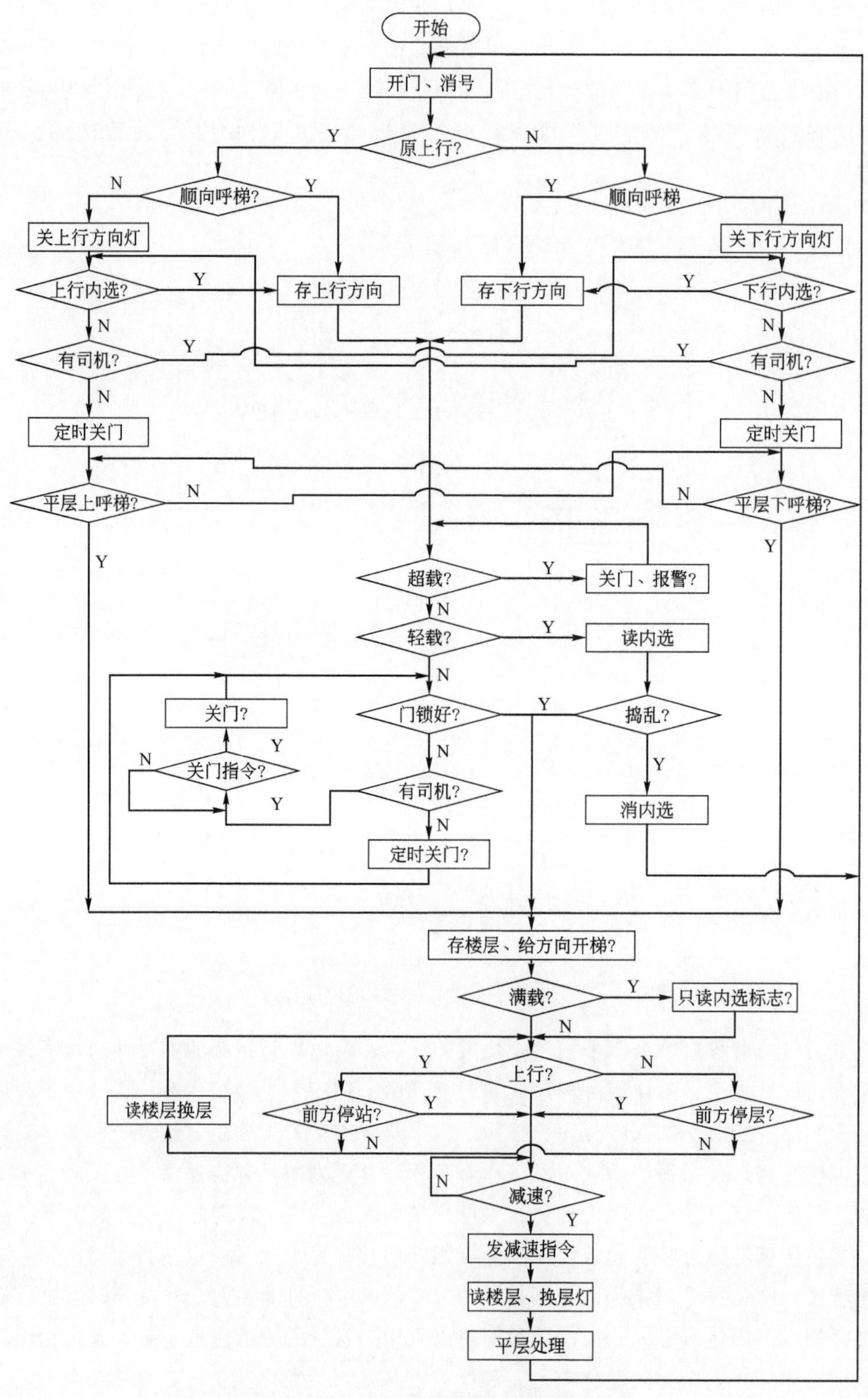


图 5-20　正常工作服务程序流程图

上运行，对于所有向下方向的呼梯信号，电梯先响应最远的，然后换向按顺向截车原则响应下方向其他信号。同样，如果是顺向没有呼梯而只有反向呼梯，电梯仍然按照检查是否有司机和定时关门的过程运行。最后，如果经过判断前方没有停梯信号而不减速，电梯经过该层时，程序只读楼层的位置信号，并不显示楼层数；如果前方需要运行停梯，则到一定位置后发减速信号给 MDU 单元，电梯减速后读平层位置，到达平层后控制抱闸停梯，开门消号显示楼层位置信号，并显示楼层。这样电梯就完成了一个正常服务工作的大循环，电梯按照如此的程序进行正常工作服务，保证电梯安全可靠的运行。其软件流程图如图 5-20所示。

## 五、电梯微机系统的变频门机线路

电梯门机系统是整梯系统中动作最频繁的部件，其性能直接影响到整梯的性能。电梯门机分为直流门机、交流异步变频门机和永磁同步门机。本书主要就目前使用量最大的交流异步变频门机进行分析设计。

图 5-21 为电梯变频门机三部分关系，变频门机控制系统用于控制交流异步变频电机运行，变频电机又拖动机械系统运行，实现开关门动作。

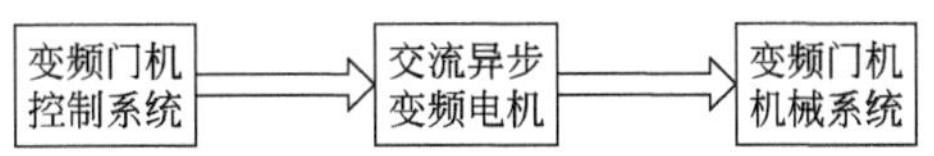


图 5-21 电梯变频门机三部分关系

对于不同厂家的电梯，变频门机控制系统的具体设计会有所不同，但结构原理是基本一样的。在图 5-22 中，高压直流驱动电源为 310V 左右，用作驱动模块的逆变工作电源，低压直流控制电源的电压等级包括 5V、15V、24V 等，不同厂家的系统会有所不同；参数存储器一般使用 EEPROM；电流传感器一般设有两个，接在两相电机线上，第三相电机线的

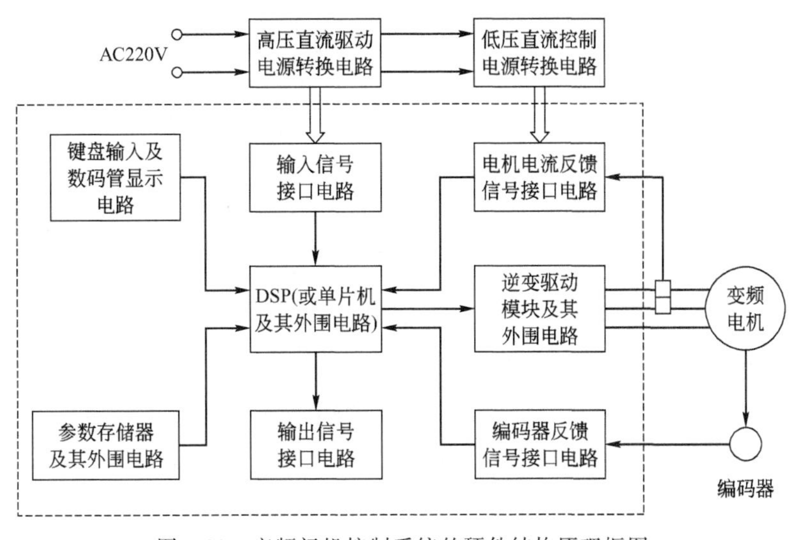


图 5-22 变频门机控制系统的硬件结构原理框图

电流通过程序中的数学运算得到；编码器及其反馈信号接口电路在“编码器控制方式”下需要，在“速度开关控制方式”下不需要。关于控制方式（即运动控制方式），将在后面分析。

与变频门机控制系统的情况类似，对于不同厂家的电梯，变频门机机械系统的具体设计也会有所不同，但结构原理是基本一样。变频门机的机械系统分为两大部分：轿门侧机械部分和厅门侧机械部分。轿门和厅门通过一种称为“系合装置”的机械部件连接在一起，电机拖动轿门运动，轿门通过“系合装置”带动厅门一起运动。厅门侧机械部分除没有电机及其减速机构外，其余跟轿门侧机械部分相似，为节省篇幅，这里仅介绍轿门侧机械部分。变频门机轿门侧机械部分的结构示意图如图 5-23 所示。

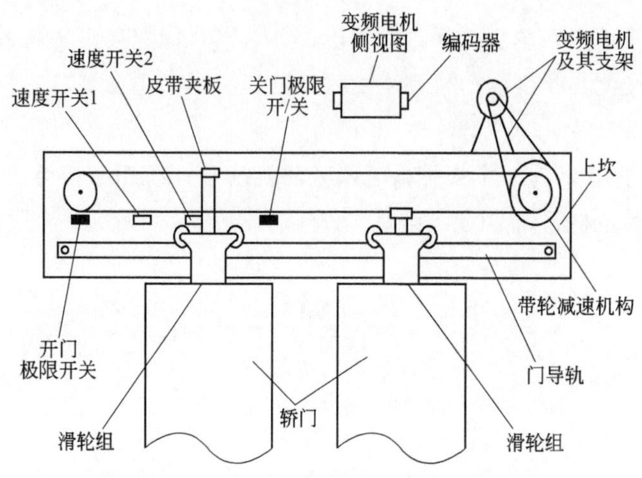


图 5-23　变频门机的机械结构示意图（轿门侧）

从图 5-23 可看出，轿门侧机械结构由两扇轿门和轿门上坎两大部分组成。上坎上分布着各种部件，图中所画为主要部件。其中，滑轮组（两组）连接轿门与上坎，将轿门吊挂在上坎导轨上，滑轮组的皮带夹板卡住皮带，使得皮带可以拖动滑轮组在导轨上运动，从而拖动轿门运动。上坎上的开门极限开关和关门极限开关，用于检测轿门是否运动到开门极限位置或关门极限位置。电机尾部的编码器和上坎上的速度开关并不是同时都需要，这取决于不同的运动控制方式。

变频门机的运动控制方式分为“编码器控制方式”和“速度开关控制方式”。在使用“编码器控制方式”时，电机尾部安装有编码器，但上坎上不安装速度开关。在这种控制方式下，通过编码器既能检测轿门位置，又能检测轿门速度，因此可以使用位置和速度闭环控制。“编码器控制方式”下的控制信号构成如图 5-24 所示。

图 5-24 中的开门信号、关门信号、平层信号由电梯整梯控制系统发出，其中平层信号是指电梯到达每一楼层平面位置时产生的信号；开门极限信号与关门极限信号是指轿门运动到开门极限位置和关门极限位置时，由开门极限开关和关门极限开关产生的信号；安全触板和光电光幕是检测障碍物的装置，安装在轿门的门沿上，这两个装置只有在关门过程中才有

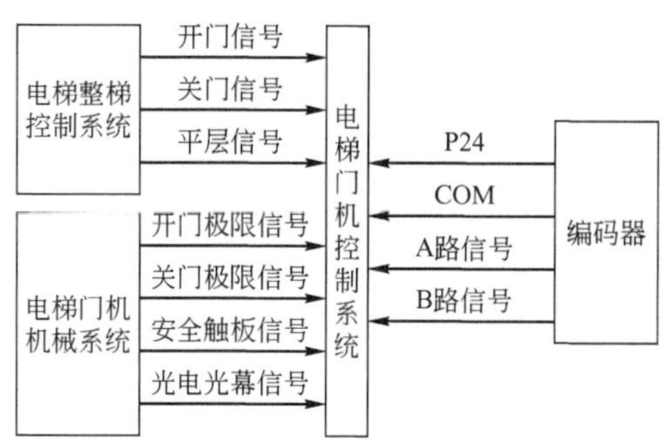


图 5-24　“编码器控制方式”下的控制信号组成

效，当有障碍物时，会产生安全触板信号和光电光幕信号，以便整梯控制系统和门机控制系统实施保护；编码器用来反馈轿门运动速度、检测轿门位置和运动方向，“编码器控制方式”下的速度切换点通过检测轿门位置来确定。

在使用“速度开关控制方式”时，电机不带编码器，而是依据上坎的速度开关来检测速度切换点。在这种控制方式下，没有位置检测，也没有速度检测，因此只能使用位置和速度开环控制。“速度开关控制方式”下的控制信号构成如图 5-25 所示。

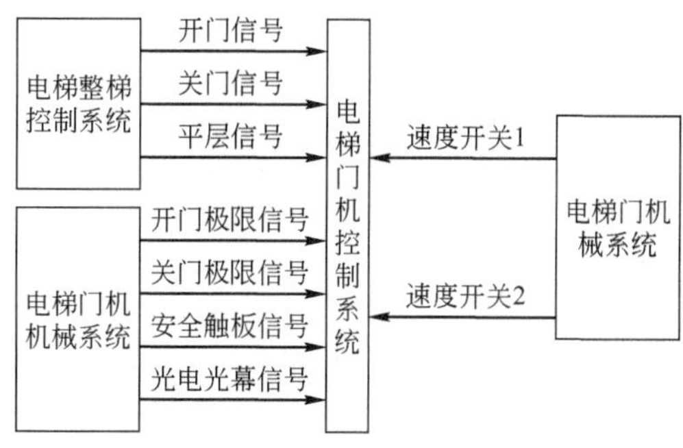


图 5-25　“速度开关控制方式”下的控制信号构成

图 5-25 跟图 5-24 相比，只是编码器信号用速度开关信号替代，其余控制信号两者完全一样。两个速度开关仅用作变频门机运动过程中的速度切换点。

在“编码器控制方式”下，变频门机关门过程的理想运动曲线（即程序中设定的运动曲线）如图 5-26 所示。图中，横轴表示关门行程，纵轴表示运动速度；$O$ 点为开门极限位置兼第一加速段起始点，$A$ 点为第一加速段终止点、第二加速段起始点；$B$ 点为第二加速段终止点、匀速段起始点；$C$ 点为匀速段终止点、第一减速段起始点；$D$ 点为第一减速段终止点、第二减速段起始点；$E$ 点为第二减速段终止点兼关门极限位置。从图中可看出，减速行程 $CE$ 段比加速行程 $OB$ 段要长，这是门机运动时的工况和安全特性所要求的。$A$、$B$、$C$、$D$ 4 个速度切换点的位置通过编码器来检测。

在“速度开关控制方式”下，变频门机关门过程的理想运动曲线如图 5-27 所示。

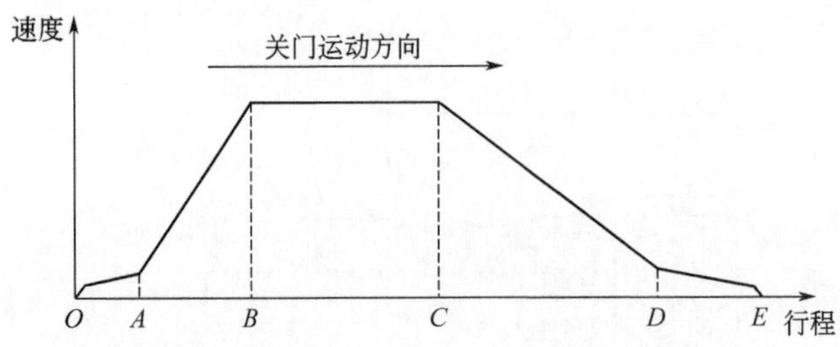


图 5-26 “编码器控制方式”下的关门运动曲线

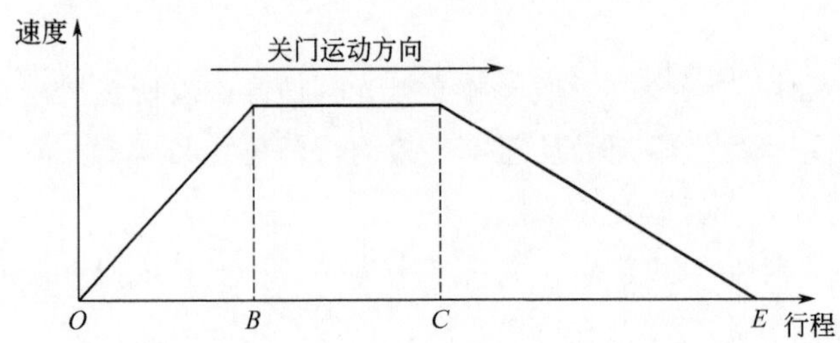


图 5-27 “速度开关控制方式”下的关门运动曲线

在图 5-27 中，$B$ 点为加速段终止点、匀速段起始点；$C$ 点为匀速段终止点、减速段起始点；$B$ 点与 $C$ 点的信号由两个速度开关产生。图中的横轴、纵轴、$O$ 点、$E$ 点的意义与图 5-26 相同，不同的是，图 5-26 中的加速段与减速段都有两段，而图 5-27 中的加速段与减速段都只有一段，这是因为在图 5-26 中，有 4 个速度切换点，而在图 5-27 中，只有两个速度切换点，因为只有两个速度开关，如果要再增加两个速度开关，不仅要增加产品成本，而且安装位置也很紧张，尤其是开门宽度比较小的电梯门机，无法安装 4 个速度开关。因图 5-27的这种特性，导致“速度开关控制方式”下门机运动过程的平滑性不如“编码器控制方式”。

以上只分析了关门运动曲线，至于开门运动曲线，除运动方向与关门运动曲线不同外，其余与关门运动曲线类似。

## 六、电梯群控系统设计

随着社会的发展，高层建筑和智能化建筑的不断出现，作为垂直运输工具的电梯得到了越来越广泛的应用。大型建筑中，特别是大型办公楼，只有单台电梯不能很好地应付全部客流，因此需要设置几台或多台电梯，但如果多台电梯不能相互协助，而是并列地各自独立操作，可能会使几台轿厢去应答同一呼梯信号而造成很多空载运行和不必要的停站，致使电梯的工作效率降低，而且在频繁的需求下会造成轿厢聚集现象。因此，安装在一起的多台电梯要求单台电梯的控制系统相互联动。另一方面，在一些客流量变化剧烈的场所，单靠增加电梯的负荷、速度、台数是不能适应这种规律的，也难以克服轿厢的频繁往返运行，更无法改善在某段时间内必然出现的长候梯现象。解决这些问题的关键在于这群电梯的协调调度，要根据轿厢内的人数、上下行方向的停站次数、层站及轿厢内的呼梯信号以及轿厢所在位置等因素，实时分析实时客流的变化情况，自动选择最适合于客流情况的输送方式。因此，除了把安装在一起的多台电梯的控制装置相互连接外，同时还需要装有自动监控装置。在这样的系统中，层站的召唤按钮对所有并联电梯来说是共有的，交通流量监控系统能确定梯群中的哪一台电梯去应答层站召唤信号。

电梯群控系统是将建筑物中的多部电梯，根据大楼的功能及楼层人口分布状况组成梯群，由微机控制系统统一管理电梯群的召唤和指令信号，根据系统设定的优化目标和建筑物中的实际交通状况，产生最优派梯决策的控制系统。从电梯运行的控制智能化角度讲，要求电梯有优质的服务质量，控制程序中采用先进的调度规则，使群梯管理有最佳的派梯模式。这些综合因素包括乘客的心理因素以及环境因素等，对应到乘客候梯时间、乘客乘梯时间、拥挤度和能耗等优化目标，因此群控系统的作用是对多元目标进行优化控制。

电梯群控系统中采用的技术，主要包括模糊控制、专家系统、神经网络、遗传算法、计算机网络技术、电梯交通配置 CAD、电子新技术。

**1. 电梯群控系统特性分析**

电梯群控问题实际上是对多台电梯的调度问题。电梯群控系统是一个非常复杂的系统。其复杂性表现为电梯群控系统所固有的多目标性、不确定性、非线性、扰动性和信息的不完备性等。首先要分析电梯交通系统的特性，针对这些特性确定调度原则，然后再采取及时有效的控制方法对其进行控制。

（1）电梯群控系统中的多目标性

① 平均候梯时间要求短　平均候梯时间，是指从乘客按下层站召唤按钮，到所派电梯到达此层，乘客进入轿厢所经过的时间的平均值。它是评价电梯群控系统性能的一项重要指标。一般情况下，应尽量控制乘客的平均等待时间小于 30～60s。

② 长候梯率要求低　长候梯时间一般是指候梯时间超过 60s。长候梯率是指长候梯时间发生的百分率。乘客的心理烦躁程度是与候梯时间的平方成正比的，当候梯时间超过 60s 时，其心理烦躁程度会急剧上升，所以应尽量减少长候梯的发生。

③ 系统能耗要求低　单台电梯的能耗与所选电梯的驱动方式、力学性能有关。电梯全速运行时的能耗远远低于加、减速时的能耗，因此电梯停靠的次数越多，能耗越大。对电梯群控系统而言，电梯型号一经确定，单台电梯一次起停的电能消耗就已经确定。所以电梯群控系统节能主要依靠群控系统合理地“安排与调度”电梯群对呼梯信号的响应，尽量减少起停次数，从而延长电梯群的整体寿命和节约能源。

④ 平均乘梯时间要求短　乘客的乘梯时间是指从乘客进入电梯到乘客到达目的层，乘客离开这段时间。乘客乘梯时间的增长，往往会使乘客感觉不舒服、烦躁。如去建筑物顶层的乘客在乘梯时间长于 90s 时，会对在电梯内的等待变得极不耐烦，所以乘客的乘梯时间应通过电梯群控系统的研究与设计保持在一个特定的时间之内。

⑤ 客流的输送能力要求高　电梯作为大厦中的垂直交通工具，其输送能力是电梯的重

要标志之一。输送能力不足将会造成乘客的拥挤、平均候梯时间长等不良后果。尤其是在客流密度极大的高峰期，需要电梯系统迅速将乘客送往各目的层站。群控电梯是有效提高客流输送能力的手段之一。

⑥ 轿内拥挤度要求低　轿厢内拥挤度的增大给乘客带来的不便是不言而喻的。合适的轿内拥挤度，会提高乘客乘坐的舒适感。

⑦ 预测轿厢到达时间的准确度要求高　一般电梯系统都配有电梯到达时间显示系统，如果预测不准确，会造成乘客的不安和烦躁，也会降低系统的整体性能。

以上是电梯群控系统的主要性能评价指标，由此可以看出电梯群控系统是一个多目标的复杂控制系统，并且各个目标之间相互关联、相互影响。比如若想要降低乘客的平均等待时间，则可能导致电梯系统的功耗增加；而若想降低乘客的平均等待时间，则可能会使乘客的最长等待概率增加。所以各个指标之间的相互平衡成为电梯群控系统的控制难点。

(2) 电梯群控系统中的不确定性

由于电梯的客流量会随时间的变化而发生变化，所以，电梯交通系统存在着很大的不确定性，主要表现为：

① 层站的乘客数是不确定的；

② 呼梯者的目的层是不确定的；

③ 呼梯信号的产生层是不确定的；

④ 建筑物内存在的与环境因素有关的交通状况是不确定的，例如，建筑物的结构规模和使用情况等。

这些不确定性的存在，给电梯群控系统确定交通模式、预测轿厢到达目的层时间造成极大的障碍，使系统不能对某一特定情况给出最优控制。

(3) 电梯群控系统中的非线性

一般来说，电梯群组所在的交通系统存在着非线性：

① 对同一组厅呼，在不同的时间标度下，轿厢的分配是不同的，它们在数值上呈现非线性关系；

② 所能分配的轿厢数目是有限的，受整个电梯群组中的单梯数目限制；

③ 单梯的载重量及承载能力是有限的，当轿厢容量达到饱和时，轿厢将无法继续搭载多余的乘客；

④ 单梯在运行中可能会频繁改变方向。

(4) 电梯群控系统中的扰动性

电梯群控系统还不可避免地会受到不确定的随机干扰：

① 乘客有可能会按下错误的大厅呼叫按钮（比如想下楼却按了向上呼梯的按钮），造成不必要的停站；

② 乘客有可能按下错误的轿厢内的呼梯按钮而导致制定错误的目的楼层，造成不必要的停站；

③ 乘客有可能错误地造成轿厢门不能正常开启关闭而干扰系统的正常运行；

④ 乘客有可能过长地保持开门状态，从而延迟了轿厢的正常运行；

⑤ 电梯在运行过程中可能会受到各种干扰，比如外部的振动、冲击，电源电压、电流、频率的波动等。

（5）电梯群控系统中的不完备性

电梯群控系统中还存在着大量的不准确或者说不完备的信息。

① 电梯轿厢中的乘客人数不能准确获得　虽然轿厢的底部装有承重装置，但是由于人的个体体重差异较大，而不能获得轿厢内乘客数的准确数据。这会导致对轿厢内拥挤度和对候梯时间的预测不准确，增加系统控制的难度。

② 乘客进出轿厢的时间因个体的差异而不同，不能获得准确的数据。

③ 乘客进入轿厢前，其目的层是不可知的，这会造成对乘客乘梯时间的预测和电梯群控系统中的不确定性。

**2. 电梯群控系统的性能评价**

因为电梯是为乘客提供交通服务的，所以乘客对电梯性能的评价是十分重要的。

乘客的要求大致可以分为两类：生理上的和心理上的，即生理的承受能力和心理的承受能力。这两种承受能力和多个因素有关，且表现出相关程度的复杂性。

生理上的要求是指乘客对乘梯舒适感及平层精度的要求。相比之下，人们心理上的感觉是十分微妙的。影响乘客心理状态的三个主要因素是乘客的候梯时间、乘梯时间及轿厢内的拥挤度。

同时电梯对能源的消耗也是需要考虑的一个问题。电梯群控系统应该做到在不影响对乘客服务质量的前提下，尽量地减少电梯系统对能源的消耗。在电梯的运行过程中，电梯的起动和制动过程比匀速行驶过程要消耗更多的能源，所以降低能源消耗的重要的措施就是尽量减少电梯起动和制动的次数，即减少电梯停站的次数。

**3. 电梯群控系统总体结构设计**

（1）总体结构

电梯群控系统总体结构如图 5-28 所示，整个系统结构大致可以分为三个层次：数据采集层、通信层和群控层。数据采集层主要采集电梯系统的各种状态信息（外召信号、内召信号、电梯运行的状态等），通信层实现群控层和数据采集层之间的通信，群控层负责实现对电梯系统的群控功能。

群控系统由电梯群控器和多个单梯系统组成，每一个单梯系统既是电梯群控系统中的一个组成成员，又具有独立的单梯控制功能。单梯系统由单梯控制器、外召控制板（有时称外呼控制板）、内召控制板（有时称轿厢控制板）组成。这种结构中，各单梯系统中的单梯控制器独立地获取电梯内召板和外召板发送的内召信号和外召信号。对于内召信号，单梯控制器直接登记。而对于外召信号，则由智能电梯群控系统研究与设计的单梯控制器先判断电梯是否接受群控，如果接受群控，则通过 CAN 总线传给电梯群控器，由电梯群控器来决策由哪部单梯系统响应此外召信号；如果单梯控制器判断此单梯系统不接受群控，则单梯控制器

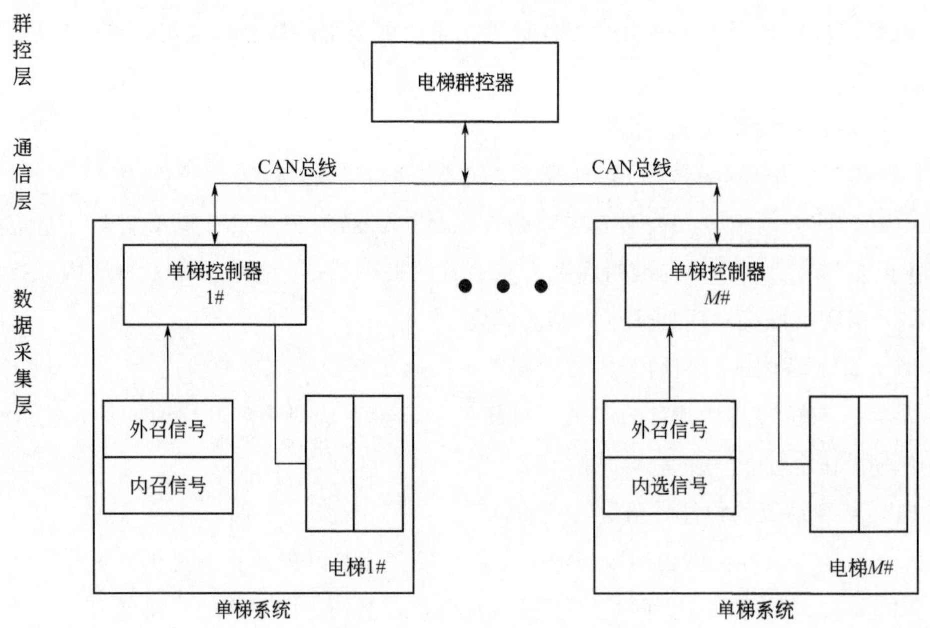


图 5-28　电梯群控系统总体框图

直接登记此信号。电梯处于故障、司机、检修、消防、专用等状态时，该台电梯将被排除群控控制。

（2）系统功能

群控系统的基本工作原理为乘客外召信息经由单梯控制板，通过通信接口送入电梯群控器，电梯群控器根据群控调度算法和电梯群运行状态来确定最优响应单梯，由最优响应单梯去响应乘客外召请求。具体工作过程为：单梯控制器除了控制单梯本身的运行外，还负责采集系统中群控所需要的所有数据信息，并随时响应来自电梯群控器的通信请求。当单梯的一些状态改变时，单梯控制器将自动向群控器发送状态帧。在一定的时间段内，如果群控器没有收到某台单梯的任何数据信息，为了确认此台单梯是否正常运行，系统将向此单梯发送状态查询帧，要求单梯控制器发送电梯状态帧。如果此时通信正常，单梯控制器将马上响应群控器要求，发送状态帧；如果此时电梯群控器和单梯控制器不能正常通信，群控器将收不到该单梯的任何数据。如果长时间收不到该单梯信息，电梯群控器将该单梯的运行模式设定为独立运行模式，不对此单梯进行群控系统调度，群控调度算法也不考虑该单梯，直到通信正常为止。单梯控制器和电梯群控器都有 CAN 通信接口，它们通过 CAN 总线连接成一个通信网络，组成了电梯群控系统。系统的工作结构如图 5-29 所示。

## 七、电梯远程监控系统的设计

目前电梯的使用率增长迅速，而电梯的物业管理水平和电梯的远程监控水平却比较落

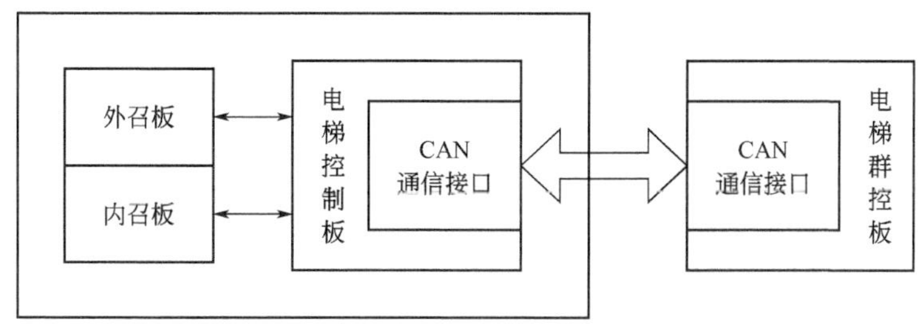


图 5-29　电梯群控系统结构图

后。近些年，由于电梯事故频繁发生，所造成的乘客人身伤亡和经济损失非常大，所以电梯是否能够安全地运行得到了人们的重视。随着科学技术和信息传感技术，特别是传感器技术的发展，如无线电频率识别技术和快速电梯监控技术的传感设备发展，提供了物联网技术发展的基础，在这个阶段也越来越多地应用到人们日常生活。

物联网系统，一般由无线中继模块、数据采集模块、电源模块、网络构架及服务器系统组成。该系统可实现对物联管理对象（电梯）、物联感知设备采集终端的管理，提供物联管理对象（电梯）、物联感知设备信息采集功能，实现电梯远程监控。

**1. 电梯远程监控系统方案设计**

电梯远程监控是指通过网络的方式，相关工作人员在电梯监控中心，对分布在各个地区的电梯运行状态进行远程监测和控制。它的设计理念是通过 Internet 实时监测各个电梯的运行状况，自动记录并存储电梯的运行数据及故障事件。当电梯发生故障时，电梯远程监控系统立即发送报警信号到控制中心，控制中心会发回故障电梯的名称、型号、位置、故障类型等信息，工作人员在确认故障后，通知离故障现场最近的维修人员，第一时间到达现场进行故障处理。

(1) 电梯远程监控系统功能

① 系统应该能够诊断电梯的各种故障，能够迅速做出判断，并在第一时间提示维修人员进行故障的排除。

② 系统必须能进行 24h 监控。如果发生故障，自动进行故障报警，自动地将数据发送到监控中心，工作人员将根据故障情况做出相应的处理方法。

③ 对严重的故障能够做出及时的监控和诊断。如果有必要，可以使电梯停止，并通知工作人员进行故障排除和解决。

④ 系统能够对轿厢内的视频画面进行实时的监控，保证乘客的人身和财产安全。

⑤ 当某台电梯发生故障时，电梯远程监控系统具有自动提示维修人员的功能，并且要显示电梯的型号、电梯故障类型的功能。

⑥ 监控中心的电脑要能通过 Internet 进行实时监控电梯的运行状态，而且要将其实时状态通过图形的方式显示。

⑦ 系统要能够记录区域内每台电梯的故障所发生的时间、故障的类型和故障产生的后

果，并统计在该区域内电梯发生故障的概率，真实地表示出电梯的工作状况。

⑧ 系统监控中心的服务器可以通过 Internet，将电梯的视频信息和音频信息发送到电梯机房终端。

⑨ 系统能够按照电梯的维修和保养周期，对工作人员的工作情况进行监督。

(2) 电梯远程监控系统需求分析

电梯远程监控系统包括机房监控终端部分、数据传输部分和监控中心三个部分。根据以上功能要求，分析得出各部分的需求。

(3) 电梯远程监管终端需求

电梯远程监控系统监控终端的主要功能，包括数据的采集、存储和传输。具体要求有：

① 远程监控必须要同时监控多个电梯，实现对该区域内多个电梯监控的功能需求；

② 远程监控应具有充分的数据采集接口设备，保证能够对多种类型电梯产品的运行数据进行有效采集；

③ 远程监控系统的机房终端，应提供现场工作人员手动输入或采用 RFID 卡的方式输入信息的功能，满足远程查看以及正常的维护管理工作的需求，还要对数据信息的格式提供多种方案，供不同类型用户的选择使用；

④ 电梯远程监控系统不能影响电梯本身设备安全工作；

⑤ 远程监控系统机房终端的供电措施，必须能够合理根据电梯工作现场的真实情况进行选取；

⑥ 电梯远程监控系统的机房监控终端要有比较舒适的监控环境；

⑦ 信号从电梯产品的继电器或机房中得到，但是不能对电梯自身的控制系统有负面的作用，同时要保证信号真实有效的采集；

⑧ 电梯远程监控系统的机房终端应具有自动报警的功能，一旦采集终端发生故障，该系统要在短时间内将故障信息上传到监控中心，同时要自动记录故障解除的记录；

⑨ 电梯远程监控系统的传输网络应该稳定地运行，既要保障数据传输的安全，又要保障数据传输的质量；

⑩ 远程端数据采集终端必须要能存储长时间的安全特征参数、电梯告警数据及工作人员输入的数据。

(4) 控制中心及软件功能需求

电梯远程监控系统的控制中心可以收集、处理和分析电梯设备安全运行的参数和平常数据的管理，提高对电梯的监控力度和发现事故隐患的能力，以及事故处理的反应速度来减少事故发生，并逐步建立电梯产品安全运行的合理的评价体系和智能的监控体系。控制中心及软件功能需求有：

① 系统能对指定的任意监控点实现实时监控，查看有关的实时参数和管理信息；

② 系统能接收和处理数据采集终端设备传来的多种传感器信号参数；

③ 系统根据远程监控终端的地址代码能够迅速查清楚故障电梯的地点，并做出快速的

提示；

④ 系统所采集的各种信号能通过相适应的软件接口设备提供给不同的管理系统；

⑤ 远程监控系统的管理软件应该能够提供关键字的查找功能和定位的功能，这样工作人员的管理就会很方便；

⑥ 远程监控系统管理软件应该能够提供监控同种型号、同一个单位、同一个区域等多个采集终端的数据信息，进行快速的处理、设置和升级等功能；

⑦ 远程监控系统管理软件应该能够提供电梯出现非正常工作状况时的统计工作，为将来对电梯事故类型的统计提供一些有用的资料；

⑧ 远程监控系统应该能够对电梯各部分的非正常工作状况进行报警，如果某个设备出现非正常工作状况，要在短时间内将相关的非正常工作信息发送到监控中心，并通知相关的工作人员到现场进行维修处理。

（5）数据传输网络需求

电梯远程监控系统的采集终端和监控中心之间的通信方式就是数据传输网络，电梯远程监控系统要能稳定高效地运行，必须要提供安全可靠的数据传输网络。

① 数据传输网络首先要考虑的问题是电梯本身运动的性质。电梯数据传输方式的选择有其特殊性，所以选择数据传输网络时需要考虑布线是否方便以及建设周期是否合理两个问题。

② 由于需要监控电梯轿厢内的视频画面，需要传输大量的视频信息，所以要求网络的带宽要能满足要求。

③ 电梯远程监控系统的数据安全可靠传输是非常重要的，数据传输网络需要保证数据在传输过程中不被盗用或者改动。所以，电梯远程监控系统需要一个布线相对方便、安全可靠、建设周期短，并且网络带宽大的数据传输网络的构建。

**2. 电梯远程监控系统软件设计原则**

在电梯监控软件系统的设计中主要遵循下面的原则。

① 功能设计模块化　在对电梯远程监控系统功能需求分析的基础上，对各个功能模块进行单独研究开发和检测，减少不同功能模块之间的耦合度，这样系统的各个模块开发受到的影响就会较少，从而达到缩短研发周期的效果。

② 良好的扩展性　科学技术的发展快速，比如电梯制造技术和数据传输方式的快速发展，电梯远程监控水平也在飞速进步，所以在设计电梯远程监控系统的软件部分时，在满足当前应用的条件下，要尽可能地考虑到监控技术发展的影响，使得监控系统便于进一步扩展和功能升级。

③ 安全可靠　电梯安全稳定的运行关系到乘客人身和财产的安全性，所以进行电梯监控系统软件设计时，必须要考虑多种未知因素对系统可靠性的产生的负面作用，尽可能地增加系统的稳定性。另外，监控中心存储的是重要的电梯平常的维护数据，因此必须要保证数据和信息足够安全。

④ 便于操作性　由于从事电梯日常监控管理的是普通工人，没有比较专业的技术知识，

因此设计的监控系统的软件应该满足人机界面好、操作简便，硬件要求维护检修方便，操作简便就可以减少误操作，提高工作效率。

⑤ 易维护性　电梯远程监控的工程量比较大，要求使用的监控系统要便于维修和养护，最好能够实现远程的维护、管理。

⑥ 低运维成本性　电梯远程监管系统监管的电梯产品比较分散，而且数量庞大，这就要求系统所采用的数据传输方式的费用不能过高。

# 第六章 电梯动态特性分析

设备或物体的动态特性，是其在工作和运动过程中，是否达到或高于标准要求的重要性能指标，譬如汽车和电梯运行过程中的平稳性、舒适感，机床加工过程中的加工精度等。设备或物体的动态特性，就是工作和运动过程中的机械振动特性。设备或物体的工作和运动过程在设计时，根据工作要求，首先确定了它们的运行轨迹、工作速度、加速度甚至加加速度等，并要求实际工作和运动过程在平稳可靠的情况下，按照设定的工作要求进行。事实上，任何设备由于其自身的特性和外部环境的影响，不可能绝对按照设定曲线运动，而是在设定曲线附近上下运动。一旦偏离设定曲线位置，自身特性和外部阻尼将阻止偏离并返回设定曲线位置。可以说设备的动态特性，就是设定运动曲线位置的机械振动性能，也就是运动过程中设备机械振动特性。因此，要研究设备的动态特性，首先要掌握机械振动的基本知识。

## 第一节 机械振动基础知识

### 一、机械振动引论

#### 1. 概述

机械振动是指物体在平稳位置（或设定位置）附近的来回往复运动，如钟摆的摆动、车厢的晃动等。振动通常被认为是有害的，它造成车厢或电梯轿厢运行不平稳，舒适感差，恶化乘载条件；机械加工设备的振动影响工件的加工精度；桥梁的振动可能引起坍塌；强烈的振动噪声甚至形成严重的公害。但振动也有有利的一面，如发声器、振动传输、振动筛选、振动打桩等，甚至可以利用振动机理屏蔽或隔离有害的振动影响。随着人们对振动的认识越加深化，机械振动的利用将更加广泛。

#### 2. 振动系统模型

任何机器、物体或其零部件，由于具有质量和弹性，都是振动系统，简称振系。振动系统模型可分为两大类：离散系统（或称集中参数系统）与连续系统（或称分布参数系统）。

① 离散系统是由集中参数元件组成的，基本参数元件有三种：质量、弹簧和阻尼器。

a. 质量（包括转动惯量）只具有惯性。

b. 弹簧只有弹性，本身质量略去不计。弹性力和变形成一次方正比的弹簧称为线性弹簧。

c. 阻尼器不具有弹性和惯性，只是耗能元件，运动时产生阻力。阻尼力与速度成一次方正比的阻尼器称为线性阻尼器。

离散系统的运动，在数学上用常微分方程来描述。单自由度离散系统如图 6-1 所示。

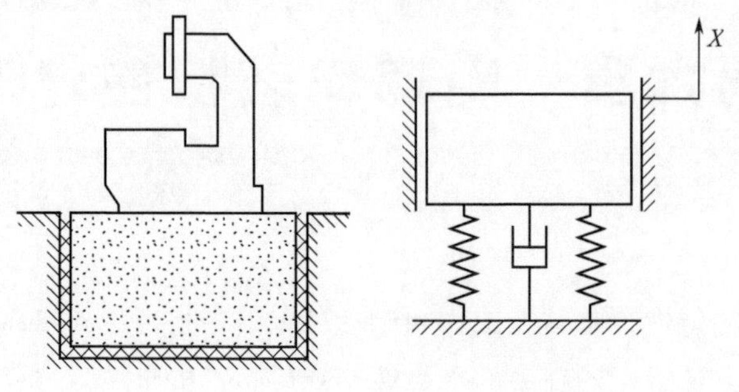


图 6-1　单自由度振动离散系统模型

② 连续系统是由弹性元件组成的，弹性体的惯性、弹性与阻尼是连续分布的，因此又称为分布参数系统。如涡轮叶片简化为变截面梁或壳等连续系统的运动，用偏微分方程来描述。

**3. 振动系统的自由度**

图 6-1 描述的系统为单自由度系统，一台设备或机器大多为多自由度系统。在研究机械系统的振动时，一个离散系统的质量（或转动惯量）就是振动系统中一个自由度，整个系统有多少个质量或转动惯量就有多少个自由度。2 个自由度的系统模型如图 6-2 所示。

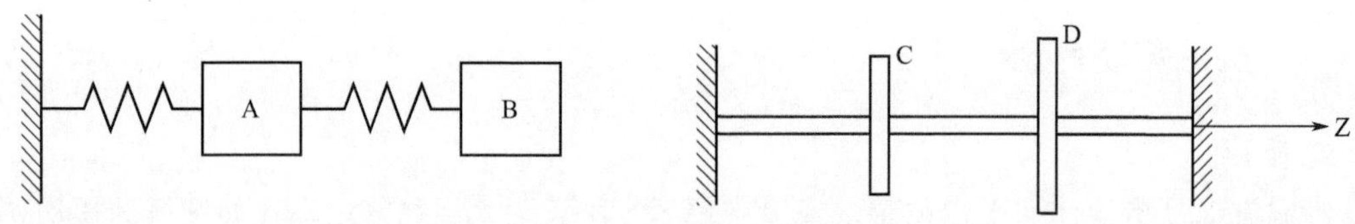


图 6-2　2 个自由度振动系统模型

连续系统中弹簧体可以看作由无数质点组成，各质点之间的连接，只要满足连续性条件，各质点的任何微小位移都是可能的。因此，弹性体有无限多个自由度。

如果一个振动系统的特性参数质量、刚度和阻尼不随时间变化（不是时间的显函数），该系统称之为常参数系统。常参数系统的运动用常系数微分方程来描述；反之称为变参数系统，用变系数微分方程描述。

若一个振动系统的质量不随运动参数（如坐标、速度、加速度等）变化，弹性力和阻尼力可以简化为线性模型，这个系统称为线性系统。线性系统的运动用线性微分方程描述。不能简化为线性系统的振动系统称为非线性系统，用非线性微分方程描述。非线性微分方程的求解难度较大，实际工程应用中，在合理的情况下，进行线性简化处理，也可以得出足够准确有用的结论。当然也有一些必须用非线性方法求解才能描述系统的本质，就必须用非线性微分来描述。

**4. 激扰与响应**

一个实际的振动系统，在外界振动激扰（或称激励）作用下呈现一定的振动响应。激扰就是系统的输入，响应就是输出，两者由系统的特性联系，响应的形式和大小由系统的特性决定，如图 6-3 所示。

图 6-3　激扰与响应关系图

系统的激扰分两类：确定性（定则）激扰和随机性激扰。可以用时间的确定函数来描述的激扰为确定性激扰，如脉冲函数、阶跃函数和周期函数等。确定性系统（系统特性确定）不论常参数系统或变参数系统，在受到确定性激扰时，响应也是确定的，称为定则振动。另一类激扰是随机激扰，不能用时间的函数来描述，但大多具有一定的统计规律，可用随机过程描述。只要激扰是随机的，振动就是随机的。这类振动称为随机振动。电梯的激扰在垂直方向是确定性的，水平方向的激扰是随机的，后面的电梯振动建模时将详细论述。

**5. 振动分类**

前面已经提到，按系统响应可分为定则振动与随机振动。按激扰的方式可分为四类：

① 自由振动　弹性系统偏离平衡位置后没有激扰的情况产生的振动；

② 强迫振动　弹性系统在受到外界控制激扰作用产生的振动，即使振动被控制，激扰依然存在；

③ 自激振动　激扰受系统特性本身控制，在一定的反馈作用下，系统自动地激起定幅振动，振动被抑制，激扰也就随同消失；

④ 参激振动　通过周期或随机地改变系统特性参数产生的振动。

系统的振动问题，就是在系统特性、激扰和响应这三者之间已知其二，求第三者。因此，可分为三种情况：

① 已知激扰和系统特性，求系统响应，叫振动分析；

② 已知系统特性和响应，反推系统输入，叫振动环境预测；

③ 已知激扰，如何设计系统特性，使得系统的响应满足指定的条件，就是振动设计。

做电梯的动态特性分析是第三种情况，怎么样去设计电梯，使它的动态性能满足或高于设计要求。

## 二、自由振动

**1. 简谐振动**

简谐振动模型如图 6-4 所示，质量 $m$ 由刚度为 $k$ 的弹簧固定在 $D$ 点，不受力时的长度

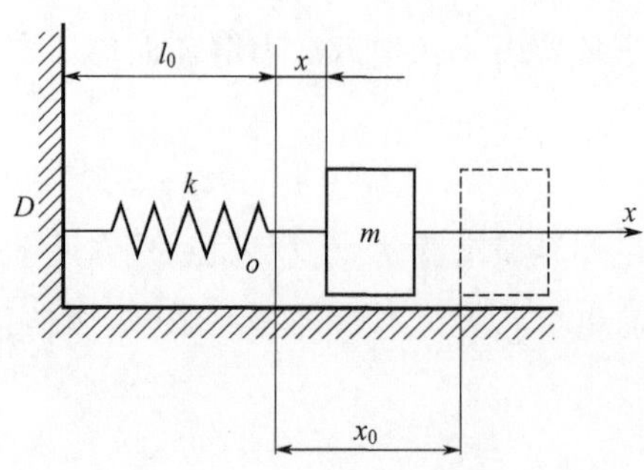


图 6-4　简谐振动模型

为 $l_0$，滑动面为光滑面，即阻尼忽略不计。沿弹簧轴线取坐标轴 $x$ ，以弹簧不受力时的右端位置 $o$ 为原点，向右为正。质量 $m$ 只限于沿坐标轴 $x$ 做直线运动，则质量 $m$ 的任一瞬时位置都可以由坐标 $x$ 确定，这就是单自由度系统。

作用于质量 $m$ 的力，重力与光滑水平面的反力互相抵消，只有弹簧力的作用。在原点，弹簧力的作用为零，这是质量 $m$ 的静平衡位置。用手将质量 $m$ 由位置 $o$ 向右拉至距离 $x_0$ 后，使它静止，放手后因为不考虑阻尼的作用，质量 $m$ 将在平衡位置进行往复运动，永不停止。令弹簧刚度系数为 $k$ 且为常数，设某一瞬时，质量 $m$ 的位移为 $x$ ，弹簧作用于质量 $m$ 的力为 $-kx$ ，位移的一次导数和二次导数分别为质量 $m$ 的速度与加速度。由牛顿运动定律有：

$$mx''=-kx \tag{a}$$

令 $p^2=\dfrac{k}{m}$ ，得：　(b)

$$x''+p^2x=0 \tag{6-1}$$

这是二阶、常系数、线性、齐次微分方程。满足式(6-1) 微分方程的通解为：

$$x=B\sin pt+D\cos pt \tag{6-2}$$

式中，$B$、$D$ 是任意常数，取决于运动的初始条件。初始瞬间 $t=0$ 时，初位移 $x=x_0$，初速度 $x'=x_0'$，将其代入式(6-2)，可得：

$$B=\frac{x_0'}{p}\ ;\ D=x_0$$

因此对应这一初始条件的式(6-1) 微分方程的解为：

$$x=\frac{x_0'}{p}\sin pt+x_0\cos pt \tag{6-3}$$

对式(6-3) 进行三角函数合并处理，式(6-3) 可以改写为：

$$x=A\sin(pt+\varphi) \tag{6-4}$$

式中

$$A=\sqrt{x_0^2+\left(\frac{x_0'}{p}\right)^2}\qquad \varphi=\arctan\frac{px_0}{x_0'} \tag{6-5}$$

式中，$A$ 称为振幅，即质量 $m$ 偏离平衡位置的最大距离；$\varphi$ 称为初相角。

式(6-4) 和式(6-3) 把质量 $m$ 的位移 $x$ 表示为时间 $t$ 的正弦函数，这种情况称之为简谐振动。方程(6-1) 就是描述简谐振动的微分方程。每当角度增大 $2\pi$ 或时间增大 $2\pi/t$ ，质量 $m$ 完成一次振动，这个时间段称之为周期，用 $\tau$ 表示：

$$\tau=\frac{2\pi}{p}=2\pi\sqrt{\frac{m}{k}} \tag{6-6}$$

周期的单位为秒。在 1s 时间内振动重复的次数，叫做频率，用 $f$ 表示。频率的单位为次/s，称为赫兹。$p$ 称之为圆频率，单位弧度/s。

$$p=\frac{2\pi}{\tau}=2\pi f=\sqrt{\frac{k}{m}} \tag{6-7}$$

由式(6-4) 和式(6-7) 得知，简谐振动的振幅与初相角，随初始条件不同而改变；振动频率和周期则唯一取决于振动系统的参数，与初始条件无关，是振动系统的固有特性，称为固有频率与固有周期。振动系统的质量越大，刚度越弱，固有频率越小；反之，质量小，刚度强，固有频率就越大，周期越短。这个结论对复杂的振动系统也同样成立。

**2. 能量法**

根据能量守恒定律，在阻尼略去不计的条件下，振动系统在自由振动时动能与势能之和不变，即保持常值。令 $T$ 与 $U$ 分别代表振动系统的动能和势能，有 $T+U=$常数，对时间求导：

$$\frac{\mathrm{d}}{\mathrm{d}t}(T+U)=0 \tag{6-8}$$

如图 6-4 所示，当质量 $m$ 处于最大位置 $x_0$ 静止时，动能为 0，势能（弹簧势能）最大，因此有动能的最大值等于势能的最大值，即 $T_{\max}=U_{\max}$ 。平面运动时速度为 $v$ 的动能：

$$T=\frac{1}{2}mv^2 \tag{6-8a}$$

定轴转动的刚体，转动惯量为 $J$ ，角速度为 $\omega$ 时，动能：

$$T=\frac{1}{2}J\omega^2 \tag{6-8b}$$

进行平面运动的刚体，既有平移又有转动时的动能为，

$$T=\frac{1}{2}mv^2+\frac{1}{2}J\omega^2 \tag{6-8c}$$

势能有两类，一类是弹性势能，另一类是重力势能（位能）。拉伸弹簧的弹性势能为：

$$U=\int_0^x kx\,\mathrm{d}x=\frac{1}{2}kx^2 \tag{6-8d}$$

抗扭弹簧系数为 $K$ ，扭转角为 $\theta$ 时的弹性势能为：

$$U=\frac{1}{2}K\theta^2 \tag{6-8e}$$

重量 $P$ 、重心高度为 $x_c$ 的刚体的重力势能或位能：

$$U=Px_c \tag{6-8f}$$

**例 6-1** 图 6-5 所示圆盘，让圆盘扭转一个 $\theta$ 角后突然释放，则圆盘的动能与势能分别为 $T=\frac{1}{2}J\dot{\theta}^2$ 和 $U=\frac{1}{2}K\theta^2$，将其代入式(6-8)，

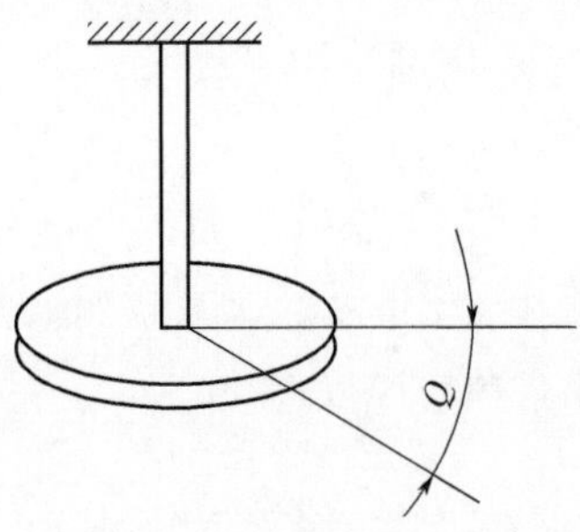

图 6-5　例 6-1 图

$$\frac{\mathrm{d}}{\mathrm{d}t}\left(\frac{1}{2}J\dot{\theta}^2+\frac{1}{2}K\theta^2\right)=0 \tag{6-9}$$

解得微分方程：

$$\ddot{\theta}+p^2\theta=0 \tag{6-10}$$

式中，$p=\sqrt{\frac{K}{J}}$。

由此可见，圆盘的扭振也是简谐振动，固有周期和固有频率为：

$$\tau=\frac{2\pi}{p}=2\pi\sqrt{\frac{J}{K}} \tag{6-11}$$

$$f=\frac{p}{2\pi}=\frac{1}{2\pi}\sqrt{\frac{K}{J}} \tag{6-12}$$

微分方程(6-10）的解可以表示为

$$\theta=A\sin(pt+\varphi) \tag{6-13}$$

振幅 $A$ 和初相角 $\varphi$ 取决于运动的初始条件。圆盘在任一瞬时的角速度为

$$\dot{\theta}=pA\cos(pt+\varphi) \tag{6-14}$$

可知上述圆盘的扭振，最大振幅为 $A$，最大角速度为 $pA$。

**例 6-2**　如图 6-6 所示，质量 $m$ 某瞬时从平衡位置 $o$ 下移 $x$，弹簧的总伸长 $\delta_s+x$，质量 $m$ 的速度为 $\dot{x}$，则有：

振动系统的动能：　$T=\frac{1}{2}m\dot{x}^2$

振动系统的势能：　$U=\frac{1}{2}k(x+\delta_s)+mgx$

将质量 $m$ 的动能和势能代入式(6-8)，如图 6-6 所示，得

$$\frac{\mathrm{d}}{\mathrm{d}t}\left[\frac{1}{2}m\,x^2+\frac{1}{2}k\ (\dot{x}+\delta_s)^2-mgx\right]=0 \tag{6-15}$$

上式导出后简化，就是 $m\ddot{x}^2+kx=0$，结果同前面分析。

**3. 弹簧刚度系数**

弹簧的刚度系数就是使弹簧产生单位变形所需要的力或力矩，任何弹性都可以看作弹

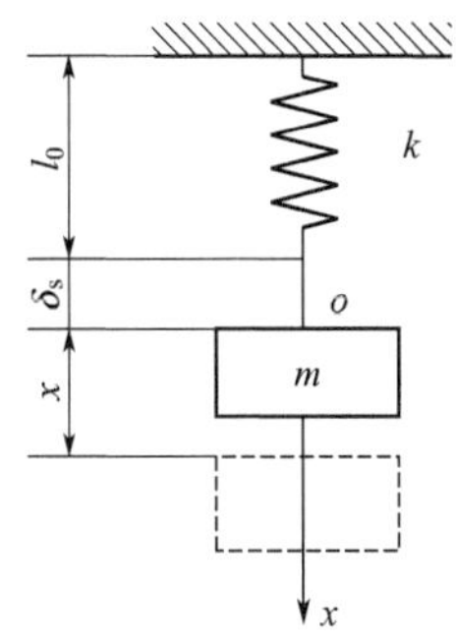


图 6-6　例 6-2 图

簧。一个直径为 $D$、钢丝线径为 $d$、圈数 $n$ 的拉伸弹簧，刚度系数为

拉伸　$k=\dfrac{Gd^4}{8\pi D^3}$

扭转　$k=\dfrac{Ed^4}{64nD}$

弯曲　$k=\dfrac{Ed^4}{32nD}\left(\dfrac{1}{1+E/2G}\right)$

式中，$E$ 为材料的弹性模量；$G$ 为剪切弹性模量。工程中弹簧的类型很多，计算时所用的刚度系数大多都能在相关手册中找到，下面列出几个常用的刚度系数。

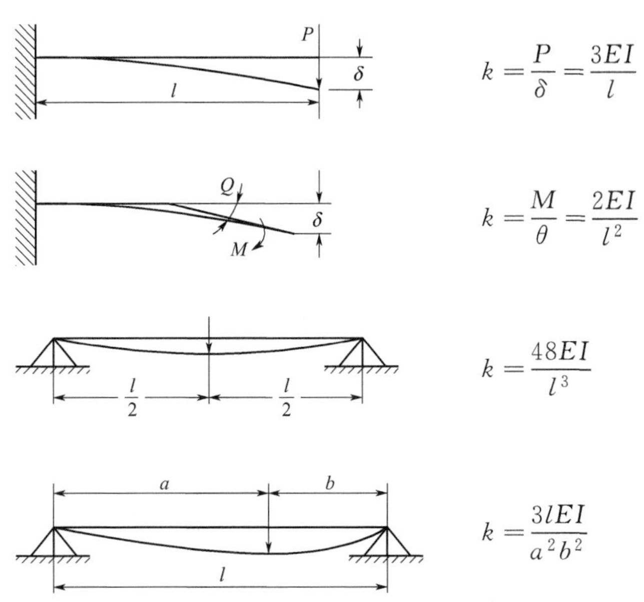


弹簧并联和串联相当于电阻的并联和串联，对应计算公式及图形如下所示：

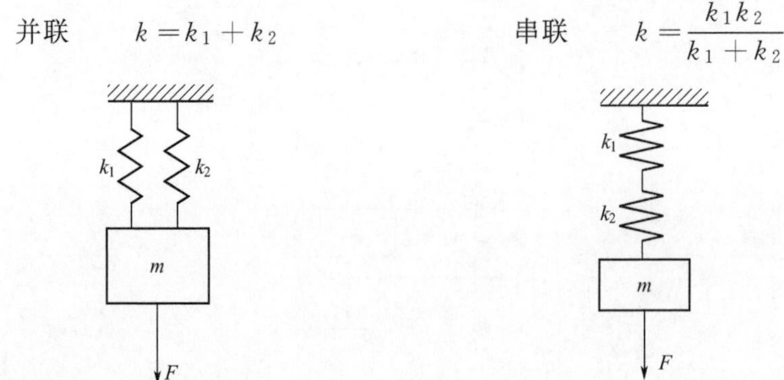


**4. 有黏性阻尼振动系统的运动**

前面的分析都是基于无阻尼情况，物体将在平衡位置按固有频率进行简谐振动。振动系统的机械能不变，振动无限期重复进行。事实上阻尼是存在的，如图 6-7 所示，通常阻尼的大小与速度相关，并与速度成正比，方向与速度相反。阻尼力表示为 $F_\mathrm{d}=-c\dot{x}$ ，$c$ 称为阻尼系数。按牛顿第二运动定律有 $m\ddot{x}=-c\dot{x}-kx$ ，移项处理得有阻尼振系的自由振动微分方程：

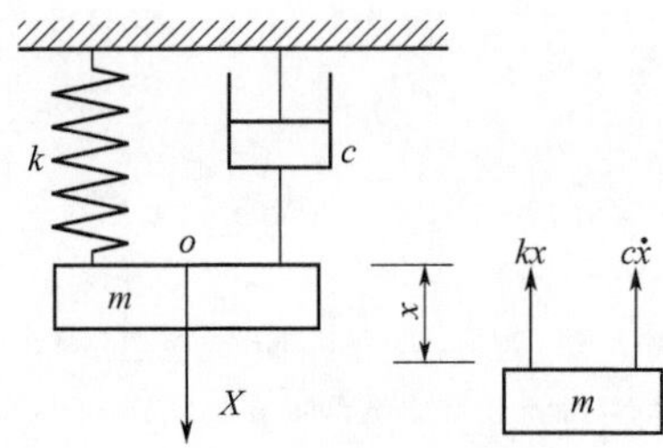


图 6-7 黏性阻尼的振系模型

$$\ddot{x}+\frac{c}{m}\dot{x}+\frac{k}{m}x=0 \tag{6-16}$$

设 $x=\mathrm{e}^{st}$ ，其中 $s$ 为待定常数，代入式(6-16)，可得

$$\left(s^2+\frac{c}{m}s+\frac{k}{m}\right)\mathrm{e}^{st}=0$$

可见 $x=\mathrm{e}^{st}$ 是式(6-16) 的解，只要

$$s^2+\frac{c}{m}s+\frac{k}{m}=0 \tag{6-17}$$

这个代数方程叫微分方程(6-16) 的特征方程，$s$ 有两个根：

$$s_{1,2}=-\frac{c}{2m}\pm\sqrt{\left(\frac{c}{2m}\right)^2-\frac{k}{m}} \tag{6-18}$$

于是微分方程(6-16) 的通解为

$$x=B\mathrm{e}^{s_1t}+D\mathrm{e}^{s_2t} \tag{6-19}$$

式中，$B$ 、$D$ 为任一常数，决定于运动的初始条件。从式(6-18) 中得知，由于阻尼系数的大小不同，根号内的项可大于、等于或小于零，因此 $s_{1,2}$ 可以是不相等的负实根、相等的负实根或复根。使式(6-18) 根号内的项等于零，$s_1$、$s_2$ 为等根时的阻尼系数称为临界阻尼系数，用 $c_c$ 表示：

$$c_c = 2m\sqrt{\frac{k}{m}} = 2mp = 2\sqrt{km} \tag{6-20}$$

式中，$p$ 为无阻尼振动系统的固有频率。引入阻尼比 $\zeta=\frac{c}{c_c}$，$\zeta=1$ 时是临界阻尼，大于 1 是大阻尼，小于 1 是小阻尼。令：

$$\frac{c}{m}=\frac{c}{c_c}\times\frac{c_c}{m}=2\zeta p$$

式(6-16) 可以改写为阻尼比表达系数的形式

$$\ddot{x}+2\zeta p\dot{x}+p^2x=0 \tag{6-21}$$

微分方程(6-21) 的特征方程解和通解分别为：

特征方程　　$s_{1,2}=(-\zeta\pm\sqrt{\zeta^2-1})p$

通解：　　$x=B\mathrm{e}^{(-\zeta+\sqrt{\zeta^2-1})pt}+D\mathrm{e}^{(-\zeta-\sqrt{\zeta^2-1})pt}$　　(6-22)

由此，可以分析得到 $\zeta\geqslant1$ 时振动的快速衰减和 $\zeta<1$ 即小阻尼情况振动系统的衰减振动。

## 三、强迫振动

### 1. 无阻尼振动系统在正弦型激扰力作用下的振动

前面的分析中，没有考虑激扰的作用，即微分方程右边项为零。设激扰为 $F=F_0\sin\omega t$ ，$F_0$ 为扰力的力幅，$\omega$ 称为激扰频率，如图 6-8 所示。

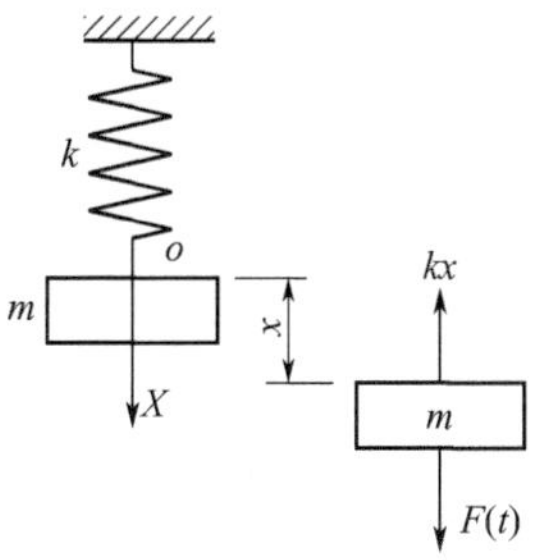


图 6-8　无阻尼正弦型激扰力作用下振动模型

在正弦激扰力作用下，运动的微分方程表示为

$$\ddot{x}+p^2x=F_0\sin\omega t \tag{6-23}$$

这是非齐次的二阶常系数线性微分方程。它的解第一部分为齐次解，第二部分解为特解。方程的通解为

$$x = B\sin pt + D\cos pt + \frac{F_0}{k} \times \frac{1}{1-\gamma^2}\sin\omega t \tag{6-24}$$

常数 $B$、$D$ 用初始条件中的初速度和初位移求得。通过推导求出常数 $B$、$D$，代入式(6-24)，

$$x = \frac{\dot{x}_0}{p}\sin pt + x_0\cos pt + \frac{F_0}{k} \times \frac{1}{1-\gamma^2}\left(\sin\omega t - \frac{\omega}{p}\sin pt\right) \tag{6-25}$$

式中，$\gamma = \frac{\omega}{p}$ 称为频率比。上式中，前两项代表由初始条件引起的自由振动，频率为 $p$；第三项是特解，代表扰力作用下的强迫振动，与扰力同频率；第四项代表的是由扰力引起的自由振动。对于周期扰力作用下的强迫振动，通过第三项特解分析出：频率比＜1 时，振幅随 $\gamma$ 的增加无限增大，直到 $\gamma = 1$，即 $\omega = p$ 时，振幅理论上趋向于无穷大，这种现象叫共振。

**2. 有阻尼振动系统在正弦型激扰力作用下的振动**（图 6-9）

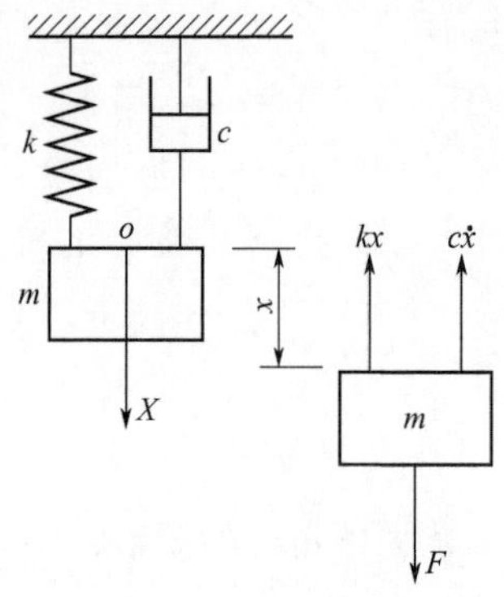


图 6-9　有阻尼振动系统在正弦型激扰力作用下的振动模型

在无阻尼正弦型激扰力作用下的振系，增加一个阻尼力 $-c\dot{x}$，则微分方程（6-23）可以写为

$$m\ddot{x} + c\dot{x} + kx = F_0\sin\omega t \tag{6-26}$$

或者

$$\ddot{x} + 2\zeta p\dot{x} + p^2x = \frac{F_0}{m}\sin\omega t \tag{6-27}$$

式中　$p^2 = \frac{k}{m}$；$\zeta = \frac{c}{2pm} = \frac{c}{2\sqrt{km}} = \frac{c}{c_c}$

通过数学推演，求得微分方程(6-27）的通解：

$$x = Ae^{-\zeta pt}\sin(qt+\varphi) + \frac{F_0\sin(\omega t-\varphi)}{\sqrt{(k-m\omega^2)^2+(c\omega)^2}} \tag{6-28}$$

式中，$q = \sqrt{1-\zeta^2}\,p$ 为衰减运动圆频率，$A$ 与 $\varphi$ 为任一常数。右端第一项是齐次解，代表衰减的自由振动；第二项是特解，代表与扰力同频率的简谐振动，是有阻尼、正弦扰力作

用下的强迫振动。自由振动，在开始后不久迅速消失，通常可以不加考虑。强迫振动并不由阻尼而衰减，振幅 $X$ 和相位角 $\phi$ 也都与运动的初始条件无关，只是力幅 $F_0$ 与扰频 $\omega$ 的函数。只要 $F_0$ 和 $\omega$ 不变，振幅 $X$ 和相位角 $\phi$ 就是常值。强迫振动是稳态运动，通常称为稳态响应，式(6-28) 第二部分的特解也称为稳态解。

## 四、多自由度系统的振动

如图 6-10 所示三自由度系统自由振动模型，取系统的静平衡位置为参考位置，各质量偏离平衡位置的位移分别用 $x_1$、$x_2$、$x_3$ 表示，应用牛顿第二定律，列出系统运动微分方程

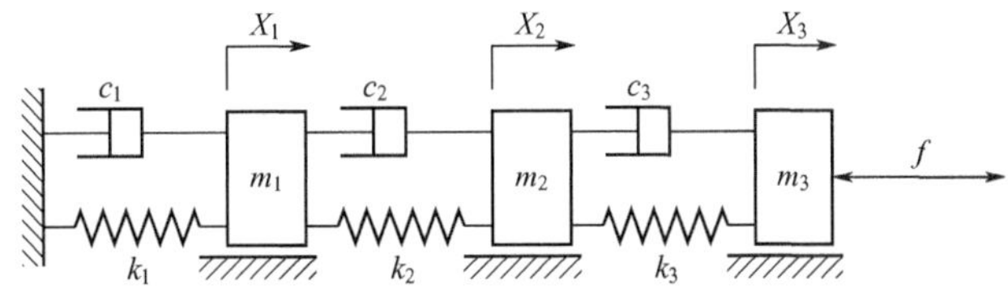


图 6-10　三自由度系统自由振动模型

$$
\begin{aligned}
m_1\ddot{x}_1+k_1x_1-k_2(x_2-x_3)&=0\\
m_2\ddot{x}_2+k_2(x_2-x_1)-k_3(x_3-x_2)&=0\\
m_3\ddot{x}_3+k_3(x_3-x_2)&=0
\end{aligned}
\tag{6-29}
$$

式(6-29) 微分方程的解可设为

$$
\begin{aligned}
x_1&=X_1\sin(pt+\varphi)\\
x_2&=X_2\sin(pt+\varphi)\\
x_3&=X_3\sin(pt+\varphi)
\end{aligned}
\tag{6-30}
$$

式中，$X_1$、$X_2$、$X_3$ 为振幅；$p$ 为固有频率；$\varphi$ 为初相角，将式(6-30) 代入式(6-29)，得主振型方程

$$
\begin{aligned}
\left(\frac{k_1+k_2}{m_1}-p^2\right)X_1-\frac{k_2}{m_1}X_2&=0\\
-\frac{k_2}{m_2}X_1+\left(\frac{k_2+k_3}{m_2}-p^2\right)X_2-\frac{k_3}{m_2}X_3&=0\\
-\frac{k_3}{m_2}X_2+\left(\frac{k_3}{m_3}-p^2\right)X_3&=0
\end{aligned}
\tag{6-31}
$$

式(6-31) 有非零解的必要与充分条件是它的系数行列式为零。由此可得频率方程：

$$
\Delta=\begin{vmatrix}
\dfrac{k_1+k_2}{m_1}-P^2 & -\dfrac{k_2}{m_1} & 0\\
-\dfrac{k_2}{m_2} & \dfrac{k_2+k_3}{m_2}-P^2 & -\dfrac{k_3}{m_2}\\
0 & -\dfrac{k_3}{m_3} & \dfrac{k_3}{m_3}-P^2
\end{vmatrix}=0
$$

解上述频率方程，可得系统的3个固有频率，再将其代入式(6-31)，从其中任意两个独立的方程，可解得各个质量的振幅比：

$$\frac{X_{2i}}{X_{1i}}=\frac{k_1+k_2-m_1p_i^2}{k_2} \qquad i=1,2,3$$

$$\frac{X_{3i}}{X_{1i}}=\frac{k_3(k_1+k_2-m_1p_i^2)}{k_2(k_3-m_3p_i^2)} \tag{6-32}$$

式(6-32) 确定系统的3个主振型。

对于式(6-29)，采用矩阵的方式表达，可改写为

$$M\ddot{x}+Kx=0 \tag{6-33}$$

式中：

$$\boldsymbol{M}=\begin{bmatrix} m_1 & 0 & 0 \\ 0 & m_2 & 0 \\ 0 & 0 & m_3 \end{bmatrix};\quad \boldsymbol{x}=\begin{Bmatrix} x_1 \\ x_2 \\ x_3 \end{Bmatrix}$$

$$\boldsymbol{K}=\begin{bmatrix} k_1+k_2 & -k_2 & 0 \\ -k_2 & k_2+k_3 & -k_3 \\ 0 & -k_3 & k_3 \end{bmatrix}$$

式中，$\boldsymbol{M}$ 为质量矩阵；$\boldsymbol{K}$ 为刚度矩阵；$\boldsymbol{x}$ 为位移列阵。再进一步用 $\boldsymbol{C}$ 表示阻尼矩阵，$\boldsymbol{P}$ 表示激扰力矩阵，则有阻尼振系在激扰力作用下的常系数运动微分方程：

$$\boldsymbol{M}\ddot{x}+\boldsymbol{C}\dot{x}+\boldsymbol{K}x=\boldsymbol{P} \tag{6-34}$$

自由度个数较多时，可采用结构力学中的挠度法和刚度法建立上述矩阵。

### 五、拉格朗日方程简介

设有 $n$ 个质点的 $s$ 个完整的理想约束，系统的自由度为 $N=3n-s$，各质点的位移可表示为 $N$ 个广义坐标 $x_i$（$i=1,2,\cdots,N$）与时间 $t$ 的函数，利用虚功原理和达朗伯原理，经数学推绎，可得描述多自由度振动系统的拉格朗日方程：

$$\frac{\mathrm{d}}{\mathrm{d}t}\left(\frac{\partial T}{\partial \dot{x}_i}\right)-\frac{\partial T}{\partial x_i}=Q_i;\quad i=1,2,\cdots,N \tag{6-35}$$

左边是振动系统动能对位移、速度及时间的变化率，右边是广义力。广义力包括有势力、阻尼力，还有激扰力等。采用拉格朗日方程建立多自由度振动系统的运动微分方程，是最为有效的方法之一。

## 第二节　电梯动态特性分析的建模

### 一、电梯动态特性相关技术指标及要求

电梯运行速度越高，振动与噪声越大。电梯井道是一个封闭的风洞，高速运行时引发的风洞效应尤其明显。我国电梯行业技术标准等同采用欧洲EN81电梯标准，GB 7588—2003

《电梯制造与安装安全规范》、GB/T 10058—2009《电梯技术条件》两个标准适用运行速度小于等于 6.0m/s 的电梯。参照上述标准要求，垂直升降类电梯的动态特性有下列指标要求：

起动加速度和制动减速度不大于　　1.5m/s²；

垂直振动加速度不大于　　30cm/s²；

水平振动加速度不大于　　20cm/s²。

任何情况下，减速度不应小于下面数值：

a. 对于正常情况，为 0.5m/s²；

b. 对于使用了减行程缓冲器的情况，为 0.8m/s²。

平层准确度　　±15mm。

机房噪声不大于　　80dB(A)。

运行中轿内噪声不大于　　60dB(A)。

开关门噪声不大于　　65dB(A)。

## 二、不计钢丝绳重量、曳引比 1∶1 电梯垂直运动方向的建模

### 1. 建立动力学模型

传统蜗轮副传动、曳引比 1∶1 的垂直升降类电梯，不考虑钢丝绳重量，传动简图如图 6-11(a) 所示，曳引机通过减振垫 3、承重梁 4 设置在机房内，曳引机由电机、减速箱、曳引轮和制动器等组成。将图 6-11(a) 的电梯机械传动简图转化为图 6-11(b) 系统动力学模型。

图 6-11(b) 各参数物理意义说明如下：

$m_1$——平衡重质量；

$m_2$、$I_1$、$r_1$——曳引机和导向轮的质量、转动惯量和曳引轮绳槽半径；

$m_3$——轿架及附着件质量；

$m_4$——轿厢及载荷质量；

$m_5$、$I_2$、$r_2$——张紧轮质量、转动惯量和平衡轮绳槽半径；

$K_0$、$C_0$——承重梁及减振垫的刚度、阻尼；

$K_1$、$C_1$——平衡重与导向轮一侧钢丝绳与绳头组合的刚度、阻尼；

$K_2$、$C_2$——轿厢与曳引轮一侧钢丝绳与绳头组合的刚度、阻尼；

$K_3$、$C_3$——轿架底部与张紧装置之间平衡绳的刚度、阻尼；

$K_4$、$C_4$——超载装置的刚度、阻尼；

$K_5$、$C_5$——平衡重底部与张紧装置之间平衡绳的刚度、阻尼；

$K_m$——曳引机抗扭刚度；

$x_1 \sim x_5$——质量 $m_1 \sim m_5$ 的振动位移；

$\varphi_1$、$\varphi_2$——曳引轮和张紧轮的振动角位移。

### 2. 建立电梯机械系统运动微分方程

根据前面建立的系统动力学模型，广义位移列阵为：

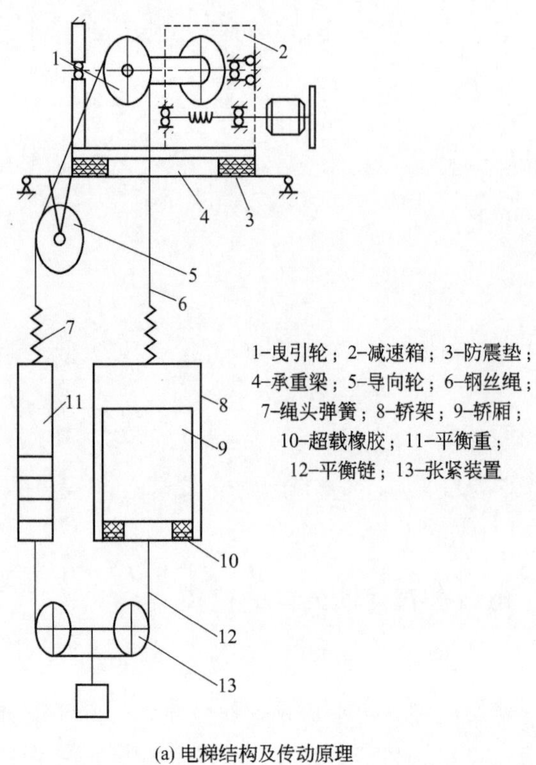


(a) 电梯结构及传动原理

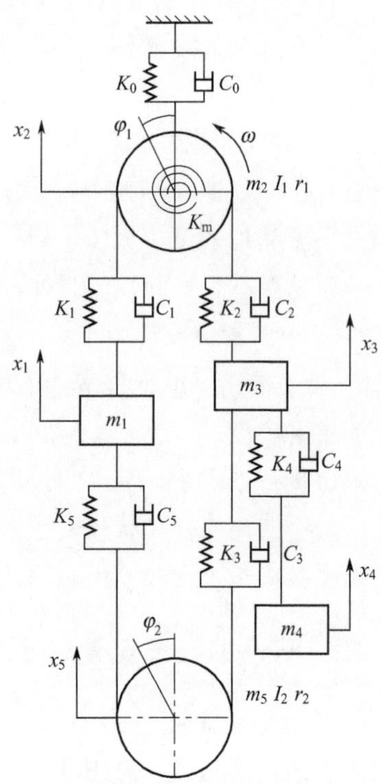


(b) 电梯动态特性分析模型

图 6-11 电梯传动原理及动态特性分析模型

$$\{X\}=[x_1,x_2,x_3,x_4,x_5,\varphi_1,\varphi_2]^{\mathrm{T}} \tag{6-36}$$

系统的总动能为：

$$T=\frac{1}{2}\sum_{i=1}^{5}m_i\dot{x}_i^2+\frac{1}{2}\sum_{i=1}^{2}I_i\dot{\varphi}_i^2 \tag{6-37}$$

系统的总势能为：

$$\begin{aligned}V=&\frac{1}{2}K_1(x_1-x_2+r_1\varphi_1)^2+\frac{1}{2}K_0x_2^2+\frac{1}{2}K_{\mathrm{m}}\varphi_1^2+\frac{1}{2}K_2(x_3-x_2-r_2\varphi_1)^2\\&+\frac{1}{2}K_3(x_3-x_5-r_2\varphi_2)^2+\frac{1}{2}K_4(x_4-x_3)^2+\frac{1}{2}K_5(x_5-x_1-r_2\varphi_2)^2\end{aligned} \tag{6-38}$$

系统的总耗散能为：

$$\begin{aligned}D=&\frac{1}{2}C_1(\dot{x}_1-\dot{x}_2+r_1\varphi_1)^2+\frac{1}{2}C_0\dot{x}_2^2+\frac{1}{2}C_2(\dot{x}_3-\dot{x}_2-r_1\dot{\varphi}_1)^2\\&+\frac{1}{2}C_3(\dot{x}_3-\dot{x}_5-r_2\dot{\varphi}_2)^2+\frac{1}{2}C_4(\dot{x}_4-\dot{x}_3)^2+\frac{1}{2}C_5(\dot{x}_5-\dot{x}_1-r_2\dot{\varphi}_2)^2\end{aligned} \tag{6-39}$$

由拉格朗日微分方程：

$$\frac{\mathrm{d}}{\mathrm{d}t}\left(\frac{\partial T}{\partial\dot{x}_i}\right)-\frac{\partial T}{\partial\dot{x}_i}=-\frac{\partial V}{\partial x_i}-\frac{\partial D}{\partial x_i}+Q_i \tag{6-40}$$

式(6-40) 右边项分别为广义势力、广义阻尼力和广义激扰力。将式(6-37)、式(6-38)

和式(6-39) 代入式(6-40)，得到系统的运动微分方程：

$$[\boldsymbol{M}]\{\ddot{x}\}+[\boldsymbol{C}]\{\dot{x}\}+[\boldsymbol{K}]\{x\}=\{\boldsymbol{Q}\} \tag{6-41}$$

式中，$[\boldsymbol{M}]$ 为质量矩阵：

$$[\boldsymbol{M}]=\mathrm{diag}[m_1, m_2, m_3, m_4, m_5, I_1, I_2]$$

$[\boldsymbol{K}]$ 为刚度矩阵：

$$[\boldsymbol{K}]=\begin{bmatrix} k_1+k_2 & -k_1 & 0 & 0 & -k_5 & k_1r_1 & k_5r_2 \\ -k_1 & k_0+k_1+k_2 & -k_2 & 0 & 0 & (-k_1+k_2)r_1 & 0 \\ 0 & -k_2 & k_2+k_3+k_4 & -k_4 & -k_3 & -k_2r_1 & -k_3r_2 \\ 0 & 0 & -k_4 & k_4 & 0 & 0 & 0 \\ -k_5 & 0 & -k_3 & 0 & k_3+k_5 & 0 & (k_3-k_5)r_2 \\ k_1r_1 & (-k_1+k_2)r_1 & -k_2r_1 & 0 & 0 & (k_1+k_2)r_1+k_M & 0 \\ k_3r_2 & 0 & -k_3r_2 & 0 & (k_3-k_5)r_2 & 0 & (k_3+k_5)r_2 \end{bmatrix}$$

$[\boldsymbol{C}]$ 为阻尼矩阵：

$$[\boldsymbol{C}]=\begin{bmatrix} c_1+c_5 & -c_1 & 0 & 0 & -c_5 & c_1r_1 & c_5r_2 \\ -c_1 & c_0+c_1+c_2 & -c_2 & 0 & 0 & (-c_1+c_2)r_1 & 0 \\ 0 & -c_2 & c_2+c_3+c_4 & -c_4 & -c_3 & -c_2r_1 & -c_3r_2 \\ 0 & 0 & -c_4 & c_4 & 0 & 0 & 0 \\ -c_5 & 0 & -c_3 & 0 & c_3+c_5 & 0 & (c_3-c_5)r_2 \\ c_1r_1 & (-c_1+c_2)r_1 & -c_2r_1 & 0 & 0 & (c_1+c_5)r_1 & 0 \\ c_5r_2 & 0 & -c_3r_2 & 0 & (c_3-c_5)r_2 & 0 & (c_3+c_5)r_2 \end{bmatrix}$$

$\{\boldsymbol{Q}\}$ 为激扰力列阵，虽然在系统运动过程中没有外加载荷的作用，但必须经过一个加速起动过程，进入平衡运行阶段，然后再经过减速过程，再静止停靠，起、制动过程产生的刚体运动惯性力即为系统激扰力。电梯运行过程的速度曲线、加速度曲线等由电气调速系统设定，为保证电梯运行的平衡性及效率，相应标准对此都有严格的规定。现在的电梯调速系统一般都采用调频调压调速系统，可近似用图 6-12 所示曲线表示。

图 6-12 曲线用式(6-42) 所示的函数式表示：

$$v=\begin{cases} \dfrac{v_0}{2}(1-\cos\dfrac{\pi t}{t_1}) & 0\leqslant t<t_1 \\ v_0 & t_1\leqslant t<t_2 \\ \dfrac{v_0}{2}\left(1-\cos\dfrac{\pi(t_3-t)}{t_3-t_2}\right) & t_2\leqslant t<t_3 \end{cases} \tag{6-42}$$

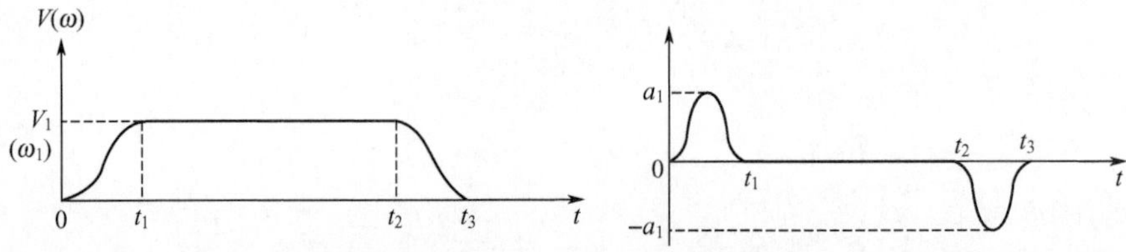


图 6-12　电梯运行速度及加速度近似曲线

$$a=\begin{cases}\dfrac{v_0\pi}{2t_1}\sin\dfrac{\pi t}{t_1} & 0\leqslant t<t_1\\ 0 & t_1\leqslant t<t_2\\ -\dfrac{v_0\pi}{2(t_3-t_2)}\sin\dfrac{\pi(t_3-t)}{t_3-t_2} & t_2\leqslant t<t_3\end{cases}$$

式中，$v_0$ 为电梯运行的额定速度，以 $a_0$ 表示调速系统设定的最大加速度，可求得 $t_1$、$t_2$、$t_3$：

$$t_1=\frac{V_0\pi}{2a_0}$$

$$t_2=\frac{2s_0a_0-\pi V_0}{2V_0a_0}+\frac{\pi V_0}{2a_0}$$

$$t_3=\frac{2s_0a_0-\pi V_0}{2V_0a_0}+\frac{\pi V_0}{a_0}$$

式中，$s_0$ 为电梯提升高度。

这样求得上述系统的激扰力列阵为

$$\{\boldsymbol{Q}\}=[m_1a,0,m_3a,m_4a,0,I_1a/r_1,I_2Aa/r_2] \tag{6-43}$$

## 三、考虑钢丝绳重量、曳引比 2∶1 电梯垂直运动方向的建模

前面不计钢丝绳重量、曳引比 1∶1 电梯垂直运动方向建立的电梯动态特性模型，是典型的离散系统，没有计及钢丝绳质量的影响。事实上当提升高度比较高时，钢丝绳质量对整个系统动特性的影响是相当大的。现在常用 800～1000kg 的电梯，钢丝绳线密度都在2kg/m左右，当提升高度达到或大于 100m 时，钢丝绳单边质量达到或超过 200kg，无论是轿厢位于最低或最高位置，对整个系统的影响都是非常之大的。平衡链的情况也是如此。实际电梯运行过程中，运行高度是连续变化的，电梯轿厢处于不同位置时，钢丝绳的质量及刚度也是连续变化的，是一个参数连续变化的连续动态系统。

### 1. 连续系统的简化处理

前面已经介绍，连续系统的特点是无穷多个质量对应有无穷多个刚度与阻尼，需要用偏微分方程来建模和求解，增加了建模和求解的难度。考虑到电梯运行的某一瞬间，

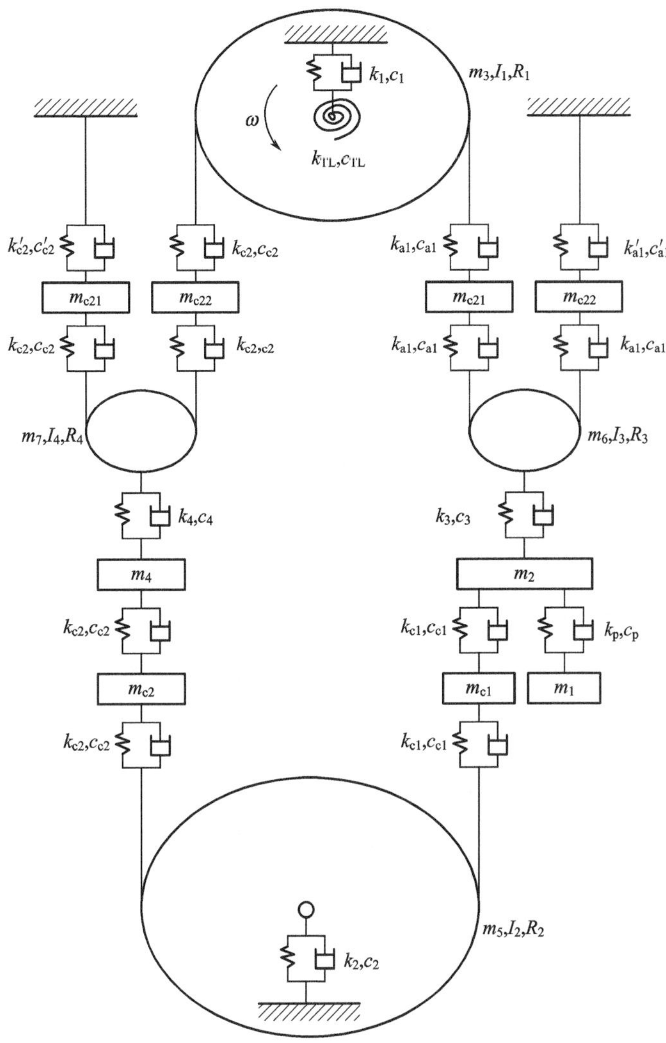


图 6-13 计钢丝绳重量、曳引比 2：1 动力学模型

钢丝绳和平衡链的长度是一定的，也就是说在该瞬间钢丝绳和平衡链的质量和刚度是一定的。以运行高度 100m 的电梯为例。若以某一长度例如 20m 为基数（该长度基数越小，分析结果就越准确，对应计算量就越大），对应钢丝绳和平衡链在某瞬间可以简化为一定数量的质点，相应刚度和阻尼也是确定的。那么该瞬间的连续系统就简化为一个多自由度的离散系统，可以用不计钢丝绳重量的离散系统来建模和求解，只是求解的自由度多了一些而已。

**2. 建立系统运动微分方程**

如图 6-13 所示动力学模型，当电梯处于最低层时，轿厢侧的钢丝绳最长，100m 的提升高度按 20m 的基数，可分别分为 5 个 $m_{d1}$ 和 $m_{d2}$ 的质点；而左侧对重底的平衡链同样处于最长位置，同样可以分为 5 个 $m_c$ 的质点。这样在原来 7 个自由度基础上增加了 15 个自由度，变成了一个 22 个自由度的离散系统动态问题，而微分方程的阶数也变成了 22 阶。随着电梯的上升，轿厢顶一侧的质点数也就是自由度数减少，但对重顶的钢丝绳增长，正好轿厢顶一侧自由度数减少数量等于对重侧增加的自由度数量；同理，轿厢上升时，对重底的平衡链质点数减少，而轿厢底的平衡链质点数增加，两者相等。不论轿厢位置如何变化，系统模型的自由度数都保持在 22 个，只是系统内部结构参数发生了变化而已。这样就可以用上面所述离散系统建模的方法来建立系统微分方程并求解，只是微分方程阶数为 22 阶。位移列阵为：

$$\{\boldsymbol{X}\}=[x_1,x_2,\cdots,x_{22}]^T \tag{6-44}$$

建立的微分方程形式与式(6-41) 完全相同。

$$[\boldsymbol{M}]\{\ddot{x}\}+[\boldsymbol{C}]\{\dot{x}\}+[\boldsymbol{K}]\{x\}=\{\boldsymbol{Q}\} \tag{6-45}$$

同理，刚度矩阵 $[\boldsymbol{K}]$ 和阻尼矩阵 $[\boldsymbol{C}]$ 都是 22 阶的矩阵，载荷列阵也为 22 阶列阵。微分方程和系数矩阵的建立方法同不计钢丝绳重量、曳引比 1∶1 电梯垂直运动方向的建模方法，不再重复。

## 四、综合考虑电梯垂直振动和水平振动的建模

### 1. 水平振动对电梯的影响和标准对水平振动的要求

电梯在实际运行过程中，除了垂直方向产生振动外，水平方向由于有偏载的作用、导轨安装精度和导靴与导轨接口处的撞击等原因，横向即水平方向也产生振动。水平方向的振动使电梯水平方向摇摆，严重影响电梯乘坐的平衡性和舒适感，甚至产生剧烈的噪声。因此，标准 GB/T 10058—2009《电梯技术条件》3.3.5 条款规定，乘客电梯轿厢运行时垂直方向和水平方向的振动加速度（用时域记录的振动曲线中的单峰值）分别不应大于 0.3m/s$^2$ 和 0.2m/s$^2$；3.3.6 条款规定，电梯各机构和电气设备在工作时不得有异常振动或撞击声响。电梯的噪声值应符合表 6-1 的规定。

**表 6-1 电梯的噪声值** dB(A)

| 项目 | 机房 | 运行中轿内 | 开关门过程 |
|---|---|---|---|
| 噪声值 | 平均 | 最大 | |
| | ≤80 | ≤55 | ≤65 |

注：1. 载货电梯仅考虑机房噪声。

2. 对于 $v$=2.5m/s 的乘客电梯，运行时轿内噪声最大值不应大于 60dB(A)。

因此，必须考虑和研究电梯横向振动的影响，才能全面客观地反映出一台电梯的综合性能和技术水平。

### 2. 综合考虑电梯垂直振动和水平振动的建模

大多数的电梯水平振动分析研究都是与垂直振动独立建模分开研究的，很少有将水平振动和垂直振动耦合到一起建模并计算分析的。这里提出一种将水平振动与垂直振动耦合到一起建模并分析研究的方法，供业内同行参考和研究。

在图 6-13 表述的振动模型中，自由度 $m_2$ 是电梯轿架在振动模型中的简化，而电梯的水平振动基本都是由导靴与导轨在运行过程中产生的摩擦和撞击或导轨的弯曲的扭摆形成的。上面的分析过程中，只考虑了垂直方向的振动，即 $m_2$ 只有一个垂直方向自由度。事实上，$m_2$ 在水平两个方向电梯同样因为振动产生微小位移，因此应该用空间 3 个方向的自由度来描述 $m_2$ 的运动状态，如图 6-14 所示。

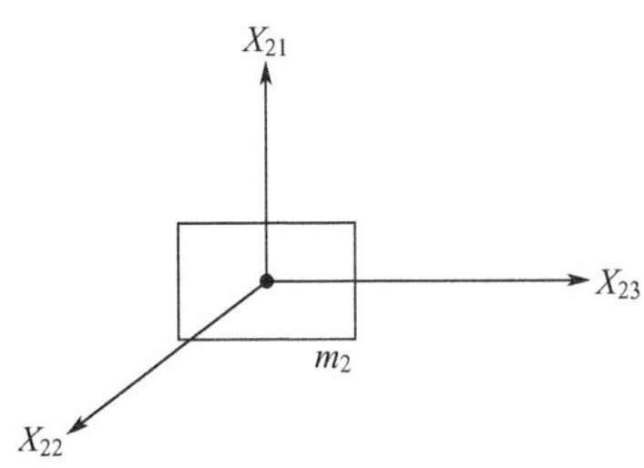


图 6-14 轿架桥架自由度分析图

在图 6-14 动态模型中，原来质量 $m_2$ 的位移只用一个自由度即 $x_2$ 来表示，考虑水平振动后，轿架 $m_2$ 的自由度用 3 个方向的一组位移，即 $\{x_{21}, x_{22}, x_{23}\}$ 3 个自由度来表示。这样原图 6-13 所示模型 22 个自由度振动模型中的位移列阵由 22 阶变成了 24 阶：

$$\{X\}=[x_1,x_{21},x_{22},x_{23},\cdots,x_{22}]^T \tag{6-46}$$

微分方程(6-45) 中的质量矩阵转化为了 24 阶对角型矩阵：

$$[M]=\mathrm{diag}[m_1,m_2,m_2,m_2,m_3,\cdots,m_{22}] \tag{6-47}$$

同样道理，刚度矩阵、阻尼矩阵和激扰力列阵都相应增加了二阶。

刚度和阻尼矩阵的变化情况如图 6-15 所示。

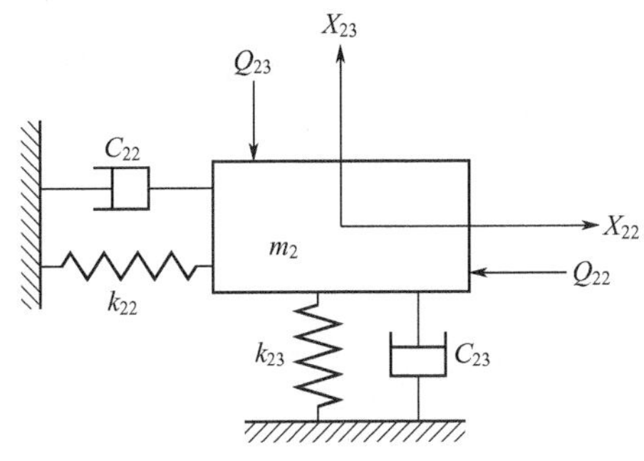


图 6-15 轿架水平方向刚度、阻尼及激扰力示意图

$x_{22}$ 方向有刚度为 $k_{22}$ 弹簧和阻尼为 $c_{22}$ 作用，$x_{23}$ 方向有刚度为 $k_{23}$ 弹簧和阻尼为 $c_{23}$ 作用，$x_{21}$ 的刚度和阻尼情况如原图 6-13 所示。这样在用力法或位移法建立刚度矩阵和阻尼矩阵时将上述情况考虑进去就行了，问题是具体的刚度值和阻尼值的确定。

(1) 横向刚度的确定

作用在轿架上的横向弹性力和阻尼力，都是由于轿厢的偏载通过导靴作用于导轨产生的，在第三章结构分析和本章第一节弹簧刚度系数分析中，都对导轨的刚度做了分析，考虑导靴作用在导轨两个支点的中间（此时刚度最小），如图 6-16 所示。

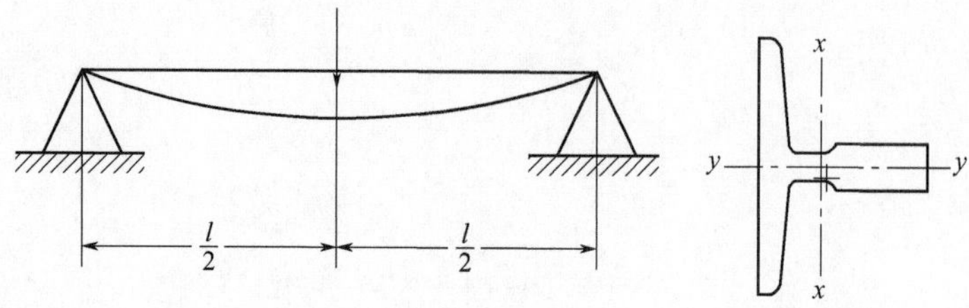


图 6-16　导轨支承及截面结构

对应图 6-15 的刚度为：

$$k_{22}=\frac{48EI_{x}}{0.7l^{3}}$$

$$k_{23}=\frac{48EI_{y}}{0.7l^{3}} \tag{6-48}$$

式中，$I_x$、$I_y$ 为导轨对应图 6-16 方向 $x$、$y$ 轴的截面惯性矩；$l$ 为导轨支架间距；分母中 0.7 的系数是考虑导轨为连续梁实际刚度增大的影响。

要注意的是，这里求出的只是导轨的刚度，如果导靴在 $x$ 和 $y$ 方向为弹性支撑导向，那么导靴也是一个弹性体，应将导轨的刚度与导靴的刚度两个弹簧串联起来，才是系统总的横向刚度。

(2) 阻尼的确定

微分方程的第二项 $c\dot{x}$ 即为运动过程中的阻尼力，导轨对导靴即对轿架的阻尼力主要是由偏载的作用，产生于导轨和导靴之间的摩擦力形成的，在第三章中已经求得，导靴对导轨的正压力 $F_{bx}$、$F_{by}$，在轿厢运动过程中，导轨和导靴之间的摩擦力为：

$$F_{cx}=F_{bx}f_{c}\ ;\ F_{cy}=F_{by}f_{c} \tag{6-49}$$

对应微分方程第二项，让摩擦力等于阻尼力，$F_{bx}f_c=c_{21}\dot{x}$ 或 $F_{by}f_c=c_{21}\dot{x}$ ，可以求得图 6-13 所示系统自由度 $m_2$ 对应 $x_{21}$ 的阻尼：

$$c_{21}=\frac{F_{bx}f_{c}}{\dot{x}}\quad 或\quad c_{21}=\frac{F_{by}f_{c}}{\dot{x}} \tag{6-50}$$

$c_{22}$ 、$c_{23}$ 可用 $c_{21}$ 乘以一个小于 0.5 的系数获得。

(3) 水平激扰力

导靴在导轨上滑动时，由于导轨接口处不平或导轨上的杂物，引起轿架带动轿厢产生水平振动。因此，水平振动的主要部件是电梯轿架和轿厢，即质量 $m_1+m_2$。标准 GB/T 10058—2009《电梯技术条件》规定，电梯轿厢水平方向振动的最大峰峰值不大于 $0.2\text{m/s}^2$。

也就是说，最大的水平方向激扰力不能大于 $Q_{22}$ 或 $Q_{23}$。

$$Q_{22} \text{ 或 } Q_{23} \leqslant (m_1+m_2)a_s=(m_1+m_2)\times 0.02 \tag{6-51}$$

将上述水平激扰力最大容许值作为位移 $x_{22}$ 和 $x_{23}$ 位置对应的水平激扰力，加入到系统方程中的激扰力列阵，即可得整个系统的激扰力列阵 $\{\boldsymbol{Q}\}$。该激扰力以阶跃函数形式加入激扰力列阵 $\{\boldsymbol{Q}\}$，如图 6-17 所示。

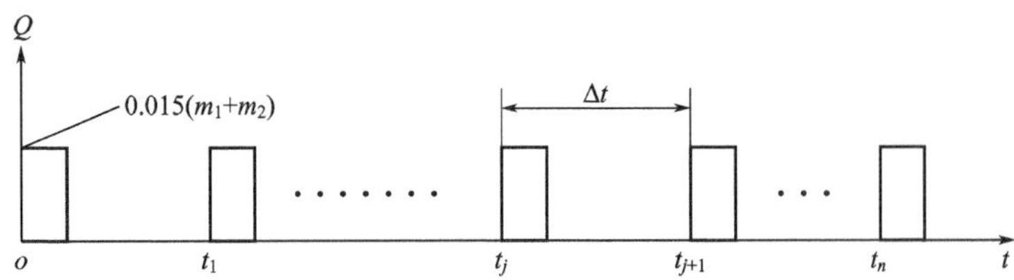


图 6-17 水平激扰力阶跃函数

$$Q_{22}(Q_{23})=\begin{cases}0.015(m_1+m_2) & t_j\leqslant t<t_j+1\\ 0 & t_j+1\leqslant t<t_{j+1}\end{cases} \tag{6-52}$$

这样引起水平振动的位移、各系数矩阵和激扰力都确定了计算分析方法，将其代入微分方程式(6-45)，即可采用前面一样方法去求解各部件的响应及相关动态特性。

# 第三节 电梯动态特性的求解

## 一、连续系统的离散处理

我们已建立起系统的运动微分方程(6-41) 和 (6-45)，在微分方程(6-41) 和 (6-45) 中，刚度矩阵 $[\boldsymbol{K}]$ 是电梯运动位置或时间的函数，因此方程(6-41) 和 (6-45) 为耦合变系数二阶常微分方程组。采用运动弹性动力学方法，即 KED 方法 (Kineto-Elasto Dynamic Analysis) 求解这一方程组。按照运动弹性动力学分析方法，对电梯机械系统采用瞬时结构假定，将系统运动周期离散，分为 $m$ 个时间间隔

$$\Delta t=t_j-t_{j-1} \qquad (j=1,2,\cdots,m) \tag{6-53}$$

在每个时间间隔内，系统的动态特征性被看成是不变的，这样就可以将原来的变数运动微分方程转化为常系数微分方程，相邻两个时间“结点”与时间单元的关系如下：

$$\underbrace{t_0 \quad t_1}_{①}\underbrace{\quad t_2}_{②}\cdots\underbrace{t_{j-1} \quad t_j}_{ⓙ}\cdots\underbrace{t_{m-1} \quad t_m}_{ⓜ}$$

在第 $j$ 个时间单元内，系统的运动微分方程为：

$$[\boldsymbol{M}]_j\{\ddot{x}\}_j+[\boldsymbol{C}]_j\{\dot{x}\}_j+[\boldsymbol{K}]_j\{x\}_j=\{\boldsymbol{Q}\}_j \tag{6-54}$$

## 二、求系统的固有频率与主振型

根据机械振动原理，解特征问题：

$$[\boldsymbol{K}]_j\{\varphi\}_j=p^2[\boldsymbol{M}] \tag{6-55}$$

求出第 $j$ 个时间单元内系统的固有频率矩阵与主振型矩阵

$$[p]_j=\mathrm{diag}[p_1 \quad p_2 \quad \cdots \quad p_n]$$

$$[\varphi]_j=[\{\varphi_1\} \quad \{\varphi_2\} \quad \cdots \quad \{\varphi_n\}] \tag{6-56}$$

式(6-56) 中，$[p]_j$、$[\varphi]_j$ 分别是第 $j$ 个时间单元内系统的固有频率矩阵与主振型矩阵，其中主振型矩阵 $[\varphi]_j$ 已关于模态质量为 1 归一化，$n$ 为自由度数。

## 三、求模态坐标下系统的振动响应

作坐标变换 $$\{x\}_j=[\varphi]_j\{q\}_j \tag{6-57}$$

式中，$\{q\}_j$ 为系统模态坐标，假定系统阻尼为比例阻尼。将式(6-57) 代入式(6-54)，并在方程两边乘矩阵 $[\varphi]_j^T$ ，从而得模态坐标下的解耦运动微分方程式组：

$$[I]\{\ddot{q}\}_j+[2\delta_i p_p]\{\dot{q}\}_j+[p_j^2]\{q\}_j=[\varphi]_j^T\{q\}_j \tag{6-58}$$

上式亦可表示为

$$\ddot{q}_i^{(j)}+2\delta_i p_i\dot{q}_i^{(j)}+p_i^2 q_i^{(j)}=Q_{Ni}^{(j)} \tag{6-59}$$

式中，下标 $i$ 为系统自由度编号，上标 $j$ 为时间单元编号，$Q_{Ni}^{(j)}$ 为模态力。以 $\varphi_{ik}^{(j)}$ 表示第 $K$ 阶主振型的第 $i$ 个分量，$Q_{Ni}^{(j)}$ 表示 $\{Q\}$ $j$ 的第 $K$ 行，则

$$Q_{Ni}^{(j)}=\sum_{k=1}^{7}\varphi_{ik}^{(j)}Q_k^{(j)} \tag{6-60}$$

$\delta_i$ 为模态阻尼比、$\delta_i$ 可根据实测振动响应幅频曲线用半功率点法确定，在未取得测试数据前，根据工程设计手册均取 $\delta_i=0.03$。

根据杜哈梅积分，可求出系统模态坐标下的振动呼应为：

$$q_i^{(j)}=\mathrm{e}^{-\delta_i p_i t}\left\{\frac{\dot{q}_{i0}^{(j)}+\delta_i p_i q_{i0}^{(j)}}{pi\sqrt{1+\delta_i^2}}\right\}\sin p_i\sqrt{1-\delta_i^2 t}+q_{i0}^{(j)}\cos p_i\sqrt{1-\delta_i^2}t+\frac{1}{p_i\sqrt{1-\delta_i^2}}$$

$$\times\int_0^t \mathrm{e}^{-\delta_i p_i t}\times Q_{Ni}^{(j)}(\tau)\sin\sqrt{1-\delta_i^2 t}\,p_i(d-\tau)\mathrm{d}t \quad (i=1,2,\cdots,7) \tag{6-61}$$

方程(6-61) 即为模态坐标下的系统振动响态，式中，$q_{i0}^{(j)}$、$\dot{q}_{i0}^{(j)}$ 分别为模态坐标的初始振动位移与初始振动速度。在时间单元 1，$t=0$ 的最初时刻，系统处于静止状态，因此在 $t=0$的最初时刻，系统处于静止状态，因此在 $t=0$ 时：

$$\{x(0)\}=\{\dot{x}(0)\}=\{0\} \tag{6-62}$$

根据式(6-57) 则有 $t=0$ 时：

$$\{q(0)\}=\{\dot{q}(0)\}=\{0\} \tag{6-63}$$

从时间单元 2 开始的每一个时间单元 $j$，初始条件不再为零，而是相邻前一个时间单元在单元末端的输出，即：

$$\{q(t_{j-1})\}_j=\{q(t_{j-1})\}_{j-1}$$

$$\{\dot{q}(t_{j-1})\}_j=\{\dot{q}(t_{j-1})\}_{j-1} \tag{6-64}$$

这样处理以后，系统的连续性就反映到方程式的解响应特性中去了。

对于电梯来讲，电梯标准提出的要求和前文所述动态目标值是指载人的轿厢，即质量 $m_4$ 而言。根据式(6-55)，轿厢的响应为：

$$x_4^{(j)}=\sum_{i=1}^{7}\varphi_{4i}^{(j)}q_i^{(j)} \tag{6-65}$$

对 $x_4^{(j)}$ 求一阶或多阶导数得到轿厢的速度、加速度和加加速度响应，

$$v_4^{(j)}=\mathrm{d}x_4^{(j)}/\mathrm{d}t$$

$$a_4^{(j)}=\mathrm{d}^2x_4^{(j)}/\mathrm{d}t \tag{6-66}$$

$$J_4^{(j)}=\mathrm{d}^3x_4^{(j)}/\mathrm{d}t$$

将式(6-66) 求得的振动响应叠加在图 6-13 所示刚体运动响应曲线上，可以求得电梯的总动态响应（速度、加速度等）。比较电梯动态响应计算值，就能够了解和分析电梯产品动态性能的优劣。

## 四、动态分析程序设计

根据以上分析过程，编制了电梯系统动态特性分析程序 KED：LIFT（图 6-18），进行电梯系统的动态分析，计算系统各阶固有频率主振型，给出系统任一质点的弹性位移、速度、加速度、加加速度和动态响应时间历程，绘制出时域下的各种动态响应曲线。

整个程序分为两个独立部分，第一部分由 6 个主程序和子程序构成，分别计算质量、刚度、频率、振型、积分和响应分析等，完成计算分析后，打印出计算结果，并形成两个数据文件，供后处理分析使用。第二部分为后处理程序，用第一部分程序产生的数据文件绘制各种动态响应曲线，供技术人员分析研究。

## 五、电梯动态特性的工艺技术处理

上述研究方法对电梯的动态特征进行了研究和分析，保证了电梯起制动加速度、垂直振动加速度和平均加速度 3 个性能指标的要求。对于高速电梯，还必须进行横向振动及风洞效应的试验研究，才能有效地保证了该梯综合性能指标的要求。

① 横向振动主要是由于偏载弯矩（水平面 $X$、$Y$ 两个方向）使导靴在强力挤压导轨的状态下滚动运行，导轨的刚度和安装精度、导轨接口外的打磨、导靴滚轮的动平衡情况和轴承的精度，都是导致电梯产生横向振动和噪声的原因。根据上述机理，采用高精度导轨，电梯运行速度较高时，采用高速导轨并精确安装、打磨。

② 对钢丝绳起吊的轿厢运动部分，在轿底 $X$-$Y$ 两个方向安装可调节位置和重量的平衡

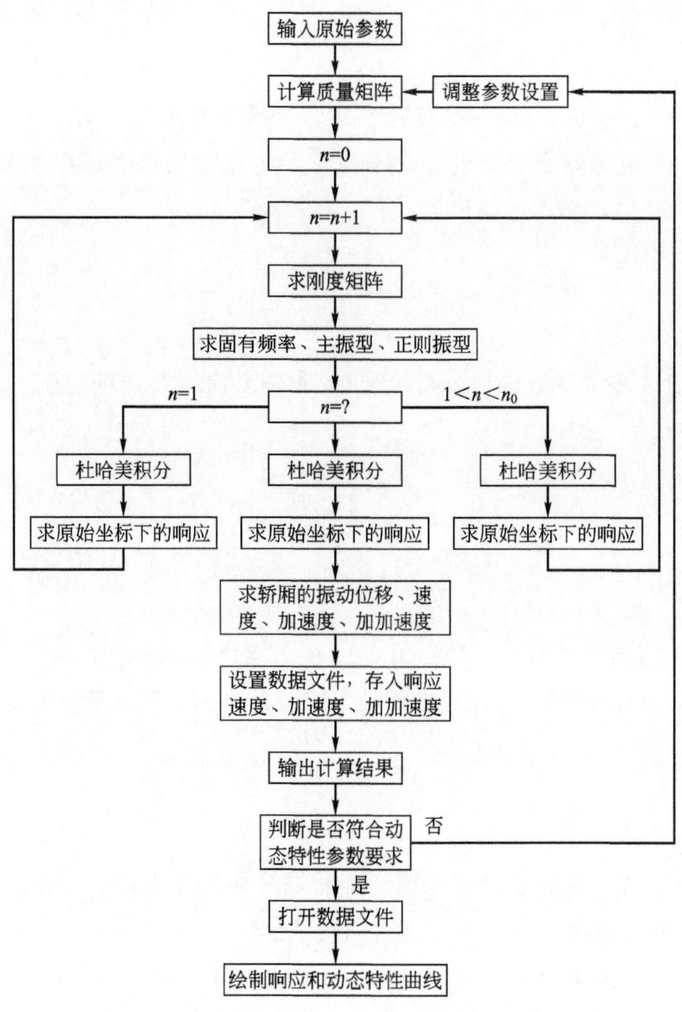


图 6-18　程序结构图

砣，使轿厢空载运行时的运动部分的质心与起吊位置重合，尽量减小偏心弯矩。

③ 对不同载荷分布下的横向振动进行动态测试，并将最严重结果的测试曲线作为横向激励，导入系统动态模型，进行横向振动结构分析，调整结构参数，保证水平振动加速度、运行噪声等性能参数在设计目标值内。

④ 高速电梯在井道这样一个封闭的空间内高速运行，挤压井道内的气体，风洞效应的影响是非常严重的。电梯的风洞效应分为两个方面：一是轿厢运行时，附着轿厢的气体以轿厢等同的速度运行，而附着井道壁及其他静止物体的气体为静止状态，改变轿厢顶部或底部的结构形式，设计导流装置，使流过轿厢的气体以层流的方式通行；二是高速挤压的气体应有适当大小的气门排放或吸入，一般在井道壁顶层、中部和底部 3 个部位设置 3 个气门，气门的大小根据运行轿厢水平面积的大小和运行速度来设计。采用计算机仿真的方法设计轿厢导流装置和气门的大小，取得了比较理想的结果。

## 六、电梯振动特性实例分析

▲ 以某厂 $Q=1000kg$、$V=1.75m/s$、17 层 17 站、集选控制、交流调速的乘客电梯为例，进行电梯机械系统动态特性分析研究。

在生产厂的配合下，对该电梯的动态性能，采用运动弹性动力学方法进行了计算分析，并与实际测试结果进行了对比。在用此力学方法分析动态性能时，须先通过计算或测试，确定该梯机械系统各部分的质量、转动惯量与刚度，进而建立起该电梯机械系统的质量矩阵与刚度矩阵。由于该部分工作比较繁杂，在此不做具体介绍。

### 1. 理论计算结果分析

由于电梯工作工况比较复杂，取满载上行（工况一）、满载下行（工况二）、空载上行（工况三）和空载下行（工况四）四种具有代表性的工况进行计算分析，基本上反映了电梯的工作情况。在这四种工况下，取离散时间间隔 $\Delta t=0.15625s$，208 个时间区段。考虑到轿厢制动后余振动仍然存在，再取 40 个 $\Delta t$ 的时间区段，以便充分反映电梯制动后的动态特性，因此一共取 248 个 $\Delta t$ 进行计算分析。程序 KED. LIFT 求出了这四种工况下系统的各阶固有频率、主振型、轿厢的振动位移、速度、加速度和加加速度，然后通过弹性振动响应与刚体运动叠加，求出了轿厢的运行速度、加速度，并绘制出相应的曲线图。下面就有关计算结果进行初步分析。

（1）固有频率分析

求解广义特征值问题，可计算系统的各阶固有频率。由于在各工况下，质量和刚度是变化的，因此在每一种工况下各阶固有频率都在一定的范围内变化。四种工况下计算的系统前 5 阶固有频率如表 6-2 所示。

由表 6-2 可知，系统的前 5 阶固有频率在 2～50Hz 之间，人体对 1～20Hz 之间的振动最为敏感。两个高阶固有频率主要反映了承重梁部分的刚度和曳引机的扭转刚度，也反映了轿厢、轿架的振动在人体最敏感的频率范围内，这是电梯的基本特性决定的，因此必须适当控制运行加速度和加加速度，才能保证良好的舒适感。其次从表 6-2 中的变化可以看出，钢丝绳长度的变化对固有频率的影响不大，这样在以后的优化设计工作中考虑到现在钢丝绳标准及供货情况，对钢丝绳的参数可不做优化处理。

（2）动态响应

乘客在轿厢中上下楼层，除轿厢外，其他构件的动态特性标准没有要求，所以我们只对轿厢部分的动态响应进行计算分析。计算结果是：满载上行和空载下行两种工况下轿厢，最大振动位移分别为 1.04mm 和 1.40mm；两种工况下轿厢最大振动加速度分别为 $0.3mm/s^2$ 和 $0.52m/s^2$，超过了标准规定的电梯最大垂直振动加速度 $0.3m/s^2$。满载上行和空载下行两种工况下的轿厢振动最大加加速度分别为 $6.51m/s^3$ 和 $10.9m/s^3$，大大超过表 6-3 中的 $1.3m/s^3$，所以该电梯的舒适感较差。如果调速系统性能好，达到图 6-12 电梯运行速度设计曲线要求，则最大运行加速度分别为 $1.37m/s^2$ 和 $1.4m/s^2$，都小于标准所规定的 $1.5m/s^2$，达到合格要求，但都还大于表 6-3 所要求的 $0.9m/s^2$，所以该电梯的动态性能和舒适感就不能认为很好。

表 6-2　各种工况下固有频率　Hz

| $P_1$ | $P_2$ | $P_3$ | $P_4$ | $P_5$ | $P_1$ | $P_2$ | $P_3$ | $P_4$ | $P_5$ |
|---|---|---|---|---|---|---|---|---|---|
| 2.20 | 3.68 | 17.88 | 18.66 | 46.46 | 2.64 | 2.97 | 18.48 | 18.70 | 46.47 |
| 2.24 | 3.58 | 17.90 | 18.66 | 46.46 | 2.68 | 2.90 | 18.42 | 18.69 | 46.46 |
| 2.27 | 3.48 | 17.92 | 18.66 | 46.45 | 2.72 | 2.83 | 18.37 | 18.68 | 46.45 |
| 2.30 | 3.39 | 17.65 | 18.66 | 46.45 | 2.76 | 2.77 | 18.31 | 18.67 | 46.45 |
| 2.34 | 3.31 | 17.97 | 18.66 | 46.45 | 2.71 | 2.82 | 18.26 | 18.67 | 46.45 |
| 2.38 | 3.23 | 17.90 | 18.66 | 46.44 | 2.65 | 2.87 | 18.21 | 18.67 | 46.44 |
| 2.42 | 3.16 | 18.30 | 18.66 | 46.44 | 2.60 | 2.92 | 18.17 | 18.67 | 46.44 |
| 2.46 | 3.10 | 18.06 | 18.67 | 46.44 | 2.55 | 2.97 | 18.13 | 18.67 | 46.44 |
| 2.50 | 3.03 | 18.10 | 18.67 | 46.44 | 2.50 | 3.03 | 18.09 | 18.67 | 46.44 |
| 2.55 | 2.97 | 18.13 | 18.67 | 46.44 | 2.46 | 3.10 | 18.06 | 18.67 | 46.44 |
| 2.60 | 2.92 | 18.17 | 18.67 | 46.44 | 2.42 | 3.16 | 18.03 | 18.66 | 46.44 |
| 2.65 | 2.87 | 18.21 | 18.67 | 46.44 | 2.38 | 3.23 | 18.00 | 18.66 | 46.44 |
| 2.71 | 2.82 | 18.26 | 18.67 | 46.45 | 2.34 | 3.31 | 17.97 | 18.66 | 46.45 |
| 2.76 | 2.77 | 18.31 | 18.67 | 46.45 | 2.30 | 3.39 | 17.95 | 18.66 | 46.45 |
| 2.72 | 2.83 | 18.37 | 18.68 | 46.45 | 2.27 | 3.48 | 17.92 | 18.66 | 46.45 |
| 2.68 | 2.90 | 18.42 | 18.69 | 46.46 | 2.24 | 3.58 | 17.90 | 18.66 | 46.46 |
| 3.02 | 4.33 | 18.66 | 19.56 | 46.46 | 3.10 | 4.11 | 18.66 | 20.06 | 46.47 |
| 3.07 | 4.21 | 18.66 | 19.58 | 46.46 | 3.15 | 4.01 | 18.66 | 20.00 | 46.46 |
| 3.11 | 4.09 | 18.66 | 19.60 | 46.45 | 3.20 | 3.91 | 18.66 | 19.95 | 46.45 |
| 3.16 | 3.99 | 18.66 | 19.61 | 46.45 | 3.26 | 3.82 | 18.66 | 19.90 | 46.45 |
| 3.21 | 3.89 | 18.66 | 19.63 | 46.45 | 3.31 | 3.73 | 18.66 | 19.86 | 46.45 |
| 3.27 | 3.80 | 18.66 | 19.68 | 46.44 | 3.37 | 3.66 | 18.66 | 19.82 | 46.44 |
| 3.32 | 3.72 | 18.66 | 19.68 | 46.44 | 3.43 | 3.58 | 18.66 | 19.79 | 46.44 |
| 3.38 | 3.64 | 18.66 | 19.70 | 46.44 | 3.49 | 3.51 | 18.66 | 19.76 | 46.44 |
| 3.44 | 3.57 | 18.66 | 19.73 | 46.44 | 3.44 | 3.57 | 18.66 | 19.73 | 46.44 |
| 3.49 | 3.51 | 18.66 | 19.76 | 46.44 | 3.38 | 3.64 | 18.66 | 19.70 | 46.44 |
| 3.43 | 3.58 | 18.66 | 19.79 | 46.44 | 3.32 | 3.72 | 18.66 | 19.67 | 46.44 |
| 3.37 | 3.66 | 18.66 | 19.62 | 46.44 | 3.27 | 3.80 | 18.66 | 19.65 | 46.44 |
| 3.31 | 3.73 | 18.66 | 19.67 | 46.45 | 2.34 | 3.31 | 17.97 | 18.66 | 46.45 |
| 3.26 | 3.82 | 18.66 | 19.90 | 46.45 | 3.16 | 3.99 | 18.66 | 19.61 | 46.45 |
| 3.20 | 3.91 | 18.66 | 19.95 | 46.45 | 3.11 | 4.09 | 18.66 | 19.60 | 46.45 |
| 3.15 | 4.01 | 18.66 | 20.00 | 46.46 | 3.07 | 4.21 | 18.66 | 19.58 | 46.46 |

表 6-3　电梯舒适性指标

| 因素 | 项目 | 目标值 |
|---|---|---|
| 舒适感 | 最大加(减)速度 | 0.9m/s$^2$ |
| | 最大加加速度 | 1.3m/s$^3$ |
| | 起动冲击 | 0.1m/s$^2$以下 |
| | 停止冲击 | 0.1m/s$^2$以下 |
| | 加速度脉动 | p.p0.9m/s$^2$以下 |

**2. 实验与结果分析**

由于实验条件限制，只对电梯不定载荷情况下轿厢上行和下行工况进行了测试。测试时将加速度传感器置于轿厢地板正中位置，通过电荷放大器用磁带记录仪记录下轿厢加速度测试信号，然后通过动态分析仪进行后处理，由打印机绘制速度曲线和幅频曲线。测试采用了两个加速度传感器，一个用于测电梯的横向振动，另一个用于测电梯的纵向振动。测试仪框图如图 6-19 所示。

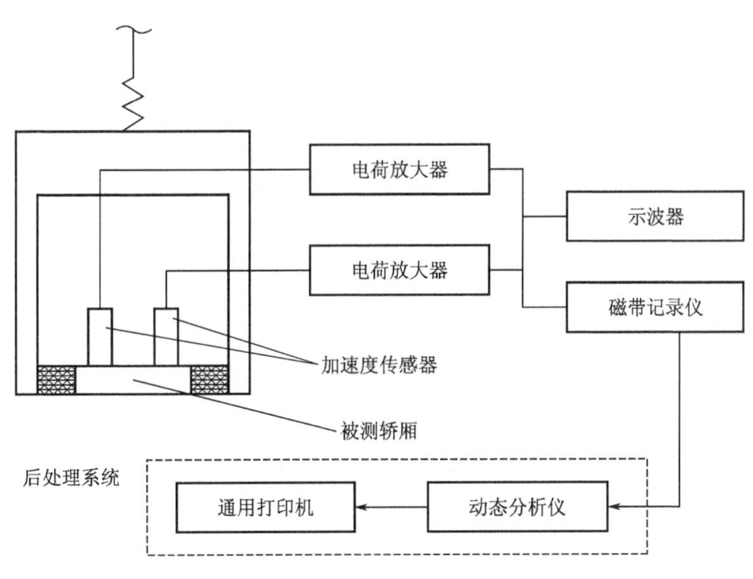


图 6-19　测试仪器框图

测试工况接近于满载上行，实测轿厢加速度响应曲线如图 6-20 所示。最大运行加速度起动时为 1.52m/s$^2$，制动时为 1.71m/s$^2$，均超过了标准要求。与理论计算的起动最大加速度 1.23m/s$^2$和制动最大加速度 1.37m/s$^2$比较，相对误差分别为 19%和 20%，这表明理论计算结果与实际测试比较吻合，这验证了所提出的电梯动态特性分析计算方法的正确性。理论计算与实际测试结果之间产生误差的一个主要原因，是电梯调速系统为模拟调速系统，设定的速度加速度曲线达不到图 6-12 所示曲线要求。如果能够精确地测得实际情况下的输入，则计算与实测结果将能更好地吻合。

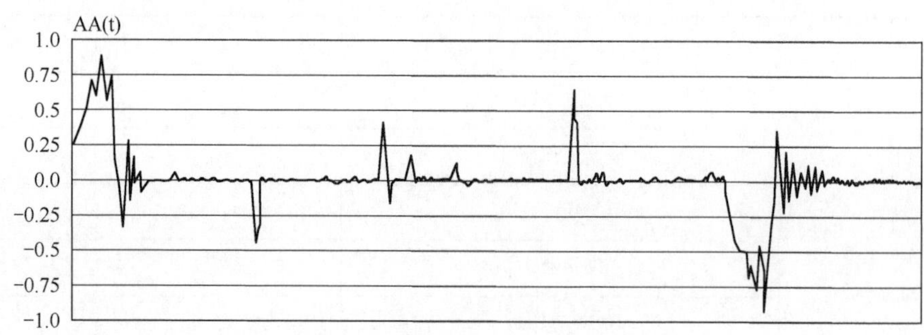


图 6-20 实测轿厢运行加速度

$A_{max} = 1.712 m/s^2$，工况：满载上行

**3. 电梯结构参数修改问题探讨**

首先看电梯结构各参数变化对电梯动态性能的影响。从图 6-11(b) 所示的电梯机械系统振动分析模型看，曳引机质量只对承重梁的静强度和刚度产生影响，基本上与电梯的动态特性无关。曳引轮直径对蜗轮副的扭振起放大作用，在考虑标准要求（大于 40 倍钢丝绳直径）的情况下应尽可能小一些。承重梁的隔振橡胶的刚度对电梯动态特性影响较大，一般来讲应与整体系统质量配合进行优化设计才能确定其最佳数据。在上面计算的实例中，电梯运行至顶层时动态性能明显差于底层，因此应适当降低隔振橡胶的刚度，即增加橡胶的块数或厚度。

抗扭刚度 $K_m$ 主要由蜗杆的抗扭刚度和蜗轮副的齿面接触刚度组成。分析表明，$K_m$ 增加，振动加速度幅值降低，而且衰减很快，因此提高蜗杆的抗扭刚度，即增大蜗杆直径（受模数影响，不可能增加很多）或缩短其支撑长度，对于提高电梯的动态性能产生明显的效果。曳引机的惯量 $I_1$ 由旋转件组成，$I_1$ 越大，电梯运行愈平稳，但如果 $I_1$ 很大，$K_m$ 很小，起制动阶段将产生很大的扭振。因此，动态设计时，应将 $K_m$ 和 $I_1$ 综合考虑。

前面已经讲到，钢丝绳随楼层高度的变化对固有频率的变化影响不是很大，电梯用钢丝绳已经通过国家标准系列化，不可能有什么变化。因此要通过修改参数 $K_1$ 和 $K_2$ 来改善系统的动态特性只有改变绳头弹簧的刚度。至于绳头的刚度，只能在具体的系统参数设计时，综合各种工况，通过优化设计来确定，很难在一般讨论中定性处理。

轿厢部分由轿架、轿厢及超载装置等组成，具体涉及到图 6-11(b) 电梯动态特性分析模型的参数有 $m_3$、$m_4$ 和 $k_4$。一般来说，轿厢部分重量的增加，动态性能肯定要好，但轿厢自重增加，平衡重的重量也要相应增加，消耗材料太多。因此一味地通过增加轿厢构件自重来提高系统动态特性的方法并不恰当，只能对整个电梯系统综合考虑，将轿厢自重及动态特性作为双重优化目标处理。

电梯是机电一体化产品，电气调速系统的性能是影响电梯动态特性及舒适感好坏至为重要的因素。高性能的调速系统配合动态优化设计后的机械系统，能够大大地提高电梯的动态性能。此外，电梯的制作、安装精度也是很重要的因素，如导轨的垂直度、平行度等均是保证电梯平稳运行的关键。

# 第四节　动态特性程序软件简介

## 一、ADAMS 软件基本知识介绍

美国 MSC 公司开发研制的机械系统动力学仿真分析软件 ADAMS 软件，由于具有通用、精确的仿真能力，方便、友好的用户界面和强大的图形动画显示能力，已在全世界得到成功的应用。

ADAMS 使用交互式图形环境和零件库、约束库、力库，创建完全参数化的机械系统几何模型，其求解器采用多刚体系统动力学理论中的拉格朗日方程方法，建立系统动力学方程，对虚拟机械系统进行静力学、运动学和动力学分析，输出位移、速度、加速度和反作用力曲线。ADAMS 软件的仿真可用于预测机械系统的性能、运动范围、峰值载荷以及计算有限元的输入载荷等。借助于 ADAMS 软件的强大功能，可以方便、快速地创建机械系统几何模型，并对其进行完全参数化设计。设计人员可以直接在 ADAMS 中创建所需的三维几何模型，也可以将从其他的三维软件中创建的实体模型导入到 ADAMS 环境中，然后根据实际运动情况在导入的三维模型上添加约束、施加载荷，最后对模型进行运动仿真，并可按需求对模型参数进行调整，以得到与工程实际相符合的仿真结果。ADAMS 软件界面图如图 6-21 所示。

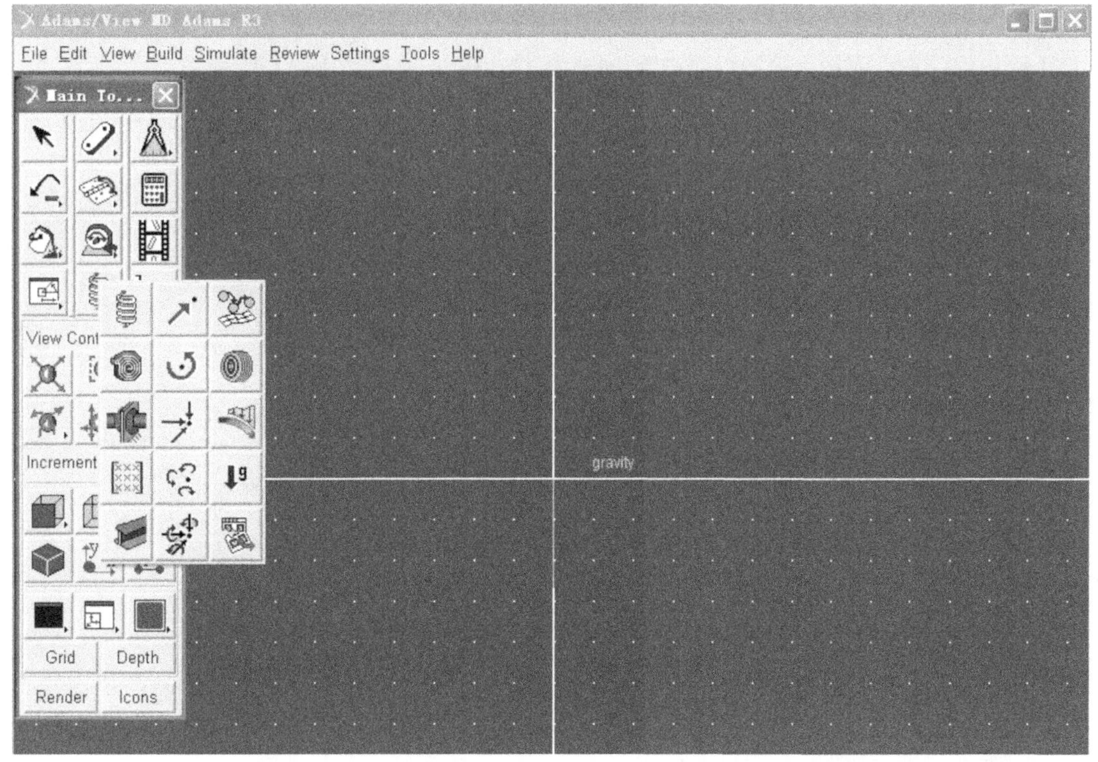


图 6-21　ADAMS 软件界面图

作为工业设计的先进、优秀软件，ADAMS 在诸多研究领域得到了广泛的应用。它可以帮助改进各种机械系统设计，从简单的连杆机构到车辆、飞机、卫星。在航空和国防工业中，ADAMS 能够仿真分析飞机起落架、货舱门以及载重车辆和武器的动力学问题；在汽车工业中，能用于卡车、越野汽车以及其他车辆的动力学分析；在生物力学和人机工程学领域，ADAMS 能用于人机界面设计、事故重建、车辆乘员保护以及产品的人机工程学设计。在机电产品中，它能用于磁盘与磁带驱动器的设计、传真机以及电路断电器的设计；在健身娱乐产品中，它能用于健身自行车以及其他健身运动器材；在一般机械中，如电动印刷机、家用电器、电梯等，都可应用 ADAMS 精心设计和分析。

ADAMS，一方面是虚拟样机分析的应用软件，可以运用该软件非常方便地对机械系统进行静力学、运动学和动力学分析；另一方面，又是虚拟样机分析开发工具，其开放性的程序结构和多种接口，可以成为特殊行业用户进行特殊类虚拟样机分析的二次开发工具平台。

由于 ADAMS 提供的分析技术能够反映真实系统的运行情况，满足工程设计要求，通过建立机械系统的虚拟样机，使得在物理样机建造前便可分析出它们的工作性能，因而 ADAMS 日益受到国内外机械领域的重视。其分析、计算方法如下。

**1. 广义坐标的选择**

动力学方程的求解速度很大程度上取决于广义坐标的选择。ADAMS 用刚体的质心笛卡尔坐标和反映刚体方位的欧拉角（或广义欧拉角）作为广义坐标，即

$$q_1=[x,y,x,\psi,\theta,\varphi]^T \tag{6-67}$$

$$q=[q_1^T,q_2^T,\cdots,q_n^T] \tag{6-68}$$

由于采用了广义坐标，系统动力学方程是最大数量但却高度稀疏耦合的微分代数方程，适用于稀疏矩阵方法高效求解。

**2. 动力学方程的建立**

ADAMS 程序采用拉格朗日乘子法建立系统运动方程（矩阵形式），即

$$\begin{cases}\dfrac{\mathrm{d}}{\mathrm{d}t}(\partial T/\partial \dot{\boldsymbol{q}})^T-(\partial T/\partial \boldsymbol{q})^T+\boldsymbol{\phi}_{\mathrm{q}}^T\boldsymbol{\rho}+\boldsymbol{\theta}_{\mathrm{q}}^T\boldsymbol{\mu}=\boldsymbol{Q}\\ \boldsymbol{\phi}(q,t)=0\\ \boldsymbol{\theta}(q,\dot{q},t)=0\end{cases} \tag{6-69}$$

式中 $T$——系统功能；

$\boldsymbol{q}$——系统广义坐标矩阵；

$\boldsymbol{Q}$——广义列阵；

$\boldsymbol{\rho}$——对应于完整约束的拉氏乘子矩阵；

$\boldsymbol{\mu}$——对应于非完整约束的拉氏乘子矩阵。

**3. 运动学方程求解**

重新改写式(6-69) 为一般形式：

$$\begin{cases} F(\boldsymbol{Q},\boldsymbol{u},\dot{\boldsymbol{u}},\boldsymbol{\lambda},t)=0 \\ G(\boldsymbol{u},\dot{\boldsymbol{q}})=\boldsymbol{u}-\dot{\boldsymbol{q}}=0 \\ \boldsymbol{\phi}(\boldsymbol{q},t)=0 \end{cases} \tag{6-70}$$

式中　$\boldsymbol{q}$——广义坐标列阵；

$\boldsymbol{u}$——广义速度列阵；

$\boldsymbol{\lambda}$——约束反作用和作用力列阵；

$F$——系统动力学微分方程及用户定义的微分方程；

$G$——系统运动学微分方程；

$\boldsymbol{\phi}$——描述约束的代数方程列阵。

定义系统的状态矢量 $\boldsymbol{y}=[\boldsymbol{q}^T,\boldsymbol{u}^T,\boldsymbol{\lambda}^T]$，式(6-70) 写成单一矩阵方程：

$$g(y,\dot{y},t)=0 \tag{6-71}$$

在进行动力学分析时，ADAMS 采用下列两种算法。

① 提供三种功能强大的变阶、变步长积分求解程序：GSTIF 积分器、DSTIFF 积分器和 BDF 积分器，来求解稀疏耦合的非线性微分代数方程，这些方法适用于模拟刚性系统（特征值变化范围大的系统）。

② 提供 ABAM（Adams-Bash forth and Adams-Moulton）积分求解程序，采用坐标分离算法，求解独立坐标的微分方程。这种方法适于模拟特征值突变的系统或高频系统。

**4. 运动学分析与静力学分析**

（1）静力学分析

对静力学、准静力学分析，速度、加速度均为零，计算方程为：

$$\begin{bmatrix} \partial F/\partial q & (\partial\phi/\partial q)^T \\ \partial\phi/\partial q & 0 \end{bmatrix} \begin{Bmatrix} \Delta q \\ \Delta\lambda \end{Bmatrix} = \begin{Bmatrix} -F \\ -\phi \end{Bmatrix} \tag{6-72}$$

（2）运动学分析

运动学分析研究零自由度系统的位置、速度、加速度和约束反力，故只需求解系统约束方程：

$$\phi(q,t_n)=0 \tag{6-73}$$

任意时刻位置的确定，可由约束方程的 Newton-Rapson 迭代求得：

$$\partial\phi/\partial q \mid \Delta q_j = -\phi(q_j,t_n) \tag{6-74}$$

式中，$\Delta q_j = q_{j+1} - q_j$，表示第 $j$ 次迭代。

$t_n$ 时刻速度、加速度的确定，可由约束方程求一阶、二阶导数得：

$$(\partial\phi/\partial q)\dot{q} = -(\partial\phi/\partial t) \tag{6-75}$$

$t_n$ 时刻约束反力的确定，可由拉格朗日方程得：

$$(\partial\phi/\partial q)^T\lambda = \left\{-\frac{\mathrm{d}}{\mathrm{d}t}(\partial T/\partial\dot{q})^T + (\partial T/\partial q)^T + Q\right\} \tag{6-76}$$

## 二、ADAMS 的产品设计流程

ADAMS 软件分析的具体步骤如图 6-22。

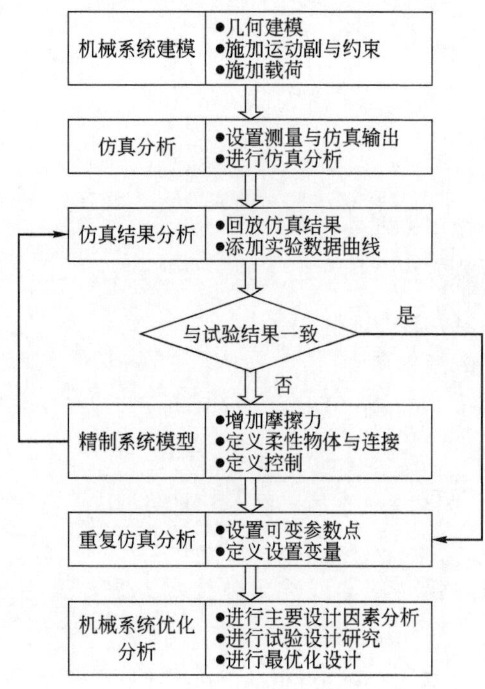


图 6-22　ADAMS 软件仿真分析步骤图

基于 ADAMS 的产品设计流程如下。

**1. 创建实体模型**

在创建机械系统模型时，先要创建构成模型的三维实体造型，它们具有质量、转动惯量等物理特性。创建实体模型的方法有两种：一种是使用 ADAMS/View 中的零件库模块，直接创建形状简单的物体；另一种是使用其他的无缝接口软件模块，将从其他 CAD 软件中创建的复杂三维模型导入到 ADAMS 环境中，如通过接口软件 MECHANISM/PRO 将模型从 Pro/E 等三维设计软件中导入到 ADAMS 中。

使用 ADAMS/View 创建的物体一般有三类：刚体、质量点和弹性体。其中：刚体拥有质量和转动惯量，但是不能变形；质量点是只有质量和位置的物体，它没有方向；使用 ADAMS/View 还可以创建分离式的弹性连杆，并且可以向有限元分析软件输出载荷。

创建完实体模型后，可以按实际构件特性修改模型仿真参数，这些特性包括质量、转动惯量、惯性积、初始速度、初始位置和方向。用户可以采用 ADAMS 分析得到的结果，也可以利用特性修改对话框根据需要修改。根据模型装配情况，在 ADAMS/View 中的约束库中选择对应约束副对模型添加约束，这些约束副确定物体之间的连接情况以及物体之间是如何相对运动的。最后，通过施加驱动力和载荷，使模型按照设计要求进行运动仿真，驱动力的添加可以直接输入数值，也可以用函数形式进行控制。

**2. 测试和验证模型**

创建完模型后，或者在创建模型的过程中，都可以对模型进行运动仿真，通过测试整个模型或模型的一部分，以验证模型的正确性。

在对模型进行仿真的过程中，ADAMS/View 可以计算模型的运动特性，如位移、速度、加速度、角速度等。使用 ADAMS/View 可以测量这些信息以及模型中物体的其他信息，例如，施加在弹簧上的力、两个物体之间的角度等。在进行运动仿真时，ADAMS/View 可以通过测量曲线直观地显示仿真结果。将机械系统的物理样机试验数据输入到 ADAMS/View 中，并且在 ADMAS/View 的仿真曲线图中将曲线进行叠加，通过比较这些曲线，就可以验证创建的模型在不同的参数下的精确程度。

**3. 细化模型和迭代**

通过初步的仿真分析，确定了模型的基本运动后，就可以在模型中增加更复杂的因素以细化模型。例如，增加两个物体之间的摩擦力，将刚性体变为弹性体，将刚性约束副替换为弹性连接等。

为了便于比较不同的设计方案，可以定义设计点和设计变量，将模型进行参数化，这样就可以通过修改参数自动地修改整个模型。

**4. 优化设计**

ADAMS/View 可以自动进行多次仿真，每次仿真改变模型的一个或多个设计变量，帮助找到机械系统设计的最优方案。

**5. 定制界面**

为了使 ADAMS/View 符合设计环境，可定制 ADAMS/View 的界面，将经常需要改动的设计参数定制成菜单或便捷的对话框，可使用宏命令执行复杂和重复的工作，提高工作速度和效率。

## 三、基于 ADAMS 软件的电梯系统动态特性分析实例

**1. Pro/E 三维实体建模**

在 Pro/E 中进行三维建模时，如果模型过于细致，虽然外观上更加逼真，但增加仿真分析工作量。高速电梯系统的整机结构属于比较复杂的结构，因此，在高速电梯建模时，必须要对整机模型进行必要的简化，把对仿真结果没有什么影响或是影响不大的零部件进行简化或直接略去不计。比如，创建一个轿顶轮滚轮，可以直接构建一个圆柱，滚轮上的油杯、键、键槽、轴承、倒角等结构可以直接省略去，而不会对轿顶轮的运动分析产生任何影响。

利用 MECH/Pro 接口软件，用户不必退出其应用环境，就可以将装配的总成根据其运动关系定义为机械系统，进行系统的运动学仿真，并进行干涉检查，确定运动锁止的位置，计算运动副的作用力，通过一个按键操作，可将数据传到 ADAMS 中，进行全面的动力学分析。因此，采用 MECH/Pro 接口程序，将电梯 Pro/E 三维模型导入到 ADAMS 中，接下来就可以在 ADAMS 中对其添加钢丝绳，进行相应的运动学分析。

**2. ADAMS 钢丝绳建模**

钢丝绳的特征是可以弯曲，但是又有一定的刚度，是介于刚体和柔性体之间的介质，力学特性难以模拟，尤其是钢丝绳自身的刚度系数和阻尼系数，以及与其接触的接触刚度系数

和接触阻尼系数难以确定。目前在 ADAMS 中没有一个完全符合钢丝绳力学特性的模型，没有“真实的”钢丝绳存在。虽然 ADAMS 中没有提供钢丝绳直接的建模方法，但可以使用轴套力方法建模，用一段段的圆柱刚性体通过轴套力（bushing）连接来模拟钢丝绳。在实际工程中，钢丝绳不是简单地做直线运动，而是需要绕过滚轮、滚筒等物件做一定的曲线运动。当各小段圆柱体长度相对整条钢丝绳的长度比很小时，采用此种方法建模，钢丝绳就可以看作为连续体，可以较真实地反映钢丝绳的拉伸弯曲等力学性能。为了尽可能地仿真钢丝绳的工作特性，有必要使用尽可能多的圆柱体连接来模拟钢丝绳，虽然这给计算带来了很大的负担，但其仿真精度却大大提高。

钢丝绳力学模型是通过分段建立的，高速电梯行程几十米，由于钢丝绳长度较长，需要建立的小圆柱体数量很大，如手动建模，费时费力，也容易出错，ADAMS 提供的宏命令及条件循环命令可以解决此类问题。

宏命令是将一个命令添加到 Adams/View 命令语言中作为一个命令对象，它用于执行一组 Adams/View 命令。利用宏命令可以自动化建模，产生一系列数据对象，自动完成重复性操作。利用宏命令自动建立钢丝绳力学模型的步骤如下。

首先手动建立一段圆柱体作为源对象，然后通过调入宏命令复制、移动这段圆柱体，使其按设计要求依次排列、连接成连续体。比如要建立一段 20m 长的钢丝绳，将其离散为 400 段 50mm 的小圆柱体（滚轮直径与圆柱体长度之比一般大于 18）。完成自动复制、移动的宏命令如下：

```
Defaults model model_name=. Elevator
    variable create variable_name=ip  integer_value=0
While condition= (ip<399)
    part copy part=. Elevator. part_2new_part=(UNIQUE_NAME("part"))
    variable modify variable_name=ip  integer_value=(eval(ip+1))
end
variable delete variable_name=ip
defaults model part_name=. Elevator. part_2
for var=the_part obj=. Elevator."part_[^2]*"& type=PART
    move object  part_name=(the_part) &
    c1=0  c2=50  c3=0.0 &
    cspart_name= &
    (eval (DB_DEFAULT(. SYSTEM_DEFAULTS,"part")))
    defaults model part_name=(eval(the_part))
end
```

经过上述步骤后，各小段圆柱体虽然依次排开，外形上与钢丝绳相似，但每段小圆柱体之间没有任何联系，只有在各段之间添加轴套力后才能具有现实中钢丝绳的各种性能。轴套力通过条件循环命令施加在相隔的两小段之间，施加时，根据实际情况，给定刚度系数和阻尼系数，施加完毕后，钢丝绳的力学模型才算是成功建立了。

**3. 添加约束及接触力**

对于建立后的电梯整机系统，其整机系统的拓扑结构如图 6-23 所示。根据实际的运动情况，在各个零件之间添加了合适的运动副，各部件和约束名称如表 6-4、表 6-5 所示。

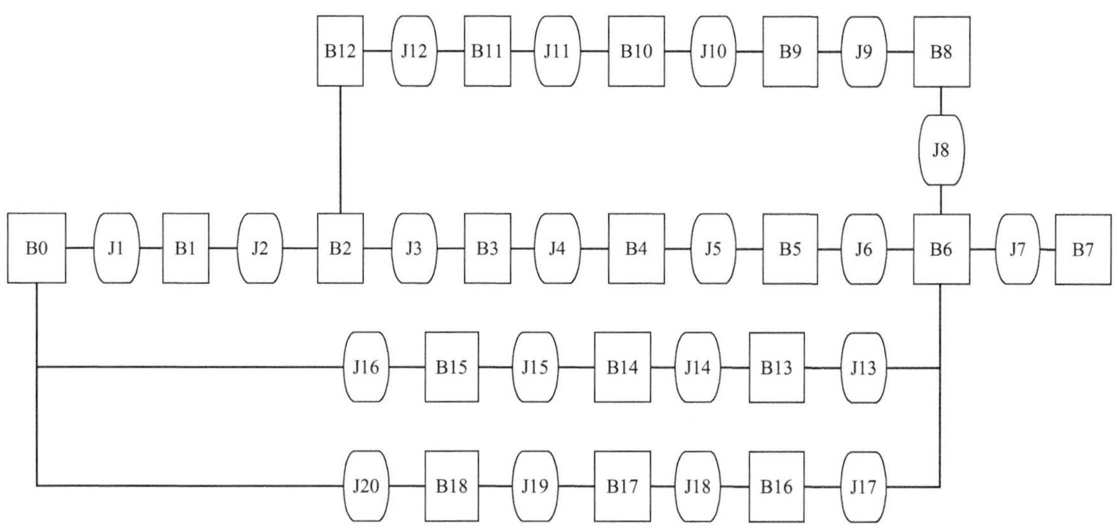


图 6-23　电梯整机系统拓扑结构图

**表 6-4　电梯整机系统主要部件名称表**

| 编号 | 部件名称 | 编号 | 部件名称 |
| --- | --- | --- | --- |
| B0 | 地 | B10 | 张紧轮 |
| B1 | 曳引机机座 | B11 | 对重 |
| B2 | 曳引轮 | B12 | 对重钢丝绳 |
| B3 | 导向轮 | B13 | 左导靴支座 |
| B4 | 轿厢钢丝绳 | B14 | 左导靴 |
| B5 | 轿顶轮 | B15 | 左导轨 |
| B6 | 轿架 | B16 | 右导靴支座 |
| B7 | 轿厢 | B17 | 右导靴 |
| B8 | 张紧轮钢丝绳 | B18 | 右导轨 |
| B9 | 张紧装置 | | |

表 6-5　电梯系统主要约束名称表

| 编号 | 约束名称 | 编号 | 约束名称 |
|---|---|---|---|
| J1 | 固定副 | J11 | 耦合副 |
| J2 | 铰接副 | J12 | 接触力约束 |
| J3 | 耦合副 | J13 | 转动铰 |
| J4 | 球铰副 | J14 | 圆柱铰 |
| J5 | 接触力约束 | J15 | 点线约束 |
| J6 | 接触力约束 | J16 | 固定副 |
| J7 | 接触力约束 | J17 | 转动铰 |
| J8 | 弹簧 | J18 | 圆柱副 |
| J9 | 接触力约束 | J19 | 点线约束 |
| J10 | 铰接副 | J20 | 固定副 |

至此，电梯整机系统虚拟样机全部构建完毕，如图 6-24 所示。

图 6-24(a)　对重与曳引装置虚拟样机图

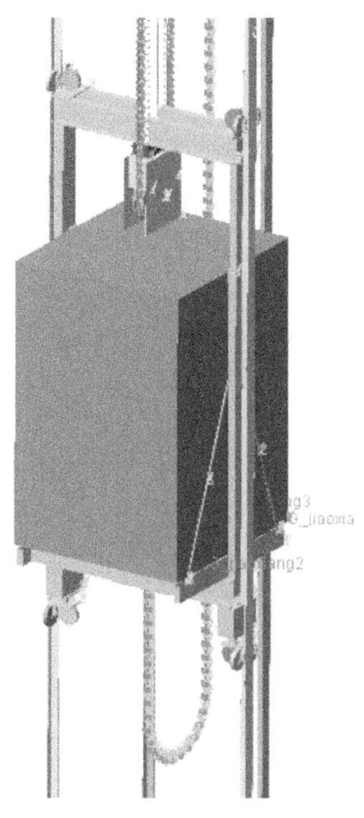

图 6-24(b) 轿厢与轿架虚拟样机图

**4. 动态仿真分析**

设置电梯额定运行速度 4.0/s，通过单位转换，对曳引机输入驱动激励如图 6-25，其中实线为曳引机转动角速度曲线图，最大角速度 7.3deg/s；虚线为曳引机转动角加速度曲线图，最大角加速度 2.73deg/$s^2$。

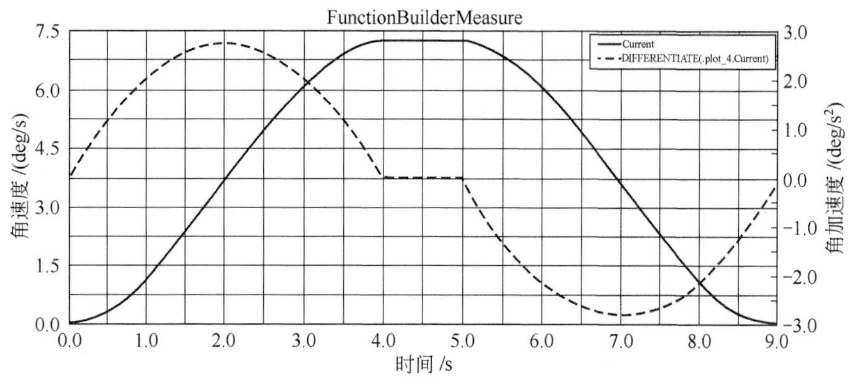


图 6-25 曳引机驱动激励曲线图

电梯系统速度特性主要以轿厢为考察对象，仿真得到 4.0m/s 高速电梯系统轿厢垂直运动加速度曲线如图 6-26 所示。由图可以看出轿厢垂直运动加速度曲线是一条刚弹耦合的振动曲线。其振型与图 6-25 中曳引机角加速度曲线振型基本相同，这一部分即为刚性曲线；围绕曳引机角加速度曲线上下波动的“毛刺”部分即为弹性曲线，即为轿厢的垂直振动加速度曲线。通过信号处理方式，将轿厢的垂直振动加速度曲线、水平振动加速度曲线提取出来，如图 6-27 和图 6-28 所示。

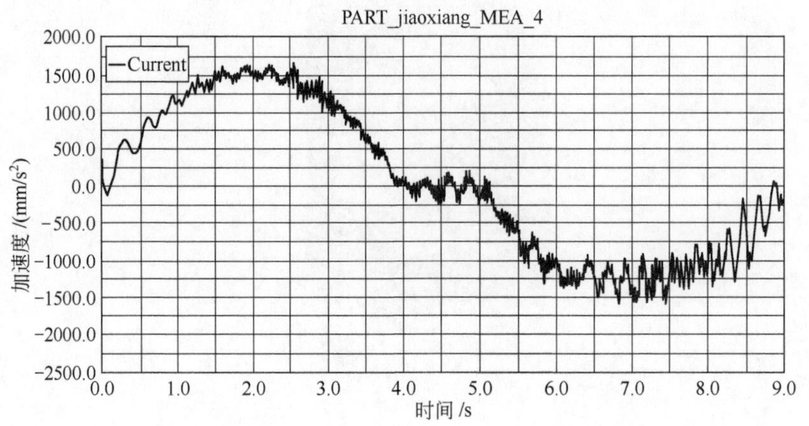


图 6-26　轿厢垂直运动加速度曲线图

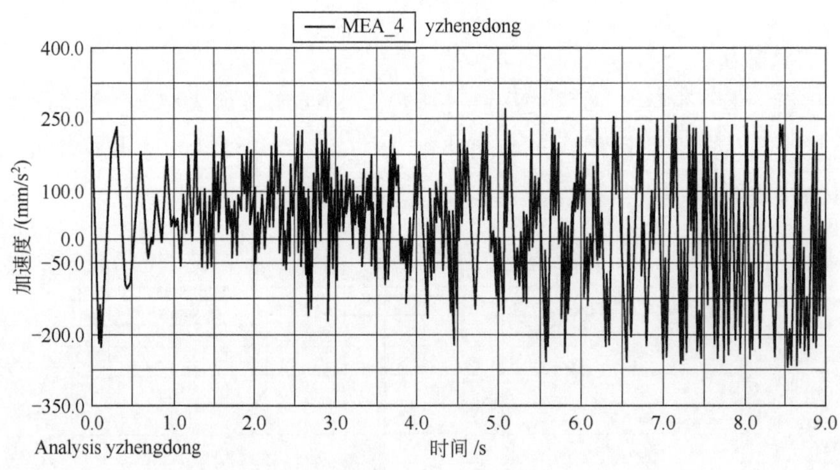


图 6-27　轿厢垂直振动加速度曲线图

GB/T 10058—2009《电梯技术条件》规定：“乘客电梯轿厢运行在恒加速度区域内的垂直（$z$ 轴）振动的最大峰峰值不应大于 $0.3\text{m/s}^2$，水平（$x$ 轴和 $y$ 轴）振动的最大峰峰值不应大于 $0.2\text{m/s}^2$。”由仿真结果可知，轿厢垂直振动加速度最大值为 $0.275\text{m/s}^2$，小于 $0.3\text{m/s}^2$；水平振动加速度最大值为 $0.126\text{m/s}^2$，小于 $0.2\text{m/s}^2$，振动特性符合国家标准要求。

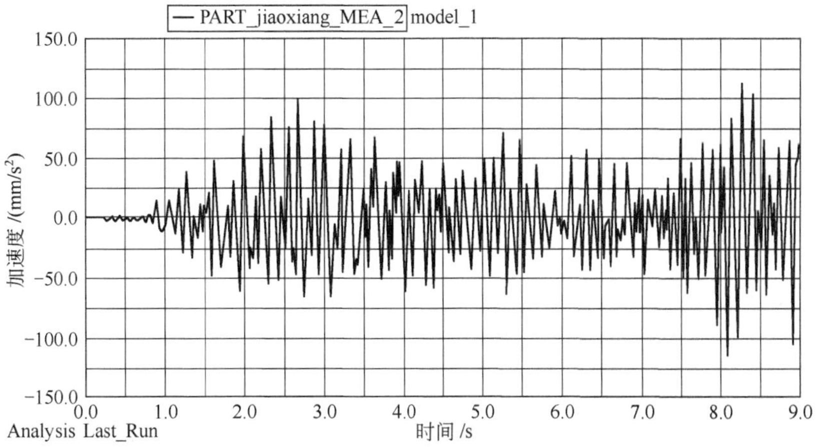


图 6-28 轿厢水平振动加速度曲线图

# 参 考 文 献

[1] 季文美，方同，陈松淇. 机械振动学 [M]. 北京：科学出版社，1985.

[2] 机械设计手册联合编写组. 机械设计手册 [M]. 北京：化学工业出版社，1978.

[3] 中国质量技术监督局. 电梯制造与安装安全规范 GB 7588—2003 [M]. 北京：中国标准出版社，2006.

[4] 陈炳炎，于德介. 电梯机械系统动态特性分析研究（上）[J]. 中国电梯，1995，2：11—15.

[5] 陈炳炎，于德介. 电梯机械系统动态特性分析研究（下）[J]. 中国电梯，1995，3：13—15.

[6] 陈立平. 机械系统动力学分析及 ADAMS 应用教程 [M]. 北京：清华大学出版社，2005.

[7] 王国强，张进平. 虚拟样机技术及其在 ADAMS 上的实践 [M]. 西安：西北工业大学出版社，2002.

[8] 魏孔平，朱蓉. 电梯技术 [M]. 北京：化学工业出版社，2014.

[9] 朱坚儿，王为民. 电梯控制及维护技术 [M]. 北京：电子工业出版社，2011.

[10] 陈登峰，杨战社，肖海燕. 电梯控制技术 [M]. 北京：机械工业出版社，2013.

[11] 梁延东. 电梯控制技术 [M]. 北京：中国建筑工业出版社，1997.